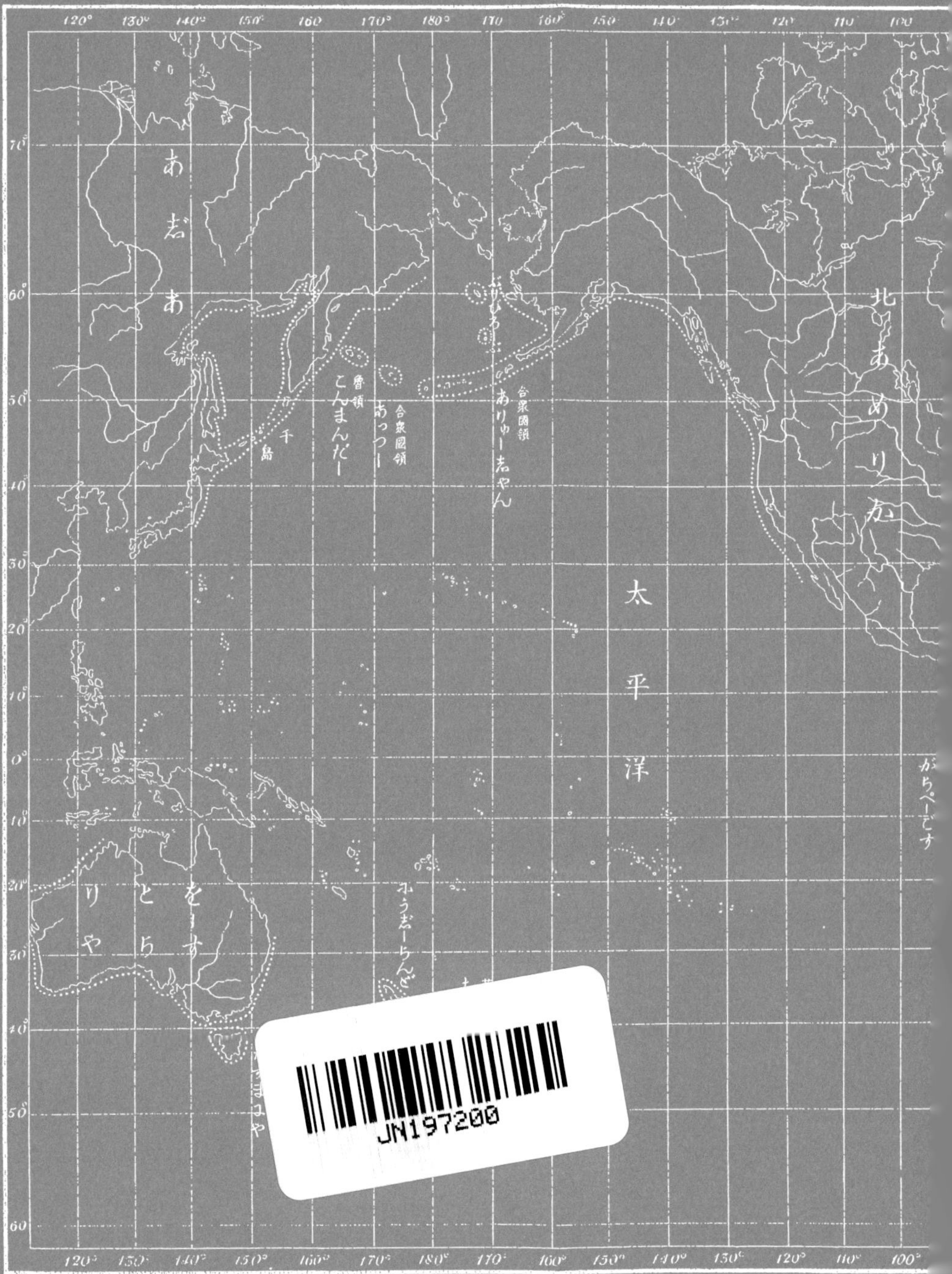
あじあ
千島
露領
こんまんだー
合衆國領
あっつー
合衆國領
ありゅーしゃん
太平洋
北あめりか
がらぱごす
をーすとらりや

圖　点線ヲ以テ示ス

近代日本の水産教育

「国境」に立つ漁業者の養成

佐々木貴文❖著

北海道大学出版会

目次

序　章　もう一つの『蟹工船』を追って

第一節　近代日本の水産教育制度

（一）　もう一つの『蟹工船』

「おい地獄さ行ぐんだで！」[1]。小林多喜二がかかる一文で書き出した『蟹工船』は、彼の最期とともに、労働者が直面した暗い過去の歴史として人々の脳裏に焼きついている。そして同時に、いつの時代でも労働者につきまとう宿痾を、私たちに再確認させる役割を果たしている。

二〇〇八（平成二〇）年には、前の年に顕在化したサブプライム住宅ローン問題を後景に、リーマン・ショックと名づけられたアメリカ発の国際的な金融危機が日本にも波及した。信用収縮と需要消失により、派遣労働者の大量解雇といった雇用不安が社会問題となった。このとき、リメイクを含めた『蟹工船』の舞台化や映画化、漫画化の動きが盛んとなったことは、時代を超えて通底する労働者の苦悩を『蟹工船』に投影しようとした結果であったといえる。

作品の舞台となった蟹工船を小林多喜二は次のように説明した。「蟹工船は純然たる「工場」だつた。然し工場法の適用もうけてゐない。それでこれ位都合のいゝ、勝手に出来るところはなかつた」(2)と。地獄への渡し舟としては最適であったことを記している。

当時、工船蟹漁業を支えていたのは、余剰労働力をかかえた農山漁村などから斡旋業者が集めた、漁夫ならびに雑夫と呼ばれた者たちであり、彼らは船員とは見なされない「漁業労働者」であった。しかし、漁業労働者の保護に関しては、ほとんど何の取り組みも為されていなかった。内務省の社会局労働部がまとめた『秘 本邦ニ於ケル蟹工船漁業ノ労働事情(昭和六年二月)』には、次の記述がある。

工場及鉱山ノ労働者ノ保護ニ関シテハ工場法、鉱業法、工業労働者最低年齢法、健康保険法及之ニ附随スル関係法令ノ詳細ナル規定アリ、土木建築、交通運輸労働者ノ保護ニ就イテモ近ク労働者災害扶助法ノ制定ヲ見ントシ又船員ニ付イテハ既ニ商法中海商編、船員法、船舶検査法、船員ノ最低年齢及健康証明書ニ関スル法律等ニ依リ保護ヲ受ケ更ニ又船員健康保険法モ立案セラレツツアルニモ拘ハラズ漁業労働者ニ関シテハ漁業法第四十条ニ「漁業ニ従事スル者ノ雇傭竝雇人及遺族ノ扶助ニ関シテハ勅令ヲ以テ規程ヲ設クルコトヲ得」トアルノミニシテ未ダ之ニ関スル法令ノ制定ヲ見ズ(3)(傍線：引用者)

すなわち内務省は、工場労働者などには適応される労働者保護に関する法令は徐々に整備され始めていたものの、「漁業労働者」についてはそれがほとんど皆無であったことを認めている。その結果として、「蟹工船漁業ガ遠ク陸地ヲ離レタル海洋上ニ於テ行ハレ社会ノ耳目特ニ警察官憲ノ取締視野ヨリ隔離セラレタル為メ幹部等ノ労働者ニ対スル処遇苛酷ニ過ギ往々ニシテ暴行、傷害、不法逮捕監禁等ノ犯罪事実ヲ発生スルコトアリ(4)」として、労働者に対する数々の残虐行為があったことも認めた。

実際に当時の新聞報道に頼ってその様子をうかがうと、多喜二が指摘したとおりの地獄としてセンセーショナルに報じられているものが見つかる。『蟹工船』発表の翌年となる一九三〇(昭和五)年に発生した「エトロフ丸事件」を報じた九月一〇日付『読売新聞』の見出しである。

「この惨虐暴戻を見よ！　『悲劇の船』エトロフ丸乗組員の手紙と日記(5)」

「なぐられて倒れ怒鳴られて又起つ　醤油を忘れて酒を積んだ船長　毎日酔ッ払つて怒号」

「一度に三人も…毎日の様に葬式　また一人死亡…十人目は僕か！」

船内で一五名の死者が出たとされるこの事件は結局、闇から闇に葬られた(6)。捜査当局の調べでは暴行の事実がうやむやにされ、擇捉丸を所有・運行させた富山工船漁業株式会社や嫌疑をかけられた漁撈長ら幹部への処分などの実態は、いまも正確にはわからないままとなっている(7)。

公式の記録では、一九三〇(昭和五)年に出漁した一九隻の蟹工船の漁夫・雑夫六一九八名のうち、五カ月の出漁期間に「病者」数は延べ一万七〇四名(うち漁夫四二四二名、雑夫六四六二名)、「死亡者」数は三九名(うち漁夫九名、雑夫三〇名)(8)であったとされている(9)。驚くことに、一九隻の蟹工船で労働者の疾病や怪我に対応する医師免許保持者は、「日本工船ノ神宮丸、大北丸及栄徳丸ノ三隻ニ乗組メル者三人ニ過ギ(10)」なかった。まごうことなき苛酷な労働に加え、医療設備の未整備、医療従事者の未配置、さらには食料・飲み水の不良、「糞壺(11)」と揶捻された不衛生な居住空間等、劣悪な環境が漁夫や雑夫を追いつめていた。

明治後期からこうした蟹工船「全盛期」を含めた昭和のはじめ頃にかけては、政府が「遠洋漁業奨励法」という旗幟のもと開発を後押しした各種の遠洋漁業が国威を体現する一大輸出産業に成長し、日魯漁業や共同漁業といった巨大漁業資本の資本蓄積の場となっていた。なかでも、蟹工船がいく隻も錨を下ろした露領漁場は、「日露戦争といふ十萬の聖血をもつて確認させた[12]」権益であるとの意識のもと、潜在する漁業資源価値にもます「国家的意義[13]」が附帯され開発が積極的に進められた。

小林多喜二が「地獄」とした、北の海に誕生した「国境[14]」の最前線で命を懸けて働く漁業者は、国権と国益を護持するため、この国策漁業に送り込まれた「尖兵」であったといえよう。この「尖兵」として過酷な任務をまっとうした漁夫や雑夫に光を当てた『蟹工船』からは、遠洋漁業の影の部分にある重い歴史的事実を知ることができる。

しかし同時に、もう一つの『蟹工船』物語があったと考える。わが国の遠洋漁業は、南北を問わず、版図の拡大と歩調をあわせ、国策漁業の代表格として国家の意思と不可分の関係のもと展開し、近代化に不可欠な外貨を獲得する最重要産業の一角を占めるようになった。そして漁業に携わる者に対し、「国境」の最前線において国家の意思という大きな波を上手く乗りこなすことを要求した。

日清戦争後の朝鮮半島ならびに台湾周辺の東シナ海海域での日本の影響力拡大や、日露戦争後の南樺太の割譲および「日露漁業協約」締結による巨大な露領漁業権益の獲得は、トロール漁業や工船漁業など、様々な遠洋漁業の展開を加速させ、優位な国策産業として少なくない若者を惹きつけることとなった。この若者たちは、多喜二が描いてみせた遠洋漁業の影で生きた者たちではなく、近代化していく「水産の世界[15]」で社会的上昇移動を試みた者たちであった。

一九二五（大正一四）年八月に発行された富山県水産講習所同窓会誌『講友』（第八号）の「通信」欄には、函館市の埜邑商店が所有（当時）していた蟹工船門司丸に就業の場を求めた講習所卒業生の様子が掲載されている。一九二四（大正一三）年度に遠洋漁業科を卒業した高野繁治[16]が船上から宛てた「門司丸より[17]」という短くはない書信には、漁況から自らが担当している職務内容、勤務時間、北の海での母校練習船呉羽丸との再会まで綴られている。そのなかに、次のようなくだりがある。


「日増しに暑くなって来ましたが諸先生其後御変りもなく御壮健の段大慶至極に存じます」

「小生は至極元気で職務に精励して居りますから御安心を願ひます漁況は相当好漁で今日迄に一万五百箱を製造しました」

「最初イーチャ沖合に従漁しましたが六月三十日から四十浬南下コンパー沖で目下操業して居ります陸岸には日魯の蟹工場から大きな鮭鱒漁場の建物が見へ岸近くに帆船がズラリと繋泊されて居ります」

「コンパー沖は蟹も大きく肉質もよい様です」

「一日の製造高は一封度缶二百九十箱半斤缶三百一箱！が最多でした」

「煮釜は六釜ありますから何んなに忙しい時でも追れる事はありません五釜も使ふ時は随分忙しいが然し一度も御蔭様でしくじつた事はありません」

「作業は甲板上では原料の有無又は遅い早いによつて異りますが大抵朝四時半から午後八時頃に終ります工場の方は朝四時半から午後九時頃迄です」

「呉羽丸は少し南下した模様です先日南下した際呉羽丸の側を通つた時私は船橋に上つて手旗信号で敬意を表しました帰国は八月末か九月上旬になりませう先輩中川氏からも宜しく申をしましたそれでは御機嫌よろ

しく（敬白）（七月十五日発工船門司丸にて）」

同窓会誌への掲載を前提として書かれたものであると思われるけれども、恩師への感謝、学びを活かせていることへの喜び、母校やかつての「学び舎」であった練習船呉羽丸への思慕が伝わってくる。

小林多喜二が世に知らしめた「地獄」はそこになく、長時間労働も意に介さず、誇らしげに工船蟹漁業に従事する若者の情熱がほとばしる文面となっている。私たちが想像する、「何千哩も離れた北の暗い海で、割れた硝子屑のやうに鋭い波と風に向つて死の戦ひを戦つてゐる」(18)労働者の姿とは重ならない。職業教育を受けた、幹部もしくは幹部候補生として乗り組んでいたことがあるのだろう。もう一つの『蟹工船』物語が垣間みえる。

では彼らは、どのようにして遠洋漁業という国策漁業に身を投じ、将来の夢をそこにみようとしたのであろうか。また、そうした「立身出世」の階段を国家はいかに用意し、彼らを導き入れたのであろうか。水産教育機関は彼らの学ぼうとする意欲をどのようにしてすくい取ったのであろうか。

（二）　水産教育制度の成立と展開

近代日本の水産教育について制度面から整理しておこう。

近代日本において水産教育を担った教育機関は、大別すると〔表0-1〕のように区分できる。高等程度の水産教育を担った機関は、文部省管轄の東京、九州、北海道の各帝国大学農学部水産学科や、函館と釜山にあった高等水産学校（後の水産専門学校）、それに農商務省管轄の官立水産講習所があった。

他方、初等教育を修了した者を対象とした水産教育機関は、文部省管轄の水産学校と水産補習学校（後の水産青年学校を含む）、それに農商務省管轄の府県水産講習所があった。すなわち近代日本の水産教育機関は、初等後と高等程度という軸に分けることができると同時に、文部省管轄と農商務省管轄という所管を軸としても分けることができる。

表 0-1　近代日本の主要な水産教育機関

	文部省管轄	農商務省管轄
初等後水産教育	水産学校 水産補習学校（水産青年学校）	府県水産講習所
高等程度水産教育	帝国大学農学部水産学科 高等水産学校（水産専門学校）	官立水産講習所

註 1）帝国大学農学部水産学科とは，北海道，東京，九州の各帝国大学に設置された水産学科をさす。

註 2）高等水産学校（水産専門学校）とは，函館に設置された函館高等水産学校と，これが改組して誕生した函館水産専門学校をさす。なお，朝鮮総督府が設置した釜山高等水産学校もここに位置づく。1918 年に誕生した北海道帝国大学附属水産専門部についても「専門学校」としての位置づけがなされていたので，帝国大学農学部水産学科としてではなく，ここに位置づける。

まず、高等程度水産教育について、設置されていた機関とその変遷をみると、文部省管轄の高等程度水産教育機関は、東京農林学校水産科簡易科（農商務省管轄、一八八七（明治二〇）年設置）を引き継いだ帝国大学農学部乙科水産科（一八九〇（明治二三）年設置）にはじまる。ただし、帝国大学農学部乙科水産科は、東京農林学校水産科簡易科生として入学した第一期生を一八九一（明治二四）年に送り出すと同時に廃止された。帝国大学における水産教育の復活は、東京帝国大学農科大学水産学科が設置される一九一〇（明治四三）年を待つ必要があった。

高等程度の水産教育は、札幌でも芽生えていた。一九〇七（明治四〇）年に札幌農学校に水産学科が設置され、漁撈部、養殖部、水産製造部の三部からなる専門学校程度の教育機関として活動を開始した。しかし同年には、勅令第二三六号をもって札幌農学校が東北帝国大学農科大学と改められるとともに、「東北帝国大学官制」（勅令第二三七号）が制定されたことで、水産学科は東北帝国大学農科大学水産学科となった。

その後、一九一八（大正七）年に勅令第四三号により北海道帝国大学が誕生すると、水産学科は「北海道帝国大学官制」（勅令第四四号）にもとづき北海道帝国大学附属水産専門部となり、一九三五（昭和一〇）年の函館高等水産学校の誕生まで札幌の地で高等程度の水産教育を展開した。附属水産専門部が独立して誕生した函館高等水産学校は、一九四四（昭和一九）年に函館水産専門学校へと改称された。一方、附属水産専門部が独立して函館の地に移転すると同時に、北海道帝国大学農学部には水産学科が新設され、一九四九（昭和二四）年に北海道大学水産学部が誕生するまで存続した。一九四一（昭和一六）年には、九州帝国大学農学部水産学科[19]が加わり、帝国大学における水産教育は、東京、北海道、九州の計三校で展開することになった。このほか、一九四一（昭和一六）年には、朝鮮総督府が釜山高等水産学校を設置した。釜山高等水産学校は、一九四四（昭和一九）年に釜山水産専門学校へと改称された。

これに対して、農商務省管轄下で展開された高等程度の水産教育は、「東京農林学校校則」の改定（一八八七（明治二〇）年、農商務省告示第一〇号）により設置された東京農林学校水産科簡易科が三年間存在していたことを除けば、一八九七（明治三〇）年の「水産講習所官制」（勅令第四七号）により設置された官立水産講習所を唯一の機関としていた。この官立水産講習所は、前身を大日本水産会が設置した大日本水産会水産伝習所に求めることができる。

すなわち、以上にみた近代日本の高等程度水産教育を大別すると、東京農林学校水産科簡易科にはじまり東京帝国大学へと続く流れ、札幌農学校水産学科にはじまり函館水産専門学校へと続く流れ、大日本水産会水産伝習所にはじまり官立水産講習所へと続く流れの三系統に区分することができる（図0-1参照）。

初等教育後の水産教育を担った機関について、依拠する法令の変遷を中心にみると、文部省管轄下の初等後水産教育の起源は、一八八三（明治一六）年の「農学校通則」（文部省達第五号）により、土地の状況により加設することが可能な科目として「養魚」が取り入れられたことに求めることができる[20]。その後、一八九四（明治二七）年の「簡易農学校規程」（文部省令第一九号）で、簡易農学校において「水産」に関する科目を加えることが可能であること、そして水産を「専修スル簡易学校ハ此ノ規程ニ準」ずることが定められ、ここに「簡易」とはいえ水産学校

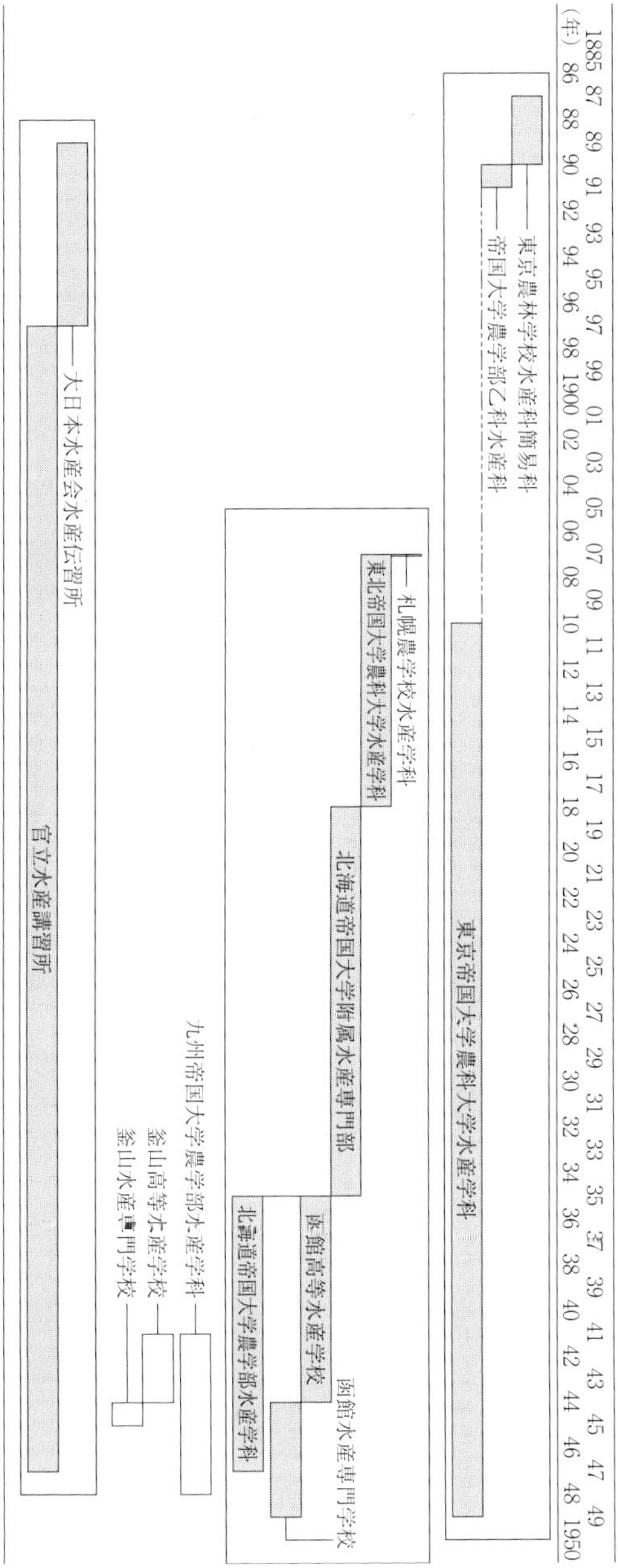

図0-1　近代日本における高等程度水産教育機関の系譜

の設置が制度上認められた。(21)

しかしながら、かかる法令からもわかるように、水産教育は農業教育を形成する一分野として扱われた。実業教育について、「本格的に制度が整った(22)」と評される一八九九（明治三二）年の「実業学校令」（勅令第二九号）においても、「水産学校等ハ農業学校ト看做ス(23)」とされ、農業学校に包含された状況が続いた。そのため、「実業学校令」の制定にあわせて工業・農業・商業・商船の各規程が文部省令として制定されたにもかかわらず、水産に関する規程は制定されることがなかった。「水産学校規程」（文部省令第一六号）が制定されたのは、「実業学校令」の制定から遅れること二年の一九〇一（明治三四）年であった。

なお、水産教育機関として量的にもっとも普及した水産補習学校の設置は、一八九三（明治二六）年の「実業補習学校規程」（文部省令第一六号）において、工業・農業・商業に関する以外の教科目として「水産、機械、刺繍其ノ他或職業ノ為ニ便宜其ノ教科目ヲ定ムルコトヲ得(24)」と定められたことに根拠をもつ。

「水産学校規程」成立まで（傍線：引用者）

一八九四（明治二七）年：「簡易農学校規程」（文部省令第一九号）

第二条　簡易農学校ノ学科ハ算術、物理化学博物ノ大要、耕種、園芸、肥料、土壌、排水、灌漑、害虫、養畜、農産製造、気象、農業工事、農業経済ノ類トシ地方ノ情況ニ依リ斟酌シ又ハ併合シテ教授スルヲ要ス又水産、森林、養蚕、獣医ノ科目ヲ加フルコトヲ得

第七条　水産養蚕獣医ヲ専修スル簡易学校ハ此ノ規程ニ準スヘシ

⇩一八九九（明治三二）年：「実業学校令」（勅令第二九号）

第二条　実業学校ノ種類ハ工業学校農業学校商業学校商船学校及実業補習学校トス

蚕業学校山林学校獣医学校及水産学校ハ農業学校ト看做ス
徒弟学校ハ工業学校ノ種類トス

⇩一九〇一（明治三四）年：「水産学校規程」（文部省令第一六号）

農商務省の管轄下において、初等後水産教育を担った府県水産講習所の設置を可能とさせる規定は、一八九四（明治二七）年の「農事講習所規程」（農商務省令第八号）にみることができる。同規程の第一条は、「農事講習所ト称スルハ地方勧業費若クハ之カ補助ヲ以テ設立スル普通農事、蚕業、茶業、獣医、蹄鉄、畜産ノ講習所若クハ伝習所」として、まず、農事講習所が農事のほか、蚕業、茶業、獣医、蹄鉄、畜産のそれぞれの分野の教育をおこなう機関の総称であることを規定した。そのうえで、同規程の第一一条において「水産講習所又ハ伝習所ハ此規程ニ準スヘシ」と規定することで、府県水産講習所の存在をはじめて規定した。

その後、府県水産講習所は、一八九八（明治三一）年の「地方水産試験場及地方水産講習所規程」（農商務省令第四号）の制定により、農業教育に付随した状態から脱することになる。「地方水産試験場及地方水産講習所規程」では、府県水産講習所は、漁撈・製造・養殖のうち、一科もしくは二科について「技術」を教授することが規定された(25)。ただし、府県水産講習所で教授する詳細な内容にまで言及していないことや、府県水産講習所での教育対象者を、「当業者」に限定していたことなどの点から、同規程は、府県水産試験場の整備に軸足をおいた規程であったと考えられる。

府県水産講習所が一連の付随的な位置づけから脱却することができたのは、一八九九（明治三二）年の「府県水産講習所規程」（農商務省令第二三号）が制定されてからとなる。これにより、府県水産講習所は府県の勧業費により運営すること、修業年限は二年以内とすること、そして漁撈・製造・繁殖に関する講習を実施することなどの詳細がようやく規定された(26)。

ところで、「府県水産講習所規程」は、府県水産講習所が、水産学校や水産補習学校といった他の初等後水産教育機関にはみられない、固有の特質をもつことを可能にする条文を含んでいた。すなわちそれは、第四条の「職員ヲシテ水産ニ関スル巡回講話試験又ハ調査ヲ為サシムルコトヲ得」とした一文であり、これを根拠に府県水産講習所は、講習活動を展開しながらも府県水産試験場と同様の調査・試験機能を有することが可能となった。これは、当時の地方庁が府県水産講習所と府県水産試験場の二カ所を同時に設置することは、財政上困難であることが考慮されたためと考えられる。

なお本書では、〔表0-1〕のとおり、府県水産講習所を初等教育後におこなわれる水産教育機関として、水産学校や水産補習学校とともにならべた。これは、それぞれの機関で実施される初等後水産教育が、教育水準や威信の面において、同等の位置にあったことを意味するものではない。なかでも水産学校は、「正系」の水産教育機関として、一九一一(明治四四)年以降、中学校とともに官立水産講習所本科への接続を許されており(27)、府県水産講習所や水産補習学校とは系の異なる教育機関であった。

ただ水産学校が、広く専門学校の入学資格を得て中等学校としての性格を強めていくのは、判任文官への無試験任用資格や陸軍幹部候補生受験資格といった特典が得られるようになる一九二四(大正一三)年の専検指定(一九〇三(明治三六)年、文部省令第一四号「専門学校入学者検定規程」第八条第一項にもとづく指定)を待たなければならなかった。それまでの間は、限られた期間および事例であったけれども、府県水産講習所の方が職業資格の付与で優遇されたケースや、府県水産講習所が水産学校卒業者の「進学先」となったケースなどが確認できる。

本書の分析期間は、水産学校が専検指定を受けて「中等程度」となる以前はもちろんのこと、官立水産講習所への入学資格を得るにいたっていない期間をも含むことや、府県水産講習所から水産学校への改組(移行)が散見されたことなどから、水産学校、府県水産講習所、水産補習学校（水産青年学校）を同じ初等後水産教育の括りであつかった。

「府県水産講習所規程」成立まで（傍線：引用者）

一八九四（明治二七）年：「農事講習所規程」（農商務省令第八号）

第十一条　水産講習所又ハ伝習所ハ此規程ニ準スヘシ

⇩一八九八（明治三一）年：「地方水産試験場規程及地方水産講習所規程」（農商務省令第四号）

第五条　水産講習所ハ地方当業者ニ水産ニ関スル技術ヲ伝習スルヲ以テ目的トシ其伝習科目ハ漁撈製造養殖ノ三科ニ係ルモノヲ主トシ補助科トシテ之ニ関係アル他ノ学科ヲ加フルコトヲ得但地方ノ状況ニヨリ漁撈製造養殖ノ三科ニ中一二科若クハ一科中ノ種目ヲ限リ専修セシムルコトヲ得

⇩一八九九（明治三二）年：「府県水産講習所規程」（農商務省令第一三号）

第二節　先行研究の整理

水産教育史に関する研究は、今日にいたるまで、事典や学校記念誌、通史の類にあたる概説にとどまっている。教育機関の絶対数が少なく、普通教育にも位置づけられることがほとんどない水産教育が注目されなかったのは自然なことといえる。

そのようなかであえて先行研究を探すならば、国立教育研究所『日本近代教育百年史』の第九巻産業教育

(一)と第一〇巻産業教育(二)が、一次資料の利用とそれにもとづく検討をおこなっているため無視できない。また文部省『産業教育七十年史』も、文部省管轄下で展開した初等後水産教育(おもには水産学校)に関して、個別具体的に開設年や修業年限、それに設置されていた学科等について言及しているため、限られた先行研究のなかでは重要な位置にある。なお、漁業史研究の水準を示す高著を残した二野瓶徳夫の研究も、教育学の視点や教育学の研究成果をふまえるものではないものの、水産教育機関が展開する素地となった近代漁業の発展過程を詳らかにした点で注目できる。

しかし、一定の成果がみられる『日本近代教育百年史』や『産業教育七十年史』であるけれども、水産教育史研究としての課題もまた多い。ここでは、本書の位置を明確にするため、『日本近代教育百年史』や『産業教育七十年史』などの先行研究でみられる課題のうち、とりわけ重要と思われる課題を三点指摘して検討を加える。

第一に、初等後水産教育に関する検討は、いまだおおよその全体像を俯瞰しようとする段階にあり、堅実な事例研究の蓄積が必要となっていることを指摘したい。なかでも、府県水産講習所に関する研究は、長期にわたり継続して活動をおこなった水産教育機関であるにもかかわらず、府県水産試験場の一部とみなされ、ほとんど手付かずの状況にある。その結果、同じ農商務省管轄下にあった官立水産講習所と府県水産講習所の連関関係といった水産教育機関どうしの接続状況や相互に及ぼした影響などは、わからないままとなっている。

また、緒についたばかりといえる研究段階にあることから、府県水産講習所をはじめ、府県水産試験場や水産補習学校などが躊躇なく「中等水産教育」をほどこした学校として括られるなど、制度に関する概念規定にも粗さが目立つ。かかる状況については、佐々木享も、水産教育機関についての「詳細な個別的研究は、ほとんど未開の分野に属する」[28]との指摘をしている。

府県水産講習所に関する研究が、まったくの手付かずにある要因はいくつか考えられる。

一つは、水産補習学校や水産学校は、文部省が印行した各年度の『日本帝国文部省年報』や『全国実業学校ニ関スル諸調査』などをさかのぼれば、設置数やその増減傾向、具体的な設置機関名、修業年限等がわかるのに対して、府県水産講習所については、基本的な一次資料となる農商務省が編纂した統計書『水産統計年鑑』や『水産統計要覧』が、欠落等で完全にそろっていないことが指摘できる。さらに、各府県水産講習所が印行した講習所一覧や講習所報告(事業報告等)も散在・欠落しており、農商務省の水産統計にもまして蒐集に困難をともなうことがある。二つは、府県水産講習所が第二次世界大戦中に相次いで水産学校に改組され、今日に続く水産科を設置する高等学校(いわゆる水産高校)との接続関係が希薄であることが指摘できる。

はたして、各府県水産講習所の開設期間や開設年すら明確になっていない状況が続いている。例えば、一九〇八(明治四一)年までに設置された府県水産講習所として、『日本近代教育百年史』(第九巻)は、一八九八(明治三一)年の石川、京都、一九〇〇(明治三三)年の富山、山口の四カ所をあげたのに対して、文部省『産業教育七十年史』[29]は一八九八(明治三一)年の石川、一九〇〇(明治三三)年の京都、一九〇一(明治三四)年の富山、宮城、一九〇八(明治四一)年の長崎の五カ所をあげている[30]。水産教育史研究の双璧をなす両研究においても、事実認識に齟齬がみられる。なお、一次資料である石川県水産講習所『石川県水産講習所報告』(第一巻講習部)を確認すると、同講習所が設置された年は一八九七(明治三〇)年となっている[31]。

以上のように、府県水産講習所に関する検討がほとんどなされていないため、同じ農商務省管轄下で教育活動を展開した、官立水産講習所と府県水産講習所の位置と役割を明らかにし、近代日本の水産教育制度を体系的に把握しようとする試みはない。その結果、近代日本の水産政策を一手に統括した農商務省の水産教育に対する姿勢も解明されていない。

第二は、水産教育制度の展開や、水産教育機関の活動の根拠となる法令・法文が明示されていないため、少なくない箇所で歴史的事実の認定に不確定要素を含んでいることを指摘したい。

例えば、昭和期の漁村道場の開設に関する記述[32]で、『日本近代教育百年史』(第一〇巻)は、漁村道場が「地方水産講習所規程に準拠して開設」されたと記している。その根拠は、農林大臣官房総務課『農林行政史』(第四巻)の「千葉県勝浦町に、「地方水産講習所規程」に準拠して、千葉県漁村道場が開設[33]」されたという一文に求めている。すなわち、漁村道場の設置が、「地方水産講習所規程」に「準拠」していたとの判断を二次資料でおこなっているのである。なお、管見の限り、昭和期に漁村道場開設の法的裏付けとなり得る「地方水産講習所規程」を確認することはできなかった。

根拠となる法令を示さない以上、先行研究が官立水産講習所の歴史的役割として強調する練習船の役割を正確に評価することはできない。例えば、『産業教育七十年史』は、官立水産講習所の二代目練習船雲鷹丸の功績を、新漁場の開発だけでなく、「当時沿岸から遠洋に移りつつあったわが漁業界の先達として、北洋に、あるいは南洋に航し、幾多の海技従事者を養成[34]」したことに求めている[35]。しかし、具体的な「海技従事者」の養成形態や、養成形態を左右する法令(例えば「船舶職員法」)に関する記述はみられない[36]。

依田有弘が「国家資格制度の分析をするためには、その歴史を調べることが当然必要だが、そのためには、国家資格の根拠法の各々の沿革を調べるという膨大な作業が必要[37]」と指摘したように、資格保持者の養成に関する研究は、根拠となる法令を丹念に調査する基礎作業なくしては進捗しない。

第三に、漁船の動力化とそれによる漁場の外延的拡大、さらには農商務省の遠洋漁業奨励策を、水産教育機関の拡充背景に位置づけたものの、実際に連関関係にあったと判断できる根拠や資史料を示していないことを指摘したい。

ここで議論の余地を残していると感じるのは、漁船の動力化やそれによる沖合・遠洋漁業の展開が水産教育に影響を及ぼしたとする論が、自然に、そして当たり前のように展開されているところにある。

例えば、『日本近代教育百年史』(第九巻)の「第五編　水産教育」の目次をみると、「第一章　水産業近代化への胎動と水産教育」や「第三章　水産業の近代化と教育制度の確立」として、水産業の近代化と水産教育の展開を関連付けようとしている。また、『日本近代教育百年史』(第一〇巻)でも同じように、「第五編　水産教育」のなかに「第四章　水産業の発展と水産教育」があり、やはり水産業と水産教育が不可分の関係にあったことを論じようとしている。

そして実際、『日本近代教育百年史』(第九巻)が、「漁船動力化が進む明治後期、日清・日露の両戦争後漁業権益が拡大し、水産業は勃興期をむかえた。さらに水産教育も、実業教育制度が整備されてくるなかで、公教育の体系にようやく姿をあらわし、中等教育機関の創設、高等教育機関への拡充へとすすんでいく(38)」と述べ、漁船の動力化や漁業権益の拡大を背景に水産教育制度が形成されていったとする。

また、『日本近代教育百年史』(第一〇巻)も、「水産教育に対する関心が一般にはきわめて乏しかった草創期の困難にうちかって、次第にその必要性が認められていった(39)」水産学校は、「沖合・遠洋漁業が急激な発展をとげた第一次大戦後には、法制上においても面目を一新している(40)」として、第一次世界大戦を経て漁場の外延的拡大が進むなかで、水産教育の拡充や地位向上があったことを述べた。

すなわち、漁船の動力化に代表される近代漁撈技術の確立やそれによる漁場の拡大が、近代日本の水産教育の発達と短絡的に結び付けられた結果、漁業における技術の発達が、無媒介的に水産教育を発達させたとされている。これは、従来の水産教育史研究が、技術決定論的理論に依拠していたことを示唆している。

しかしながら、先にも指摘したように、これら通史としての先行研究では、水産教育機関の拡充背景に漁船の動力化や漁場の外延的拡大を位置づけたものの、根拠となる法令や資史料を提示していない。また、具体的な事例の検討さえもなされていない。そのため、漁業の発達と水産教育とのかかわりは、実証的に明らかになっていない。

ところで、先行研究が漁船の動力化に注目するのには、漁業史研究の影響があるものと考えられる。それは小沼勇が、江戸時代末期までに出そろった沿岸漁業技術の限界を打破し、漁業における閉塞感を打破したのは、明治末期からの漁船の動力化であるとしたことからもわかる。(41) さらに二野瓶も、「近代的漁業技術の成立を可能にした基礎条件」として、安価で良質な漁網の大量供給を可能にした機械製綿漁網の開発とならべて、石油発動機による漁船の動力化をあげている。(42) 水産教育機関の展開過程に漁船の動力化を重ね合わせたのは、こうした「沿岸漁業のわくを破りうる技術的飛躍」として漁船の動力化を位置づけた漁業史研究を背景としていると考えられる。(43)

実証性にとぼしい既往の研究を乗り越えながら、漁業を奨励する政策、さらには漁船の動力化を、水産教育機関の展開と関連させながら考察する場合、近年の社会史研究は有効な視座を提供している。

例えば、望田幸男・広田照幸編著『実業世界の教育社会史』は、フリッツ・リンガー（F. Ringer）の経済機能主義批判をふまえた議論の必要性を提示している。ここでのリンガーによる経済機能主義批判とは、一九世紀末のヨーロッパ（なかでも、イギリス・フランス・ドイツ）にみられた高度工業化段階における職業システムと中等・高等教育制度の「収斂現象」を、「高度工業的・後期工業的経済の技術的要請に対する教育システムの適合化」(44) であったとする論への批判をさしている。要するにリンガーは、「教育構造の再編成を、まずその経済的原因の点からではなく、むしろその社会的効果の点から考察するのが適切」(45) と主張している。

この経済機能主義批判をふまえた広田は、『実業世界の教育社会史』のなかで、「社会史家や社会学者の多くは、教育に注目する際に、エリートや識字、社会諸階級とその階級文化、社会移動、産業化と教育など、しばしば、社会の経済的近代化やそれにともなう社会構造の変容という視点から教育の問題を考察してきている」のに対して、旧来の教育学的な教育史研究では、それらの要因は、「分析対象（教育実践や教育制度、教育政策）を外在的に規定する外部的要因にとどめられていて、それ自体を分析・考察するべき対象としてはこなかったことを述べた[46]。そして、「教育システムの歴史を読み解くためには、経済や社会を視野に入れる必要」があるとともに、「経済のさまざまな問題を考察する際に、教育は有益な手がかりを提供する」ことに言及した。近代社会の形成・発展過程を、「教育外部の諸要因とのダイナミックな相互関係」で分析・考察すべきとしたのである[47]。

この指摘は、本書にとっても避けては通ることのできない課題を浮き彫りにしている。この指摘を完全に受け止めることは容易ではないものの、教育の外側で生じていた、例えば戦争による漁業権益の拡大やそれに呼応した水産政策の展開と、水産教育機関の展開がもたらした社会的効果の相互関係を、具体的な事例から明らかにする必要性を提起している。

第三節　本書の課題設定

本書の課題は、近代日本の水産教育の制度化過程における農商務省管轄下の官立および府県水産講習所の位置と役割に注目し、これらの形成過程を体系的に分析することを試み、日本の水産教育がもつ歴史的に刻印された構造的特質の一端を明らかにすることにある。

分析する期間は、一八八二（明治一五）年の大日本水産会の誕生から、一九四一（昭和一六）年の富山県水産講習所の廃止までとする。

本書が、すでに概観した近代日本の水産教育機関のうち、農商務省管轄下の官立水産講習所と府県水産講習所に限定した考察を加える理由は三つある。あらためて整理する。

一つは、先行研究を批判する過程で述べたように、府県水産講習所に関する分析がほとんどおこなわれていないことがある。これは、官立水産講習所と府県水産講習所の連関関係といった、農商務省管轄下で実施された水産教育の特質や体系を曖昧なままにする要因になっているだけでなく、教育制度史研究にも課題を残すこととなっている。

もう一つの理由は、近代日本における農商務省の役割にある。近代日本において農商務省は、水産政策の策定から実施までを一手に担う現業官庁であった。そればかりか農商務省は、現在の農林水産省のような、第一次産業の勧業を主目的とする官庁としてではなく、農林・水産・商工の元締め行政機構として、政府の殖産興業政策の中核を担い、近代国家の建設や資本主義経済の育成に多大な影響力を発揮していた(48)。すなわち、こうした農商務省の管轄下にあった水産教育機関を分析することは、殖産興業政策の一環としての水産教育機関の整備・展開過程を把握することにつながる。

そして、最後の理由は、官立水産講習所と府県水産講習所の成立が、文部省管轄下にあった水産教育機関の成立と比較しても、けっして遅れてはいなかったことがある。そればかりか、近代日本における高等程度水産教育は、東京農林学校水産科簡易科(後の帝国大学農学部乙科水産科を含む)がわずか四年で廃止されたことから、実質的に大日本水産会水産伝習所から官立水産講習所へと続くことにより、農商務省管轄下で成立した。

また、府県水産講習所の制度・法令整備も水産学校のそれと比較すると、ほとんど同時に進んでいたことが指摘できる。府県水産講習所(府県水産伝習所を含む)の名称がはじめて法令上に規定されるのは、一八九四(明治二七)年の「農事講習所規程」(農商務省令第八号)であり、簡易水産学校の設置を法令上規定した「簡易農学校規程」(文部省令第一九号)と同じ年の制定であった。独立した規程を擁するようになるのは、むしろ府県水産講習所のほうがはやかった。「府県水産講習所規程」(農商務省令第二三号)の制定は一八九九(明治三二)年であり、「水産学校規程」(文部省令第一六号)の制定に二年先んじた。

ところで、本書の分析期間は、一八八二(明治一五)年から一九四一(昭和一六)年までとした。この期間もまた、農商務省管轄下の水産教育機関を分析対象とすることで設定された。

まず、一八八二(明治一五)年のスタートラインは、官立水産講習所を分析対象とすることから設定されている。すなわち、官立水産講習所の前身にあたる水産伝習所が、大日本水産会を設立母体としていることから、大日本水産会が誕生した一八八二(明治一五)年をスタートラインとした。

この時期は、近代法体系のなかに漁業制度を組み入れるため、「漁業組合準則」(一八八六(明治一九)年、農商務省令第七号)や明治旧「漁業法」の取りまとめに向けた努力がはらわれており、漁場専有利用関係の旧慣依存が克服されようとしていた(49)。同時に、近世中期以降急速に発展していた漁業の爛熟に対応する「漁業技術の変革」が求められるようになっていた(50)。そのため、明治政府の水産行政課題は、法制度や漁業技術について、「内外の事情を学び、情報を集め、研究し、そこから必要な情報や方向性を確定し、それによって普及と指導を進め(51)」ることにあった。すなわち、農商務省と二人三脚となって漁業制度や水産教育機関の整備をはかる、大日本水産会がこの時期に誕生した意味と、大日本水産会の誕生から論をたてることの重要性は、こうした時代背景から理解することができる。

一方、終わりを一九四一(昭和一六)年としたのは、少なくない府県水産講習所が水産学校へと改組されるようになるのが、この頃からであったことと関係している(52)。直接的には、本書が分析対象とする富山県水産講習所が、富山県立水産学校へと改組された一九四一（昭和一六）年を区切りに用いている。

すなわち、本書が対象とする一八八二（明治一五）年から一九四一（昭和一六）年までは、漁業の近代化を進めようとする農商務省がわが国の水産教育に関与しはじめる頃から、農商務省管轄下の水産教育が終焉をむかえようとする頃までと言いかえることができる。

第四節　研究の方法

本研究は、これまでに考察した水産教育史研究の課題のうえにおこなわれる。

すなわち、研究の目的は、既述した先行研究のもつ問題点と課題設定を踏まえると、近代日本の水産教育の制度化過程に農商務省管轄下の官立および府県水産講習所の成立と展開を位置づけ、この過程を農商務省の水産政策との関連、および漁船乗組員資格制度の創出過程との関連に留意しながら体系的に分析することを試み、日本の水産教育がもつ歴史的に刻印された構造的特質の一端を明らかにすることにあると再度規定できる。

本書では、かかる目的を達成するために、以下のような研究方法をとる。

（一）　分析対象

本書での分析の対象は、官立水産講習所（前身の大日本水産会水産伝習所を含む）と府県水産講習所とする。複数設置されていた府県水産講習所については、富山、千葉、長崎の各県に設置されていた三講習所に注目する。

官立水産講習所は、一八八八（明治二一）年一一月二九日に、東京府より設立認可を受けた大日本水産会水産伝習所を前身としている。この大日本水産会水産伝習所は、一八九七（明治三〇）年三月二二日の「水産講習所官制」（勅令第四七号）により官立へ移管され、官立水産講習所が誕生した。

府県水産講習所は、これまでの調査から一七府県に一九校の設置が確認されている（図0-2参照）。一八九七（明治三〇）年の石川県水産講習所の設置を皮切りに、設置数を増加させ、一九〇一（明治三四）年現在では、石川県、京都府、富山県、山口県に府県水産講習所が設置されていた。同年に置かれていた水産学校は、岩手県立水産学校、牡鹿水産学校（宮城県）、福井県立小浜水産学校の三校であり、「府県水産講習所規程」や「水産学校規程」が制定され、初等後水産教育の骨格ができあがろうとした時点では、府県水産講習所と水産学校の勢力が均衡を保っていたことがわかる(53)。

その後、府県水産講習所は一九一〇（明治四三）年までに漸次増加し六校となった。水産学校も、他分野の実業学校と比較した場合その増加数は少ないものの(54)、一九一〇（明治四三）年現在で一五校（県立七校、郡立二校、町立二校、村立三校、組合立一校）(55)に増加した。府県水産講習所は、数のうえでは「正系」の学校教育機関である水産学校の半数程度にとどまったけれども、すべてが府県勧業費で設置される機関であり、依然として初等教育後における水産教育の一角を占めていたと判断できる。

たしかに府県水産講習所は、専検指定を受けられず、上級学校との接続を基本的には閉ざされていた。また、逓信講習所や鉄道講習所とは異なり、多くの場合手当を得ながら学ぶことができる機関でもなかった。にもかかわらず、初等教育後の水産教育を支えた事実は、府県水産講習所に固有の役割があったと考えることができる。すなわち、府県水産講習所を研究対象とすることは、吉田文・広田照幸編『職業と選抜の歴史社会学』(56)や三上敦史『近代日本の夜間中学』(57)でようやく光があたりつつある無学歴者の教育・生活実態に光をあてることにもなる

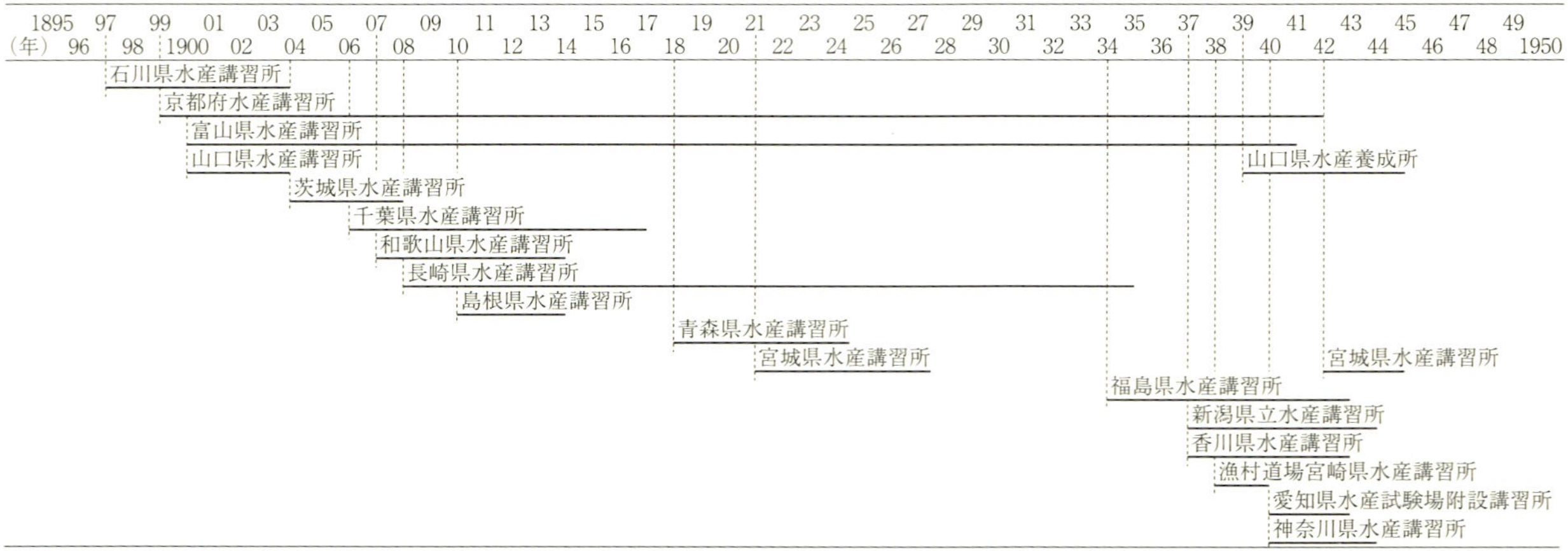

図 0-2　近代日本の府県水産講習所

註 1)「府県水産講習所規程」により設置された府県水産講習所に限定している。そのため,「府県水産試験場規程」にもとづき設置された「県水産試験場講習部」などは除外した。

註 2) 京都府水産講習所は, 1898 年に農商務大臣より設置認可を受けているが, 設置および教育活動の開始は 1899 年になってからである。

註 3) 和歌山県水産講習所が設置されたのは 1907 年であったが, 実際の教育活動は 1908 年からおこなわれた。

註 4) 宮城県水産講習所は 1927 年 3 月, 宮城県水産試験場気仙沼分場講習部に改組。1942 年 1 月, 再び宮城県水産講習所に改組。

註 5) 石川県水産講習所『石川県水産講習所報告』(第 1 巻講習部), 1897 年, 1 頁。1899 年, 京都府告示第 100 号。1942 年, 京都府告示第 361 号。1900 年, 富山県告示第 41 号。富山県立水産学校富水会『富水会誌』(第 24 号), 1941 年, 59-60 頁。農商務省水産局『府県水産奨励事業成績』, 1904 年, 28-29 頁。文部省『産業教育百年史』, ぎょうせい, 1986 年, 108-113 頁。農商務省水産局『水産年鑑』(明治 44 年), 1911 年, 433 頁。1906 年, 千葉県告示第 34 号。1917 年, 千葉県告示第 81 号。1908 年, 長崎県告示第 474 号。1930 年, 長崎県令第 11 号。1907 年, 和歌山県告示第 163 号。1908 年, 和歌山県告示第 1 号。1914 年, 和歌山県告示第 25 号。島根県水産講習所『島根県水産講習所一覧大正三年五月調』, 1914 年, 1 頁。国立公文書館所蔵『認定指定雑載』,「他省所管認定指定学校」(請求番号 ; 032-08 昭 59 文部 02421-100)。農商務省『水産年鑑』(大正 3 年), 1914 年, 336 頁。宮城県水産講習所『宮城県水産講習所一覧』(大正 15 年 7 月末日現在), 印行年不明, 1 頁。文部省社会教育局『昭和十四年七月道場, 塾及訓練所等一覧』, 印行年不明, 115-226 頁。1940 年, 神奈川県令第 15 号。

と考えられる。

従来の教育制度史研究や教育史研究では、中学校、高等女学校、実業学校の三種を「正系」の中等教育機関として主要な分析対象に位置づけ、府県水産講習所を含む、その他「傍系」とされる教育機関については十分な考察が加えられてこなかった。これをより広く教育学研究の問題としてとらえようとするとき、三上が海後宗臣の論稿を引用して強調した、「一部の富裕層ではなく、一般ないし貧困家庭からみた教育制度の実像を描」[58]こうとする姿勢が意味をもってくる。

ここで引用された海後の論稿は、「文部省行政のうちに伝統的に入らないで今日に至った」初等教育後の学校についても、「通覧して、中等学校の制度とは果たして何を意味しているのかという全般的な考え方が吟味せられなければならない」[59]と主張している。「正系」にばかり目を向け、一部の選ばれた者のための教育学研究となることをいさめ、「傍系」とされる教育機関をも研究対象に含めた、すべての青少年にとっての教育学研究をおこなう必要性を提起したものであった。しかし、これまでの教育学研究は、必ずしも海後の願ったようには進んではいない。この意味においても、評価される学歴も得られない「傍系」の教育機関とみられてきた府県水産講習所に着目することは、教育制度史研究の空白を埋めることにもなり、教育学上の意義を有していると考えることができる。

さて、こうした府県水産講習所のなかから、本研究では、富山県水産講習所、千葉県水産講習所、長崎県水産講習所の三事例を取りあげる。確認されている一九校から、三つの府県水産講習所を選び出す基準は、長期にわたり教育活動を展開したことと、それを裏付ける資料があることとした。長期間継続した府県水産講習所を分析対象としたことは、日本漁業の展開過程や水産技術の発達が教育活動に及ぼした影響を把握する意図がある。

しかし、同一条件にもとづき選定したとはいえ、三つの講習所は、それぞれ異なった特色をもった教育機関であったとみられる。

富山県の事例は、府県水産講習所の形態を維持したまま、遠洋漁業科を軸とした教育活動を長期間継続したことに特色をもっている。千葉県の事例は、千葉県水産講習所で開始された遠洋漁業に関する教育が県立水産学校に引き継がれたことで、その教育水準が高められていった点に特色をもっている。長崎県の事例は、農商務省の水産政策ばかりでなく、県の水産政策にも後押しされて遠洋漁業科を設置したものの、そこでは十分な教育成果を残すことができなかった点に特色をもっている。

異なる特色をもつ富山県、千葉県、長崎県の三事例を分析することは、府県水産講習所の歴史的な位置と役割を、広範な視野からみることを可能にさせ、近代日本の水産教育がもつ歴史的に刻印された構造的特質の一端に接近する助けとなる。

(二) 視点

官立水産講習所の活動については、府県水産講習所との関係をとらえるために、府県水産講習所に先駆けて実施された試行的な教育実践や府県水産講習所への「教員」供給(技師や技手として)の実態などを明らかにする。分析するのは、学科課程や入学資格などを規定した講習規則と卒業生の就業動向とする。なかでも学科課程は、教育活動の性格をとらえる指標でもあることから注目する。なお、官立水産講習所の場合、卒業生の動向は水産業に果たした役割をとらえることのみならず、府県水産講習所の「教員」供給機能を把握することにもつながる。そのため、府県水産講習所に就職したことが明らかとなった卒業生については、卒業直後からの経歴を可能な限り追跡調査する。

府県水産講習所の活動については、成立から廃止までの過程を、修業期間や入学資格、学科課程を規定した講習規則の変化に注目して分析する。とりわけ、学科課程は、官立水産講習所の場合と同様、教育活動の実態を知る手がかりとして重要となる。教授されていた科目やその詳細な内容、授業時数の配分などからは、教育活動によって目指されていた方向性をとらえることができる。また、教授内容や配分時数の変化からは、時期によってかわりゆく講習所の位置づけが把握できる。このほか、卒業生の就業動向も、講習所の性格をとらえる重要な手がかりとなることから注目する。学科課程と同様、就業動向の変遷からは、時期によって変化していく講習所の役割が明らかにできるであろう。

こうした分析をおこなう際の視点は、上述したように二つある。一つは農商務省の水産政策との関連であり、いま一つは漁船乗組員資格制度の創出過程との関連である。

農商務省の水産政策については、漁業史研究によって成果が蓄積されてきた。例えば、山口和雄編著『現代日本産業発達史』(XIX 水産)(60)は、各章の「第一節」にもれなく農商務省の水産政策を分析し、続く節において説明される水産業の展開の「前提」に位置づけた(61)。

『現代日本産業発達史』(XIX 水産)も含め、漁業史研究において注目されたのは、明治期の海面官有政策にはじまり、沖合・遠洋漁業の奨励にいたる種々の水産政策であった。漁業史研究において、明治期の水産政策が注目されたのは、この時期に水産物市場が拡大していくにもかかわらず、漁獲生産量が拡大しなかったことに対する考察が重要な検討課題となっていたためであった。

一方、水産教育史研究では、先行研究にみられる課題として記したとおり、農商務省の遠洋漁業奨励策を、水産教育機関の発展背景に位置づけたものの、実際に連関関係にあったと判断できる根拠となる法令や資史料を示していない。

そこで本書では、農商務省の水産政策として、「遠洋漁業奨励法」(「遠洋漁業奨励法施行細則」等の附属法令を含む)の制定と一連の改定に注目する。一八九七(明治三〇)年に制定された「遠洋漁業奨励法」(法律第四五号)は、水産業が近代産業として未確立で、「企業化する能力をもたぬ零細漁民」[62]がその大勢を占めるなか、多額の利益をあげていた日本近海の外国猟船に対抗し、国権を擁護するために制定されたといわれる。「遠洋漁業奨励法」の第二条には、「帝国臣民又ハ帝国臣民ノミヲ社員若ハ株主トスル商事会社ニシテ自己ノ所有ニ専属シ帝国船籍ニ登録シタル船舶ヲ以テ勅令ニ於テ指定スル漁猟又ハ漁場ノ漁業ニ従事スル者ニ限リ遠洋漁業奨励金ノ下付ヲ出願スルコトヲ得」と規定されており、国家が国内資本の保護・育成をはかり、漁業に大規模な予算を注入することで漁業を近代産業として確立させようとする意志がみえる。

本書では、官立ならびに府県水産講習所の教育活動の変遷に、こうした「遠洋漁業奨励法」の制定と一連の改定を重ね合わせるとともに、漁船の動力化・大型化や漁業権益の拡大によって達成された遠洋漁業開発の具体的な実態にも関心をよせる。そして、官立ならびに府県水産講習所が、国家政策として推し進められた遠洋漁業奨励策に位置づけられる過程や、遠洋漁業開発との関係を明らかにすることで、近代日本の水産教育制度の形成を明らかにする。

農商務省の遠洋漁業奨励策のなかに、官立および府県水産講習所が位置づけられる過程をみる視点が、もう一つの視点としてあげた漁船乗組員資格制度の創出過程である。

本書では、漁船乗組員資格制度として、「遠洋漁業奨励法」によって創出された漁猟職員資格に注目する。そして、漁猟職員資格を、官立および府県水産講習所と農商務省の遠洋漁業奨励策との接点に位置づけて分析することで、漁猟職員資格の創出が水産教育制度の形成に果たした役割を明らかにする。

これまでの水産教育史研究が、「外的要因」である遠洋漁業を奨励する政策や、漁船の動力化・大型化とそれによる漁場の外延的拡大を、明確な根拠を示さないまま水産教育制度の整備背景や水産教育機関の拡充背景に位置づけてきたことはすでに述べた。本書が漁猟職員資格に注目するのは、こうした状況のなか、「外的要因」を官立ならびに府県水産講習所の展開を分析するのに不可欠な要素、すなわち媒介として活用する意図がある。

なお、漁猟職員資格については、従来の先行研究でまったくふれられていない[63]。漁猟職員資格は、「遠洋漁業奨励法」によって創出された遠洋漁船乗組員資格であり、船舶職員資格と同質の船舶運用権限と、漁猟活動に関する職務上の指揮・命令権限がともに認められた資格であった。

辻功は、職業資格制度と教育活動・教育制度とのかかわりは「職業資格制度が教育を規定する[64]」側面があると述べた。漁猟職員資格の創出や、その制度が水産教育機関とのかかわりをもつ過程に注目することは、水産教育の特質形成の過程を知る手がかりになりうる。

ところで、職業資格の役割に言及することは、すなわち、資格を認定する法令と水産教育機関とのかかわりについて明らかにすることでもある。ただし、この場合、法令のみに依拠した検討だけでは十分ではない。法令が空文のまま終わることもあり、創出された資格制度が画餅に終わった可能性も排除できない。

この懸念を払拭するため、法令にのみ着目するのではなく、「法的な制度の確立によって、実際どの程度、有資格者が誕生したか等をできる限りアフタア・ケア[65]」しなければならない。その意味でも、本書を教育成果としての資格保持者の就業動向分析などをおこなう研究としたことは有効といえる。

本書は、以上の二つの視点から、農商務省管轄下の官立ならびに府県水産講習所を分析することで、近代日本における遠洋漁業の発達が、歴史的必然かのように語られるようになった背景の一端を、国家政策と水産教育機関の実相から実証的に明らかにするものともいえる。

（三）史　料

本書では、全国に散在している水産教育に関する文書と、政府の水産政策を記録した行政文書をおもな史料とした。研究でもちいた史料として特に重要なものを、作成者・編集者ごとに列記する。

政　府：『公文類聚』や『認定指定雑纂』、『任免裁可書』などの公文書。『水産統計年鑑』、『水産統計要覧』、『遠洋漁業奨励事業成績』、『遠洋漁業奨励成績』、『府県水産奨励事業成績』などの農商務省が集計した各種事業統計。『日本帝国文部省年報』や『全国実業学校ニ関スル緒調査』、『道場、塾及訓練所等一覧』などの文部省が集計した各種統計。『官報』、『帝国議会議事録』などの国会・各種審議会の議事録。

地方庁：『富山県報』、『千葉県報』、『長崎県公報』を中心とした各県の公報。『千葉県議会議事録』などの議会速記録。各自治体印行の通史・教育史。

各学校：官立水産講習所編集発行の『水産講習所一覧』、富山県水産講習所編集発行の『富山県水産講習所一覧』、『富山県水産講習所報告』、『富山県水産講習所事業報告』、千葉県水産講習所編集発行の『千葉県水産講習所報告』、『千葉県水産講習所事績』、長崎県水産講習所編集発行の『長崎県水産試験場事業報告』、『長崎県水産講習所事業報告』、『長崎県水産講習所業務功程報告』を中心とした、官立および各府県水産講習所要覧。各府県水産試験場要覧。『福井県立小浜水産学校一覧』などの水産学校要覧。富山県水産講習所同窓会誌『講友』や長崎県水産講習所同窓会誌『潮』など

の各府県水産講習所の校友会誌。後になって印行された同窓会誌・学校記念誌。
その他：滑川市立博物館所蔵の「高橋家文書」など、各都道府県・市町村の図書館ならびに公文書館所蔵史料。大日本水産会編集発行の『大日本水産会報』、『大日本水産会報告』、『大日本水産会水産伝習所沿革』、『水産伝習所生徒養成嘱託成績』などの雑誌や報告書。『富山日報』、『北陸政論』、『東海新聞』、『東洋日の出新聞』、『長崎新聞』などの地方新聞。

事実の確定は、公文書や学校文書（講習所一覧など）によっておこなう。しかし、府県水産講習所の設置状況がいまだに確定できないでいることからもわかるように、『水産統計年鑑』や『水産統計要覧』などの基本的な一次資料の保存状況は良好とは言いがたい。そのため、一部の事実確定は、新聞や大日本水産会が印行する雑誌に依拠せざるを得ない場合もある。これは、あらかじめ断っておかなければならない。

第五節　用語の定義

本書でもちいる用語は、基本的に法令に根拠を求め定義する。
例えば「水産教育」は、漁撈や水産物加工、そして養殖に関する知識や技能を教授する教育(66)とした。ことさら漁獲生産をイメージしがちな水産業(67)に関する教育に、加工業に関する教育が含まれており違和感をおぼえる向きもあろう。実際、一九四七（昭和二二）年の「農業協同組合法」（法律第一三二号）によると、水産業と対比されることが多い農業は、「耕作、養畜又は養蚕の業務(68)」と定義され、通常その範囲に農産物加工業を含まない。ところが水産業は、「水産業協同組合法」（一九四八（昭和二三）年、法律第二四二号）が、漁業に就く者を意味する「漁民」、および「水産加工業者」の協同組織の発達を促進する目的で制定されたことからもわかるように、水産加工業をその範囲とする。結果的に、水産教育といった場合、自然と水産加工に関する教育も含むことになる。[69]

水産業に、加工業を含める概念は、近代日本においてすでに確立していた。一八八六（明治一九）年の「農商務省官制」（勅令第二号）によって、水産局に「漁務課」、「製造課」、「試験課」（養殖等の試験を分掌）の三課がおかれたことからもそれはわかる。[70]

漁船の乗組員に関しては、「船員」、「船舶職員」、「漁猟職員」との三通りの用語を使い分ける。船員とした場合、「船員法」（一八九九（明治三二）年、法律第四七号）にもとづき規定された、船長以下一切の乗組員をさす。[71]船員には当然、教育を受けて運転士や機関士となった「船舶職員法」（一八九六（明治二九）年、法律第六八号）にもとづき認定された海技免状保持者を含んでいる。[72]そのため、海技免状保持者のみをさす場合は船舶職員と表記するものの、資格保持者であるか判然としないケースや、船舶職員だけではなく、甲板員や司厨員などの各部員を含むケースでは船員と表記する。

漁猟職員としたときは、漁船に漁猟職員免状を保持して乗り組む者をさす。漁猟職員免状の種別ならびに交付要件は、「遠洋漁業奨励法施行細則」（一九〇五（明治三八）年、農商務省令第一一号）に規定されたため、[73]結果として、「遠洋漁業奨励法」にもとづいて養成された船員が漁猟職員となる。

こうしたことから本書では、水産教育機関などを経由することで、近代化していく「水産の世界」で社会的上昇移動を果たしていった者を意味する場合、船舶職員もしくは漁猟職員という用語を意識的にもちいることになる。

法令の解釈で使用することが難しい用語に「遠洋漁業」の範囲がある。そもそも、遠洋漁業に区分される漁業種について法令上明確にされるのは、戦後の「漁業法」(一九四九〈昭和二四〉年、法律二六五号)(74)であって、二野瓶も近代日本においては「沿岸漁業・沖合遠洋漁業という区分はきわめてばく然たるもので、その意味内容も時代とともに動いて(75)」いたと指摘した(76)。

実際、明治政府も遠洋漁業の範囲を法令上明確にすることに積極的ではなかった。一九〇五(明治三八)年に政府が衆議院に提出した「遠洋漁業奨励法改正法律案」に対する委員会審議の過程を、委員長を務めた齊藤珪次は次のように報告した。

遠洋漁業ノ定義ニ付イテハ、相当委員カラ質問モシマシタ、此遠洋漁業ノ定義ニ付イテハ、遠洋漁業目下ノ形勢ニ於テハ、其範囲等ノ定義ヲ極メヌ方ガ、漁業ノタメニ利益デアルト云フコトノ、政府委員ノ説明モアリ、又委員モソレヲ認メマシタ(77)

遠洋漁業の発達を優先したい政府は、遠洋漁船が沿岸海域へも頻出して地場漁業に深刻な影響を及ぼすなかでさえ、「遠洋」海域の定義を明確にすることが沿岸海域からの遠洋漁船の締め出しにつながりかねないとして、定義を玉虫色にすることを望んでいたことがわかる。

この審議過程が反映されたためかは定かではないけれども、一八九七(明治三〇)年にはじめて制定された「遠洋漁業奨励法」(法律第四五号)にもとづき「遠洋漁業奨励金ヲ受クヘキ漁猟ノ場所」は、「支那海」、「台湾海峡」、「東海」、「黄海」、「朝鮮海峡」、「日本海」、「鄂霍徳斯克海《オホーツク》」、「太平洋」と規定されていたのに対して(78)、一九〇五(明治三八)年改定の「遠洋漁業奨励法」(法律第四〇号)にもとづき遠洋漁業奨励金を受ける場合には操業海域に関する限定はなかった(79)。

「遠洋漁業」の範囲を「遠洋漁業奨励法」に依拠することができない理由は、海域問題をかかえていたからだけではない。草創期には奨励対象となったものの、資源保護や沿岸漁民との対立を避ける観点から後に奨励対象外とされた漁猟種（汽船トロール漁業や汽船捕鯨業）があり、一貫する遠洋漁業の定義を「遠洋漁業奨励法」にもとづいておこなうことは困難となっている。

そこで本書では、農商務省水産局が編纂した『水産統計年鑑』や『水産統計要覧』において、「遠洋漁業」ならびに「新領地漁業」と区分された漁業を、さしあたって「遠洋漁業」とした。(80) その結果、本書で「遠洋漁業」と定義した主な漁業は、臘虎《ラッコ》・膃肭獣《オットセイ》猟業、捕鯨業（諾威《ノルウェー》式）、帆船・汽船トロール漁業、蟹・鮭・鱒の各種工船漁業（母船式漁業）、以西底曳網漁業のほか、露領（沿海州やカムチャツカ半島、北樺太ほか）、朝鮮、台湾、関東州、南洋群島で展開された外地漁業となった。

なお、露領漁業については、本書との関係が強いため若干の補足をしたい。すなわち露領漁業とは、一般に「戦前の北洋漁業のうち、もっとも重要な漁業であって、極東露領の全沿岸にわたって漁区を租借し、サケ・マス建網漁業、カニ漁業を操業すると同時に、缶詰、塩蔵等の加工をも合わせて経営した(81)」漁業を意味する。明治の初期よりおこなわれていたけれども、第二章で詳述するように「日露漁業協約」によって正式な取り決めのもとに出漁・操業が可能となった。この露領漁業を中軸として、北千島・南千島漁業、南樺太漁業などを包含して、北洋漁業と通称される区分が形成された。

最後に、「漁業者」と「漁業従事者」の定義であるけれども、一九四九（昭和二四）年の「漁業法」（法律第二六七号）が、「「漁業者」とは、漁業を営む者をいい、「漁業従事者」とは、漁業者のために水産動植物の採捕又は養殖に従事する者(82)」として、自営する者を「漁業者」、雇用される者を「漁業従事者」と規定した。ただ本書では、自営する者か雇用されている者かの判断が極めて困難なこともあり、漁業資本（家）に雇用され漁業に就いている、もしくは就くであろうことが明確な場合は漁業従事者と表現し、そうでない場合は漁業従事者の概念を含むものとして、漁業者という用語で一括りにした。

なおこれに従えば、官立および府県水産講習所の卒業生が漁業資本(家)に雇用され、先に定義した「遠洋漁業」に就業した場合は、「遠洋漁業従事者」とすることができる。本書では、こうした事例に加えて、遠洋漁業への就業が確認できなくとも、水産教育機関の遠洋漁業に関する学科(例えば遠洋漁業科や遠洋漁業練習科など)において、漁猟職員資格もしくは船舶職員資格を得るための教育を受け卒業した者は遠洋漁業従事者と表現することにした(83)。

第六節　各章の内容

第一章では、官立水産講習所ならびに府県水産講習所制度が創出される過程を、大日本水産会が果たした役割に注目しながら考察する。官立水産講習所については、誕生の背景にある大日本水産会による水産教育機関の要求、そして東京農林学校水産科簡易科と水産伝習所の設置についてみる。府県水産講習所制度が創出されるまでについては、地方における水産改良の要求と、それに応えた大日本水産会の水産巡回教師制度の性格を検討することで、府県水産講習所誕生の背景にせまる。検討時期は、一八八二(明治一五)年の大日本水産会の誕生から、一八九七(明治三〇)年の官立水産講習所の誕生、ならびに一八九九(明治三二)年の「府県水産講習所規程」の制定までの約二〇年間とする。

第二章では、農商務省の遠洋漁業奨励策の策定と、確立したこの奨励策が近代日本の水産教育制度に及ぼした影響を、遠洋漁業練習生制度ならびに漁猟職員資格制度の創出から検討する。さらに、遠洋漁業奨励策のなかに官府県立水産講習所が位置づけられていく過程を、官府県立水産講習所の教育を規定する各種規程・規則と、「遠洋漁業奨励法」ならびに「遠洋漁業奨励法施行細則」の条文とを突き合わせることで明らかにする。検討する期間は、朝鮮通漁が興隆する明治中期から、漁猟職員養成制度が完成する一九〇七(明治四〇)年までとする。

第三章では、官立水産講習所の活動と「遠洋漁業奨励法」とのかかわりを明らかにするため、官立水産講習所に設置された本科漁撈科、遠洋漁業科、現業科のそれぞれの教育課程や実習内容に注目する。とりわけ、官立水産講習所が有した遠洋漁業従事者養成機能が年次を追うごとに変化していく過程を、遠洋漁業奨励策の内容的変遷とのかかわりから明らかにする。

こうした分析により明らかになった官立水産講習所の教育活動と、府県水産講習所とを結ぶものとして、府県水産講習所に「教員」(技師や技手)として勤めた官立水産講習所の卒業生の実態を分析する。分析する期間は、一八九七(明治三〇)年の官立水産講習所の成立から、一九二一(大正一一)年の「遠洋漁業練習生規程」の廃止までとする。

第四章から第六章までは、府県水産講習所の教育実態を三つの事例から明らかにする。

『近代日本中学校制度の確立——法制・教育機能・支持基盤の形成——』のなかで、中学校の設立過程に注目する場合、「地域全体の動きのなかで理解するという視点が不可欠である」(84)としたのは米田俊彦であるけれども、府県水産講習所についても同じことがいえる。一般に、漁業者に教育は必要ないと思われていた明治期に、多額の県費を投入して府県水産講習所が設置されたことは、各地域の漁業形態や「社会的支持基盤の成熟の度合い」(85)とのかかわりで理解することが必要となる。

よって、それぞれの事例では、可能な限り政策担当者や地域の有力者の水産教育観に接近することを試みた。

設立運動の実相や県議会内での議論は、これを知る手がかりとなる。また、府県水産講習所の営みは、設置された府県の漁業・水産加工業の動向から影響を受けることが予想されるため、統計資料などでそれぞれの地域の漁業実態をとらえることも忘れることはできない。

第四章では、北海道漁場に次いで開発への高い期待があったとされている朝鮮海域[86]を目の前とした長崎県水産講習所の事例を分析する。長崎県水産講習所は、長崎県水産試験場でおこなわれた水産講習を引き継ぐ形で活動を開始しているため、分析する期間は、長崎県水産試験場が開設された一九〇〇(明治三三)年から、同講習所が長崎県立水産学校に改組される一九三五(昭和一〇)年までとする。

第五章では、勝浦水産補習学校や鴨川水産補習学校を設置して、初等教育後の水産教育の普及に努めた千葉県に設立された千葉県水産講習所の事例を取りあげる。千葉県水産講習所は、長崎県の事例と同様、千葉県水産試験場を母体としている。そのため、分析も千葉県水産試験場が開設された一八九九(明治三二)年から始める。千葉県水産講習所は、一九一七(大正六)年に廃止され千葉県水産試験場になるものの、一九二三(大正一二)年にこの千葉県水産試験場を基礎として千葉県立安房水産学校が誕生していることから、本章では、千葉県水産講習所の活動を水産学校へと続く文脈でとらえ、従来は「傍系」に位置するとされてきた府県水産講習所の歴史的役割を再定義することを試みる。

第六章では、府県水産講習所三事例のなかで、唯一府県水産試験場を母体にもたない富山県水産講習所についてみる。府県水産試験場を起源としないことで、富山県の事例は、水産教育を支える社会的基盤や地域の教育観を把握する絶好の対象となる。分析時期は、富山県水産講習所の起源である中新川郡水産研究会が誕生した一八九六(明治二九)年から、水産学校に改組される一九四一(昭和一六)年までとする。

註

(1) 小林多喜二『蟹工船』(戦旗社版)日本近代文学館、一九八四年、三頁。

(2) 同上、二八頁。

(3) 社会局労働部『㊙本邦ニ於ケル蟹工船漁業ノ労働事情(昭和六年二月)』、一九三一年、一頁。

(4) 同上、六二頁。

(5) この記事は、「通り一片な監督官庁の調査報告は何等真相に触れず、当事者は只管事件を糊塗せんが為に汲々としてゐるが先月十日同船を訪れた中積船明治丸が齎した乗組員からの親戚知己に宛てた書状こそ同船の帰着に先立ち船内に演じられた惨虐暴戻を如実に物語るもの」とされ報じられた。見出しにもある「手紙」は、かかる説明にもあるように「同船漁夫松田が秘に明治丸に託して伏木町港町居住の布澤よし女に宛てた本国への第一信」であり、「【前略】函館出帆以来唯今仲積船の便りがありましたので一堂元気で居ります。五六十日間に病名不詳の病人が百人近くも出来てその内に死亡して水葬されし人は十二人もありました、まだ見込みのない者もありますよ心細く感じます一時は度々の葬式でウンザリしました」などと書かれていたとされる。「日記」の方は、「同船雑漁夫三百名と一緒に就役してゐた十一名の富山水産講習所練習生の一人藤縄清蔵君(十八)の日記」であり、「六月五日　本日漁夫ストライキの結果幹部の惨虐なる虐待眼もあてられず　同八日　実習生(自分達の事)七名は虐待の為め遂に倒る、林(同君の先輩)がやつて来て脅迫するので止むなく応じて起る　七月十五日　僕等実習生が、川崎船(蟹工船)から船に帰つて来たら(中略)マゴマゴしてゐると又殴られるから手がつけられぬ　同十八日　早朝先輩林に殴られるこんな事をして迄実習しなければならぬとは…　同廿八日　本日夕方一名死亡す、合計九名となる十人目は僕になるかも知れぬのだ」などと記録されていたとされる。管見のかぎり、この日記の内容を検証することが可能な資料はほとんど確認できない。けれども、富山工船の擇捉丸に富山県水産講習所の生徒が乗船していたことを示す資料はある。富山県水産講習所『富山県水産講習所事業報告』(昭和五年度)によれば、一九三〇(昭和五)年の「遠洋漁業科第二年級」が「四月ヨリ九月マデ富山工船漁業株式会社擇捉丸ニ依嘱乗船セシメ工船蟹漁業並ニ船舶ノ運行ニ関スル実習ヲ課シ」ていたこと、そして「研究科(製造)」の二名が「四月―九月　富山工船漁業株式会社擇捉丸」を実習先として、「工船蟹漁業及蟹缶詰製造法」を研究事項に所外実習に励んでいたことがわかる。さらにこのとき擇捉丸に乗り組んでいた遠洋漁業科の実習生に、「藤縄喜代造」という氏名の者がおり、一九三一(昭和六)年三月に講習所を卒業後、共同漁業株式会社に運転士見習として就業したことが記録されている。先の『読売新聞』では、「藤縄清蔵」と記されているけれども、「藤縄喜代造」と記す他社の新聞記事もあり、同一人物と判断しても差し支えない状況がある。もしこの日記の内容が本当だとしたら、第六章で詳述するように、工船蟹漁業を事業化に導き、多くの人材をも当該漁業に送り出した富山県水産講習所にとっては、あまりに悲しい事件であったといえよう。なお、「エトロフ丸事件」については、井本三夫『蟹工船から見た日本近代史』新日本出版社、二〇一〇年が、おもに新聞記事の再構成からその真相に迫ろうとしている。

（6）　業界雑誌の水産社『水産』（昭和五年一〇月号ならびに昭和五年水産回顧号）に掲載された二つの文章からは、捜査当局や農林省、そして関係者が「エトロフ丸事件」の幕引きを早期にはかろうとしていた姿が透けてみえる。一つは、「監獄船択捉丸の取調」との記事で、「函館水上警察署の菊池署長、函館検事局の佐藤検事、函館海事部の岸上部長、農林省特派の寺田事務官、十川技手以下関係官公吏員総動員の姿にて物々しく乗込み深更より翌朝払暁まで上級船員は勿論乗組漁夫全部に亘つて厳重取調べを行つた」結果、「漁夫虐待事件、食糧の粗悪、労働時間の不規則、衛生設備の不完全などは覆ふべからざる事実であつて新に医師法違反、無線電信法違反の事実なども発覚した」けれども、「世上に伝へらるゝが如き虐殺事件は認められなかつた」と報じた。続けて、「寺田農林事務官」の取り調べ結果として「択捉丸に関する声明書」を掲載し、「病人が多数発生した」理由として、暖房設備の不備や野菜類の欠乏、漁雑夫の経験不足、配当金への不満を背景とした士気沮喪などを列記し、事件の核心から論点をすり替えようとした形跡がみられる。水産社『水産』（昭和五年一〇月号）、第一八巻第一〇号、一九三〇年、三一頁。もう一つは、この半年後に掲載された吉田隆（日本工船カニ漁業水産組合）の署名がある「波瀾重畳を極めた本年の工船漁業」との論説文である。この論説文は、一九三〇（昭和五）年の工船蟹漁業が、資源保護にともなう規制強化やロシアとの紛擾があったことで経営が厳しかったことを述べることに多くの紙幅を費やしている。注目できるのは、厳しい経営状況を説明したあと、「斯く各工船とも、当初の缶詰製造予定数に達しなかつたが、殊に富山工船漁業株式会社の択捉丸が意外の不漁に終つたこと、、事実無根であるにしても所謂漁夫虐待事件を惹起したことゝは、実に遺憾に堪えないことであつた」と記したことである。あえて「事実無根」の「漁夫虐待事件」の「惹起」に言及した意図は不明ではあるけれども、この一文が挿入されたことで、少なくとも業界内に大きな衝撃を与えた「事件」であったことはわかる。水産社『水産』（昭和五年水産回顧号）、第一八巻第一二号、一九三〇年、一二四―一二五頁。

（7）　なお、択捉丸の漁撈長であった宇野善九朗については、新聞報道ではあるけれども、事件のその後が伝えられている。すなわち、一九三一（昭和六）年四月一〇日付『北陸タイムス』は、「蟹工船漁撈長きのふ起訴　高岡検事局取調べて略式命令で罰金刑」との見出しで、「昨年尼港以来の惨虐さとして天下の耳目をしんがいせしめた富山工船□社所属蟹工船エトロフ丸漁雑夫殺傷暴行事件の当事者たる元同船漁撈長であった本県出身の宇野善九朗」について「愈よ九日起訴されることに決定し略式命令で罰金刑を言い渡されるところがあった」と報じた。また同じ月の一六日には、やはり『北陸タイムス』が、「問題のエトロフ丸事件の暴行事件に関し起訴されてゐた漁撈長宇野善九朗は十五日高岡裁判所で略式命令で罰金五十円に処せられた」と報じた。

(8) ここには、富山工船擇捉丸における「死亡者」数一五名(うち漁夫四名、雑夫一一名)が含まれている。

(9) なおこの数字は、「露領水産組合ノ調査ニ依ル昭和四年度ニ於ケル北洋漁業労働者中陸上漁場ニ於ケル本邦労働者総数二一、一四三人ニ対シ罹病者数一三、一七一人、死亡者数一三三人ノ割合六二パーセントニ比スレバ仍遥ニ多キガ如シ」状況であった。なお、「罹病者ノ疾病中最モ多キモノハ消化器病ノ二、五六二人、感冒ノ二、二八四人、外傷ノ一、二六五人、眼病ノ八九六人、腫瘍ノ八一〇人、脚気ノ六二一人、呼吸器病ノ五七一人等ニシテ何レモ五百人以上」であった。前掲、『秘 本邦ニ於ケル蟹工船漁業ノ労働事情(昭和六年二月)』、五一―五三頁。

(10) 同上、五〇頁。

(11) 前掲、『蟹工船』(戦旗社版)、一四頁。

(12) 岡本正一・神山峻『日ソ漁業』水産通信社、一九三九年、二頁。

(13) 露領水産組合『露領漁業の沿革と現状』、一九三八年、七一頁。

(14) 新村出編『広辞苑』(第七版)岩波書店、二〇一八年、一〇七二頁には、「国境」とは「①国と国との境。異なる国家間の境。②(法)国家と国家との版図を区画する境界線。国家領土主権の行なわれる限界。自然的国境と人為的国境とがある。」と記されている。本書では、日清戦争や日露戦争によって日本の版図ならびに漁業権益が拡大し、利用することが可能となった漁業根拠地や漁場が外延的に膨張したことをふまえ、「国境」を陸上を区画する境界線としてだけではなく、こうした日本の権益がおよぶ海上をも含む概念として用いた。ただし、版図の拡大だけが漁場の拡大を後押ししたわけではない。当時は、「公海自由の原則」があり、領海以外の広大な漁場は、沿岸国にとって脅威ではあっても、基本的には自由操業が可能であった。漁船の動力化・大型化、新漁法の開発、漁獲物の運搬や鮮度保持に資する機器の発達に支えられ、漁場の外延的拡大が可能となり、遠洋漁業が急速に発達したこともまた事実である。

(15) 近代化していく「水産の世界」とは、漁船の大型化や動力化をはかり生産力を拡大させていった沖合・遠洋漁業と、それに付随するように発展した缶詰等の高次加工品の製造を中軸とする新しい水産加工業によって構成された産業界を意味する。

この産業界を指導・監督する行政組織は近代化していく「水産の世界」に含めるけれども、零細な沿岸漁業や漁家の手による簡易な水産加工は含まない。

(16) 富山県水産講習所『富山県水産講習所事業報告』(大正一三年度)、一九二六年、一四頁。
(17) 富山県水産講習所講友会『講友』(第八号)、一九二五年、三七―三八頁。
(18) 前掲、『蟹工船』(戦旗社版)、二八頁。
(19) 一九四一年、勅令第四三七号。
(20) 一八八三年、文部省達第五号「農学校通則」第一一条。
(21) 一八九四年、文部省令第一九号「簡易農学校規程」第二条、第七条。
(22) 久保義三・米田俊彦・駒込武・児美川孝一郎編著『現代教育史辞典』東京書籍、二〇〇一年、九七頁。
(23) 一八九九年、勅令第二九号「実業学校令」第二条。
(24) 一八九三年、文部省令第一六号「実業補習学校規程」第五条。
(25) 一八九八年、農商務省令第四号「地方水産試験場及地方水産講習所規程」第五条。
(26) 一八九九年、農商務省令第二三号「府県水産講習所規程」第一条、第三条、第五条。
(27) 一九一一年、農商務省告示第一九九号「水産講習所伝習規則」第九条。
(28) 佐々木享「日本における技術・職業教育史研究の展望と課題――学校教育の分野に限定して――」、日本教育史研究会『日本教育史研究』(第一七号)、一九九八年、七七頁。
(29) 国立教育研究所『日本近代教育百年史』(第九巻)教育研究振興会、一九七四年、八一九―八二〇頁。
(30) 文部省『産業教育七十年史』雇用問題研究会、一九五六年、一四九頁。
(31) 石川県水産講習所『石川県水産講習所報告』(第一巻講習部)、一八九七年、一頁。
(32) 国立教育研究所『日本近代教育百年史』(第一〇巻)教育研究振興会、一九七四年、八八九頁。
(33) 農林大臣官房総務課『農林行政史』(第四巻)農林協会、一九五九年、五二七頁。
(34) 前掲、『産業教育七十年史』、一五一頁。
(35) 『産業教育七十年史』はこのほかにも、函館高等水産学校に遠洋漁業科の設置が認められたことは、「遠洋漁業の発展とともに漁船も大型となり、船長をはじめ幹部職員の養成が必要」となったためと、「海技従事者」養成とのかかわりで水産教育機関をみている。同上、『産業教育七十年史』、三一二頁。

(36) 前掲、『日本近代教育百年史』(第九巻)、八三六頁は、官立水産講習所の遠洋漁業科設置を「遠洋漁業奨励法の制定に照応したもの」と記す。しかし、それ以上の検討も、根拠となる法令や法文の明記もない。

(37) 依田有弘「日本の公的資格制度について」、大月書店編集部編『現代の労働組合運動』(第六集 今日の教育改革・職業訓練)大月書店、一九七六年、一六二頁。

(38) 前掲、『日本近代教育百年史』(第九巻)、八一五―八一六頁。

(39) 前掲、『日本近代教育百年史』(第一〇巻)、八四九頁。

(40) 同上、八四九―八五〇頁。

(41) 小沼勇『日本漁村の構造類型』東京大学出版会、一九五七年、四頁。

(42) 二野瓶徳夫『日本漁業近代史』平凡社、一九九九年、一一頁。

(43) 二野瓶徳夫『漁業構造の史的展開』御茶の水書房、一九六二年、三一八―三一九頁。また、近藤康男『日本漁業の経済構造』東京大学出版会、一九五三年の序章「日本漁業における資本主義の発達」、一―一〇頁は、「沿岸性の限界内においては資本制生産の形態は全般的に閉塞され」るため、「沿岸性」を克服できる漁船動力化を中心とする漁業生産力の増強が、漁業における資本主義の発達をうながす原動力となることを述べた。

(44) D・K・ミュラー、F・リンガー、B・サイモン編著、望田幸男監訳『現代教育システムの形成――構造変動と社会的再生産 1870-1920――』晃洋書房、一九八九年、一頁。

(45) 同上、三―四頁。

(46) 望田幸男・広田照幸編『実業世界の教育社会史』昭和堂、二〇〇四年、四―五頁。

(47) 同上。

(48) フランク・B・ギブニー編『ブリタニカ国際大百科事典(小項目事典)』(第五巻)ティビーエス・ブリタニカ、一九九三年、一〇頁。

(49) 水産庁五〇年史編集委員会『水産庁五十年史』水産庁五〇年史刊行委員会、一九九八年、三一―一三頁。

(50) 同上、一三頁。

(51) 二野瓶徳夫『明治漁業開拓史』平凡社、一九八一年、六三―六四頁。

(52) 前掲、『産業教育七十年史』、三一七―三一八頁。
(53) 農商務省水産局『日本帝国水産一斑』、一九〇一年、二二頁。
(54) 一九一〇年現在における農業学校は二一五校、工業学校は一二四校、商業学校は八六校に達していた。わずか一五校にとどまった水産学校が、展開の遅れた実業教育機関であったことがわかる。文部省実業学務局『明治四十四年三月全国実業学校ニ関スル諸調査』、一九一一年、一―三頁。
(55) 同上、三六―三七頁。
(56) 吉田文・広田照幸編『職業と選抜の歴史社会学』世織書房、二〇〇四年。
(57) 三上敦史『近代日本の夜間中学』北海道大学図書刊行会、二〇〇五年。
(58) 同上、三五七頁。
(59) 海後宗臣「中等学校制度の伝統と問題」、『海後宗臣著作集』(第四巻　学校論)東京書籍、一九八〇年、四二二頁。
(60) 山口和雄編『現代日本産業発達史』(XIX　水産)交詢社出版局、一九六五年。
(61) 農商務省の水産政策を、水産業を発達させるための「前提」としていることは、『現代日本産業発達史』の目次からも明らかである。すなわち、第一章の「沿岸漁業の爛熟」では、第一節の「明治政府の水産政策」に続き、第二節に「水産業の発展」としているし、第二章の「沖合漁業の発展」でも、第一節の「資本制漁業の発展期における水産政策」に続き、第二節に「水産業の発達」とした。第三章「遠洋漁業の発展」でも、第一節の「漁業政策の展開」に続き、第二節に「水産業の発展」がある。第四章の「戦後水産業の発展」も同様であり、第一節の「日本経済の発展と水産政策の展開」に続き、第二節に「水産業の発展」がある。
(62) 農林大臣官房総務課『農林行政史』(第四巻)農林協会、一九五九年、六六〇頁。
(63) 漁猟職員資格については、管見のかぎり先行研究ではふれられていない。これに対して、船舶職員の養成については、いくつかの研究がみられる。そのなかでも、船舶職員養成について明確な見解を示したのは、間山郁三「水産高校における職業教育と職業資格」、文部省職業教育課『産業教育』(第二五巻　第二号)雇用問題研究会、一九七五年、一一頁であろう。法令を根拠としてその起源にせまろうとしているので、該当箇所を引用した。
　船員養成教育の沿革を見れば、明治一五年東京商船学校卒業者に対して甲種二等運転手、甲種二等機関手の資格が無試験で免許されるように改められたのが学校教育と職業資格の関係の始まりであろう。

このことは、明治二九年四月に交付された船舶職員法（旧法）にも明示され、その後水産教育機関に対しても適用されるようになってきたが、昭和五年の船舶職員試験規程によって、高等、中等の各教育段階ごとの商船、水産教育機関の当該課程修了者に対する海技従事者資格の認定制度の原型が完成している。

ここで間山は、商船教育において開始された船舶職員養成教育が水産教育にも伝播し、一九三〇年の「船舶職員試験規程」（逓信省令第六号）で「海技従事者資格の認定制度の原型が完成」したと解釈する。ただし、一八九六年の「船舶職員法」（法律第六九号）制定から一九三〇年までの変遷がことごとく省かれている。『産業教育百年史』も、一九三〇年には官立水産講習所の卒業生に船舶職員資格が付与されるようになったことを記しているが、やはり、一九三〇年以前の実態や取得要件などは検討されていない。すなわち、水産教育機関と船舶職員資格に関する先行研究には、長い空白の期間があるといえる。

(64) 辻功『日本の公的職業資格制度の研究』日本図書センター、二〇〇〇年、一一頁。

(65) 同上、三五頁。

(66) 佐々木享は、水産教育を「水産動植物の漁獲、採取、養殖あるいは水産物の第一次加工を行う業務に従事する者に必要な知識と技能を教授する教育」と定義した。前掲、『現代教育史辞典』、二九五―二九六頁。

(67) 前掲、『広辞苑』（第七版）は、「第一次産業」を「産業のうち、農業・林業・水産業など直接自然に働きかけるもの」として、水産業を第一次産業としている。ただ、「水産業」の項目では、水産業を「水産動植物の漁獲・採取・養殖・加工に関する産業」としており、水産加工業を含めている。新村出編『広辞苑』（第七版）岩波書店、二〇一八年、一五三六頁、一七三八頁。

(68) 一九四七年、法律第一三二号「農業協同組合法」第九条。

(69) 一九四八年、法律第二四二号「水産業協同組合法」第一条。なお、同法第一〇条は、漁業を「水産動植物の採捕又は養殖の事業」とし、水産加工業を「水産動植物を原料又は材料として、食料、飼料、肥料、糊料、油脂又は皮を生産する事業」と定義する。さらに、この法律における漁民とは、「漁業を営む個人又は漁業を営む者のために水産動植物の採捕若しくは養殖に従事する個人」であり、水産加工業者とは、「水産加工業を営む個人」とされている。すなわち、同法における「漁民」とは、一九四九年に制定された新「漁業法」（法律第二六七号）の第二条に定義される「漁業者」と「漁業従事者」をさすことがわかる。

(70) 一八八六年、勅令第二号「農商務省官制」第二一条、第二二条、第二三条、第二四条。なお、一八八一（明治一四）年の太

政官布告第二一号により農商務省が設置された時点では、水産局はおかれておらず、水産行政は農務局が分掌していた。同年の太政官達第二五号には、農務局が所管する事務について、「勧農、漁猟、開墾、地質調査、農学校、農業上ノ建造物、農業上ノ統計ニ関スル文書ノ採集、及ヒ農業議会ニ関スル」事務ならびにその調整と規定された。

(71)　一八九九年、法律第四七号「船員法」第二条において、「船員トハ船長及ヒ海員ヲ謂ヒ海員トハ船長以下ノ一切ノ乗組員ヲ謂フ」と規定された。

(72)　一八九六年、法律第六八号「船舶職員法」第二条には、「海技免状ヲ有スル者ニアラサレハ船舶職員タルコトヲ得ス」とあり、同法第三条で指定された海技免状を保持する者を「船舶職員」と規定した。なお、当時の海技免状とは、「甲種船長」、「甲種一等運転士」、「甲種二等運転士」、「乙種船長」、「乙種一等運転士」、「乙種二等運転士」、「丙種船長」、「丙種運転士」、「機関長」、「一等機関士」、「二等機関士」、「三等機関士」の一二種であった。それぞれの免状には効力があり、航路種別、汽船帆船の別、登簿トン数などによって細かく規定された。なお、この「船舶職員法」が制定される以前は、一八七六（明治九）年の太政官布告第八二号「西洋形商船船長運転手機関手試験規則」（後に「西洋形船船長運転手機関手免状規則」）にもとづいて船員に関わる免状が交付されていた。

(73)　漁猟職員は一九〇五年、農商務省令第一一号「遠洋漁業奨励法施行細則」第二〇条において、「甲種漁猟長」、「乙種漁猟長」、「丙種漁猟長」、「漁猟手」の四種類に区分された。それぞれの効力や取得要件については、第三章で詳らかにする。

(74)　一九四九年、法律第二六七号「漁業法」第五二条により、遠洋漁業として規定された漁業は、「大型捕鯨業」、「以西トロール漁業」、「以西機船底曳網漁業」、「遠洋かつお・まぐろ漁業」の四種であり、これらは「指定遠洋漁業」とされた。指定遠洋漁業は、主務大臣の許可を受けることが操業の条件とされた。水産庁『水産白書』（平成一六年度）では、遠洋漁業を「遠洋底びき網（北方水域）、遠洋底びき網（南方水域）、以西底びき網漁業、大中型遠洋かつお・まぐろ一そうまき網、北洋はえ縄・刺網漁業、遠洋まぐろはえ縄漁業、遠洋かつお一本釣漁業、いか流し網漁業（平成四年まで）、遠洋いか釣漁業（平成二年から）等」としている。水産庁『水産白書』（平成一六年度）、二〇〇五年、八七頁。

(75)　前掲、『現代日本産業発達史』（XIX 水産）、一九四頁。

(76)　一般的にこうした区分は、官庁が定期刊行する統計に従う。ところが、戦前昭和期の農林大臣官房統計課『農林省統計表』では、沖合漁業と遠洋漁業が「内地沖合遠洋漁業」との枠組みで記され、遠洋漁業独自の区分はない。戦後の『農林省統計表』では、そもそも沿岸や沖合、遠洋といった操業海域で漁業を区分していない。農林省農林経済局統計調査部『農林省累年統計表』(明治一年〜昭和二八年)、一九五五年、一二六頁は、「内地沖合遠洋漁業」を「総屯数五屯以上の船舶をもって沖合又は遠洋において漁撈に従事するもの」と定義している。しかし、「沖合」ならびに「遠洋」に関する定義がない以上、この定義は意味をなしていない。

(77) 『帝国議会衆議院議事速記録』(第一一回議会明治三七年)東京大学出版会、一九八〇年、一七六頁。

(78) 一八九七年、勅令第一七六号「遠洋漁業奨励法ニ依リ奨励金ヲ受クヘキ漁猟ノ種類及場所並船舶乗組定員ノ件」第二条。

(79) 一九〇五年、勅令第一一四号「遠洋漁業奨励法ニ依リ奨励金ヲ下付スルコトヲ得ヘキ漁猟業ノ種類、船舶ノ噸数ノ制限並漁猟員ノ資格及定員ニ関スル件」。

(80) 汽船とは、狭義では蒸気を動力源とする船舶をさすけれども、ディーゼルエンジンなどの内燃機関やその他機関によって航行する船舶の総称としても用いられる。

(81) 水産庁『北洋漁業累年統計』、一九五五年、一—二頁。

(82) 一九四九年、法律第二六七号「漁業法」第二条第二項。

(83) 遠洋漁業科で教育を受けた者に限定しなかったのは、漁撈科などを卒業しても乗船履歴が整えば船舶職員になることは可能であったためである。

(84) 米田俊彦『近代日本中学校制度の確立——法制・教育機能・支持基盤の形成——』東京大学出版会、一九九二年、一七頁。

(85) 同上、一八頁。

(86) 前掲、『漁業構造の史的展開』、三〇二頁。

第一章　官立水産講習所と府県水産講習所の誕生

第一節　大日本水産会による水産教育機関の設置

（一）　大日本水産会の設立当初の主張

大日本水産会は、一八八二（明治一五）年二月、幹事長に内務少輔や農商務大輔を歴任した品川弥二郎を、そして総裁に小松宮彰仁親王を迎え設立された。その設立は、一八八一（明治一四）年四月設立の大日本農会、一八八二（明治一五）年一月設立の大日本山林会に続くものであり、「国家の繁栄と人民の福祉を増進するには、先づもって原始産業の発達をはかるにある」[1]との品川の主唱が原動力となった。水産物については、当時すでに「日常百般ノ需要ニ供シ以テ家計ヲ支持」するものとしての位置づけに加えて、「外邦輸出ノ材料ニ給シ以テ国力ヲ保維」するものと位置づけられていた[2]。

そのため、大日本水産会の会報『大日本水産会報告』の創刊号に掲載された「大日本水産会創立ノ主旨」においても、水産業を振興することの意義を訴える文面が続いている。

すなわち、近代日本にとって「水産ノ事業ヲ振作興起シ其利ヲシテ遺脱ナカラシムルニ於テハ其国家ヲ潤ス」のみならず、「水産ノ事業ハ又海兵ヲ練習セシムルノ捷径」(3)であるとし、殖産興業の視点からはもちろんのこと、富国強兵の視点からも水産業の振興が槓杆的役割を果たすとうたった。とりわけ、富国強兵に資する点については、フランス政府の施策を紹介することで強調された。

仏国政府カ毎年二百十萬七千弗ノ巨額ヲ費シ一漁夫ニ十五弗乃至五十弗ツヽノ補助金ヲ与ヘテ此業ヲ補助スル者ハ漁夫ヲシテ兼テ水兵ノ義務ヲ負担セシメ而メ海軍ノ費用ヲ省減スルニ在リ斯ノ如キハ海軍ヲ編制スルノ便法ナリト謂フ可シ然レハ四周環海ノ我国ニ於テハ海軍ノ備最モ切要ナルカ故ニ倘シ此法ニ倣ハヾ海軍ノ強盛ヲ図ルノ一端ナラスヤ(以下略、傍線：引用者)(4)

同文は、海に囲まれた日本で海軍力の増強を進めるには、有事に「水兵」ともなる「漁夫」の育成が効果的と訴えている。漁業者の養成が富国強兵の一端を担える可能性を示し、軍備増強と連関させて水産業の振興を訴えることが、漁業者を「養成」しなければならないという価値概念がいまだ見出されていない明治初期において、漁業者養成を政府に働きかける有力な根拠となっていたと理解することができる。

大日本水産会が、殖産興業ならびに富国強兵とのかかわりで水産業の振興を働きかけた背景には、外国猟船の日本近海への進出と、それに危機感を募らせる水産関係者の存在があった。(5)

一八八二(明治一五)年二月一二日に開催された大日本水産会第一回役員選挙会において、幹事長に選任された品川が就任の挨拶として次のような講演をおこなったことからも、水産関係者が日本水産業の国際的地位の向上を嘱望していたことがわかる。

> 蓋シ惟ミルニ天河海ヲ設ケ之レカ鱗介ヲ生シ他苔藻璜珠ニ及ヒ人ノ用ニ資スルモノ甚厚シ而シテ其渺茫ノ上へ澎湃ノ間タニ在ルヲ以テ採獲ノ道太タ容易ナラストス従来アミ罟筌簗ノ方法アルモ是豈以テ悉クセリトスルニ足ルモノナランヤ捕鯨猟獺等ノ巨業ニ至テハ着手寥寥トシテ之ヲ外人ノ占有ニ委スルモノ、如シ開物ノ世歩猶淺キニ因ルト謂フト雖モ河海国ヲ成スノ我ニ在テ水ノ力ヲ盡スコト能ハサルハ亦甚タ遺憾ナラスヤ而シテ今ヤ機運方サニ到リ有志齊シク出テ大日本水産会ナルモノ始テ興レリ（以下略、傍線：引用者）(6)

同講演において注目したいのは、「捕鯨猟獺等ノ巨業ニ至テハ着手寥寥トシテ之ヲ外人ノ占有ニ委スル」現状に言及した点である。これは、外国猟船が日本近海において捕鯨、臘虎《ラッコ》猟、膃肭獣《オットセイ》猟により多額の利益をあげていたことに大日本水産会として危機感を表明したものとなった。

大日本水産会が設立された一八八二（明治一五）年前後は、水産業を専管する行政機関がいまだ整備途上にあった。農商務省は一八八一（明治一四）年に設置されていたものの、水産局が置かれるのは一八八五（明治一八）年になってからのことであった。上述のように、大日本水産会が危機感を表明したことは、当初の水産行政の不備を補うため、漁業者の養成から漁業制度の整備、さらには世論の喚起や外国猟船への対応にいたるまで幅広く活動しようとしていたことのあらわれであった。

（二）　大日本水産会による東京農林学校水産科簡易科設置の要求

大日本水産会が、水産業の振興のために教育が必要であるとの認識をはっきりとあらわすのは、自らの設立から四年後となる、一八八六（明治一九）年になってからであった。当時の様子を知る手がかりは、大日本水産会『大日本水産会報告』（第四八号）に掲載された二つの記事にある。一つは、大日本水産会の定例会である第四一回小集会で、河原田盛美（当時、大日本水産会理事）が「水産学校設立ノ期既ニ迫レリ」と題して演説したことを示す記事であり、もう一つが、松原新之助（当時、大日本水産会理事）がおこなった「水産学大意」と題する演説を文章にまとめた記事である。(7)

河原田は、内務省官吏として琉球処分後の教育政策や勧業政策を担い(8)、その後、農学・水産学に関する多くの書物を世に出すとともに、農商務省水産局で内国勧業博覧会や水産博覧会等の開催・運営に尽力した。設立時からの大日本水産会の会員であった。松原は、東京医学校で生物学を学び、駒場農学校の教授や農商務省の技師を歴任後、官立水産講習所の初代所長となる人物であった。ドイツへの留学経験も知られている。

河原田の演説については、「一月二七日（第四土曜日）京橋区木挽町二丁目十四番本会々堂厚生館ニ於テ目次小集会ヲ開ク此日来会スル者三十余名午後一時開会左ノ演説アリ」(9)と記されているのみで、その内容が明らかとなっていない。そのためここでは、後者の松原の演説内容だけを確認する。松原の演説からは、当時の水産教育に対する世間一般の理解の程度がわかる。

近来世人口ヲ開ケハ輙チ曰ク水産ノ学校興サヽルヘカラス、小学課目中ニ水産ノ学科ヲ加ヘサルヘカラスト其他水産学ノ必要ヲ唱フル者実ニ尠ナカラス然レトモ其説ク所ハ水産学ノ趣旨ヲ誤解スルモノ多ク未タ嘗テ其水産学ハ何等ノ課目ヲ含蓄シ何等ノ目的ヲ具有スルカヲ論述シタル者アルヲ聞カス（中略：引用者）今日水産ノ学術ハ尚ホ幼稚ノ域ヲ脱スル能ハスト雖モ斯学ヲ以テ漁業上ニ大功績ヲ呈ハシタル例証ハ欧米各国ニ於テ尠カラス（以下略、傍線：引用者）(10)

松原は、水産学校の必要性や、小学校で水産業にかかわることを教えなければならないと訴える意見が多いにもかかわらず、肝心の「水産学」の概念については十分に理解・周知されていない現状を憂えている。

演説がおこなわれた翌年、大日本水産会は、水産教育機関の設置を検討する。一八八七（明治二〇）年二月の『大日本水産会報告』（第六〇号）に掲載された河原田の「水産拡張論」（接前号）(11)には、二〇項目にわたる水産業を拡張するための施策が提言されている。

「漁村ノ子弟ハ陸軍ノ徴兵ヲ免除シテ水軍ノ徴兵タラシムル事」(12)に始まり、「水族館ヲ建設スル事」(13)にまでおよぶ一連の提言に、「東京ニ水産学校ヲ設立シ漸次各地ニ水産現業講習所ヲ設置スル事」(14)との試案が含まれていた。河原田は、「水産学校」ならびに「水産現業講習所」の必要性を、次の理由をもって説明している。

水産ノ旺盛ヲ欲セハ先ツ其人物ヲ養成セサル可カラス蓋シ水産ノ学術ニ熟達スルノ人ニアラサレハ能ク水産業務ノ活機ヲ看破シ之ニ応スルノ計画ヲナス能ハサレハナリ現時我国水産業者ノ状況タル水産学ニ精シカラサルハ勿論漁業製造ヨリ商業ニ至マテ多クハ不熟練ニシテ能ク之ヲ整理シ活機ノ業ヲ制御シ得ルモノ僅々指ヲ屈スルニ足ラス是レ水産学校ノ設立ヲ要スル所以ナリ(15)

表 1-1　東京農林学校水産科簡易科学科課程

	第1学年（毎週時数）		第2学年（毎週時数）		第3学年（毎週時数）	
	冬学期	夏学期	冬学期	夏学期	冬学期	夏学期
物理学	3	3	0	0	0	0
化学	3	3	3	3	0	0
画学及製図学	4	4	0	0	0	0
海洋地文学	2	0	0	0	0	0
水産植物学	2	0	0	0	0	0
水産動物学	2	2	3	3	3	0
漁具漁撈論	0	0	3	3	0	0
水産物育養法	0	2	2	0	0	0
水産物製造法	0	2	2	0	0	0
気象学	0	0	0	0	2	0
漁業律	0	0	0	0	2	0
実習	無定時	無定時	無定時	無定時	無定時	無定時
旅行演習						旅行演習
計（実習・演習除）	16	16	13	9	7	0

註 1）1887 年 12 月 28 日，農商務省告示第 10 号「東京農林学校校則」第 20 条より作成。
註 2）この当時，東京農林学校の冬学期は 9 月 11 日より翌年 2 月 20 日の期間であり，夏学期は 2 月 21 日より 7 月 10 日の期間であった。

同文は、水産業の振興には「先ツ其人物ヲ養成セサル可カラス」として、人材養成の必要性に言及している。そしてそのうえで、「水産学校ノ設立ヲ要スル」とした。

大日本水産会内部で水産学校設立の機運が熟していくなか、同年四月三〇日に臨時小集会が開催され、委員六名からなる水産学校設立調査委員会が設置された[16]。翌五月には、「水産学校設立調査委員会ノ調査整頓シ本会ニ於テ其ノ設立ヲ計画セント欲スト雖モ固ヨリ許多ノ費金ヲ要シ本会ノ支弁シ得ル所ニアラサレハ臨時会演説中一二ノ意見書ヲ添へ該学校設立ノ儀ヲ農商務大臣へ建議[17]」するにいたった。

これを受けた農商務省当局は、単独の水産学校設立には難色を示したものの、東京農林学校のなかに水産科を加えることは可能であるとの内証を大日本水産会に伝えた[18]。

その結果、一八八七（明治二〇）年一二月二八日、農商務省告示第一〇号により「東京農林学校校則」が改定され、東京農林学校に水産科簡易科が設置された[19]。

水産科簡易科は、一八歳以上三二歳以下の者に対して三年間の教育をおこなう機関として誕生した。水産科簡易科の学科課程をみると、第一学年において学んだ「物理学」や「化学」、「画学及製図学」などにもとづいて、第二学年以降、「水産動物学」や「漁具漁撈論」、「気象学」などを学ぶ階梯が組まれていたことがわかる（表1-1参照）。こうした水産科簡易科の教育活動を支えたのが、関沢明清、金田帰逸、佐々木忠次郎、白井幸太郎等の教授陣であり、彼らは後に水産伝習所、官立水産講習所の教授陣に加わる者たちであった[20]。

大日本水産会の働きかけにより設置された水産科簡易科ではあったけれども、設置決定から二年もたたない一八八九（明治二二）年九月四日、農商務省告示第七号により「東京農林学校校則」が改定されたことで廃止されることが決まった。第一期生が在学中のため直ちに廃止することができない関係上、「当分水産専修科ヲ置ク」[21]との表現で組織自体は残された。しかし、改定された校則には水産専修科入学資格規定はなく、ここに事実上の廃止が決定した。残念ながら、水産科簡易科の廃止理由は明らかにできない。

なお、最初で最後の卒業生となった二〇名の学生は、一八九一（明治二四）年三月二〇日に卒業式を迎え、幕を閉じる水産科とともに学校を去った。卒業時の学科名は、東京農林学校が帝国大学に包摂されたことで、帝国大学農学部乙科水産科となっていた。

（二）　大日本水産会水産伝習所の設置

大日本水産会は、東京農林学校に水産科簡易科を設置させることに成功した一方で、自らも人材養成に貢献しようと行動を開始した。それは水産科簡易科の設置が実現した直後から始まっていた。一八八八（明治二一）年二月一〇日の臨時議員会で「水産伝習所設置ノ件」が議論され、「衆議ノ上更ニ後会ヲ期シ審議スル事ニ決シ」たので、一週間後の一七日に「前回水産伝習所設立ノ件ニ就キ再ヒ臨時議員会」が開かれ、ここで「審議ノ上其設立ヲ可決」した[22]。この時、「創立委員若干名ヲ選定シ本所ノ創立維持其他教則等ノ規定」を制定することが議定されていたため、「水産伝習所規則」は、後に水産講習所の初代所長となる松原新之助を含む二〇名から構成された水産伝習所創立委員会により起草された[23]。

「水産伝習所規則」の緒言には、東京農林学校中に水産科が設置されてまもない時期に、新たな水産教育機関を設置する必要があると判断された事由が綴られている。

水産伝習所規則

水産伝習所創立委員会ニ於テ審議規定ノ上会頭殿下ノ認可ヲ得タル水産伝習所規則左ノ如シ

緒言

凡ソ事業ノ改良ヲ図ラント欲セハ得失ヲ学理ニ質シ利害ヲ実験ニ徴スルニ如クハナシ故ニ本会ハ夙ニ此目的ヲ以テ水産上ノ学理ヲ講明シ実業ノ要訣ヲ推究シ事業ノ改良ヲ図ルヲ任トシ殊ニ客歳九月水産学校設立ノ必要ヲ農商務省ニ建議シ幸ニ採用スル所トナリテ農林学校中特ニ水産ノ一学科ヲ置カル、ヲ得タリ然レハ将来学問上ヨリ水産ヲ講究スルノ門戸ハ已ニ開ケタリト雖モ只其卒業者ヲ待テ事業ノ改良ヲ謀ラントスルカ如キハ今日ノ急務ニ応スル能ハス抑モ水産経済上最モ急ニ改良セサルヘカラサルハ製造ノ業ニシテ殊ニ製品ニハ海外貿易ノ用ニ供シ利益ヲ得ヘキモノ尠ナカラス然ルニ各府県是等ノ実業ヲ執ル者多クハ旧来ノ慣習ニ安シテ製品ノ改良ヲ図ルモノ少ク随テ海外貨主ノ満足ヲ得ル能ハサルモノアリ是レ甚タ遺憾トスル所ナリ因テ会員中実業ニ従事スル者若クハ其子弟或ハ有志者ヲシテ水産上ノ実業ヲ研究セシムルノ目的ヲ以テ茲ニ一ノ水産伝習所ヲ興シ授業料ヲ製造、繁殖、漁撈ノ三ニ分チ実業ヲ伝習シ兼テ応用スヘキ学理ヲ口授シ専ラ速成ヲ旨トシ一ヶ年ニシテ卒業セシメ或ハ晩年ノ実業者ニハ特ニ希望スル所ノ一課或ハ数課ヲ撰ミ一期若クハ数期間ニ伝習セシムル等ノ方法ヲ設ケテ実業者ヲ養成シ以テ我邦水産事業ヲシテ学問ト並進セシメンコトヲ企図ス聊カ記シテ本所設立ノ趣旨ヲ述ブルト云爾

明治二一年三月

大日本水産会（傍線：引用者）[24]

緒言はまず、進歩改良をはかる意欲に乏しい旧態依然とした日本水産業の実情を批判する。そして、東京農林学校水産科簡易科において養成されている水産業を学理面から振興できる人材に加えて、漁獲物に付加価値をあたえる、水産製造業の改良を実地にて担える人材の養成が急務とした。こうして、新たに設置しようとする水産伝習所と既設の水産科簡易科との間に性格の差異があること、加えて、水産伝習所を設置することの意義を説いた。

水産伝習所は、一八八八（明治二一）年一一月二九日、東京府より設立認可を受けたことで設置が決まった[25]。実地において水産業の発展に貢献できる人材を養成しようとした水産伝習所の実学重視の姿勢は、設立許可申請時に提出された「水産伝習所規則」第二条において、設置目的が「水産ノ製造繁殖漁撈ニ関スル事業及ヒ学科ヲ教授シ専ラ実業者ヲ養成スル[26]」ことと規定されたことからもわかる。また第三条には、「本所ハ大日本水産会学芸委員及ヒ実業者ヲ撰ヒテ教師トシ又時々学識経験ニ富メル中外ノ学士ヲ聘シテ講義ヲ嘱託スルコトアルヘシ」とある。実学重視は、実業者を教師として招聘することができるとしたこの規定にも反映されている。

表 1-2　大日本水産会水産伝習所学科課程

<table>
<tr><th>第1学期(予科)</th><th></th><th>第2学期</th><th>第3学期</th><th>第4学期</th></tr>
<tr><td rowspan="3">水産物ノ大別
水産物製造大意
水産物繁殖大意
漁撈ノ大意
物理学大意
化学大意
地文学大意
気象学大意
経済学大意</td><td>製造科</td><td>乾製法
燻製法
淹製法
附理化学大意</td><td>缶装法
加工品製法
肥料製法
附理化学大意</td><td>油蝋製法
化学的製法
製塩
製造沿革
商業大意</td></tr>
<tr><td>養殖科</td><td>養殖場構成法
養殖法
附動植物学大意</td><td>採卵法
移殖法
運搬法
附動植物学大意</td><td>生洲構造法
魚梯架設法
養殖沿革
水産保護法</td></tr>
<tr><td>漁撈科</td><td>釣漁法
附漁舟
地文学大意
気象学大意</td><td>網漁法
附漁舟
地文学大意
気象学大意</td><td>雑漁法
附漁舟
漁業沿革
漁業経済法</td></tr>
</table>

註 1）1 期は 3 カ月間，授業時数は毎週 30 時間以内と規定。
註 2）大日本水産会『大日本水産会報告』(第 81 号)，1888 年，2-3 頁掲載，「水産伝習所規則」第 5 条より作成。

水産伝習所と東京農林学校水産科簡易科との差異は、水産伝習所が東京府より設立認可を受けた時点での学科課程と、水産科簡易科の学科課程との比較からも確認することができる。水産科簡易科では、物理学や化学が重視されていたのに対して、水産伝習所では、物理学や化学は第一学期(予科)で「大意」として扱われたに過ぎなかった(表1-2参照)。

報道機関も、水産伝習所の設置を、実地で水産業に貢献する人材の養成を目指していると伝える。一八八九(明治二二)年一月二二日の『読売新聞』が、「水産伝習所の開所式」と題して水産伝習所開所式(同年の一月二〇日)の様子を伝えた。

記事ではまず、「我国には未だ輸出品の第三位なる水産物の増殖、改良、精製に関する完全の方法なく唯農商務省の水産局及び大日本水産会ありてこの事に尽力」しているものの、「到底全国多数当業者の需要と満足せしむる事能はざる」として、水産業者に対する支援策が必要となっていることを伝えた。そして、支援策の一環として大日本水産会が「水産伝習所を創設し速成を主として伝習生を養成し卒業の後各地方に派出して水産物の改良を謀り実業者を満足せしめて国益を増進せしむるの目的を以て愈々授業を始むる運に立至」ったと記した[27]。水産伝習所が、実際の水産製造業を改良できる人材の養成に主眼をおいた教育機関と認識されていたことがわかる文面となっている。

水産伝習所には、第一回生徒募集に対して、六九名の者が入学願書を提出した。入学試験は五九名が受験し、四七名が合格している。合格者のうち五名は、「中学校又ハ師範学校ノ卒業証書ヲ有スルニ付」無試験で入学が許されている[28]。

（四）水産伝習所の限界と官立水産講習所の設置

水産伝習所は、一八八九(明治二二)年の開設からわずか三年の間に、四回、「水産伝習所規則」を改定する[29]。大きく手が加えられたのは、設立から一年もたたずにおこなわれた一八八九(明治二二)年一一月の第一回改定と、一八九一(明治二四)年六月におこなわれた第三回改定であった。

第一回改定では、従来予科三カ月、本科九カ月の計一年であった修業期間が、予科六カ月、本科一年の計一年半に延長された。この予科・本科に加え、本科を卒業した生徒を再教育する課程として『現業専科』が新設された。現業専科では、具体的に本科「卒業後製造、繁殖ノ二科ヲ実業家ニ就キテ実習[30]」させることで、より実際に即した技能を修得させることを目的とした。第三回改定では、予科・本科・現業専科の区分が廃止され、本科として一本化されると同時に、修業期間が二カ年に延長された。

一連の規則改定は、初期の水産伝習所が「水産ノ学術ヲ専門ニ教授スルハ本邦未タ嘗テ之レ無ク欧米諸州其設アルコトナケレハ更ニ比準ヲ取ルヘキモノ[31]」が見当たらないなかで、試行錯誤を繰り返していたことをあらわしている。

試行錯誤のなかにあった水産伝習所に、当初からの財政難と、開設の翌年となる一八九〇（明治二三）年三月の農商務省水産局の廃止が少なくない影響を与えた。そもそも、水産伝習所の運営は、大日本水産会会員からの寄付と生徒から徴収した「月謝」[32]に頼っており、極めて脆弱な財政基盤のもとで教育活動を継続することを余儀なくされていた。

財政に余力のなかった水産伝習所は、開設にあたり校舎を用意することができず、大日本水産会の本部として農商務省から貸与されていた「厚生館」において活動を開始した[33]。しかし、「明治二十三年の国会開設に先立つて、官有財産の整理があり」[34]、厚生館の返納を農商務省から求められ、「芝区三田四国町ニ家屋ヲ購入シテ之ニ移転」したため、「資金益々匱乏」することとなった[35]。

これに水産局の廃止が追い討ちをかけた。水産伝習所は、教師として技師等の水産局職員を招聘していたため、「水産局廃止トナリ嘱託教師ノ数ヲ減シ同年末ニ至リ教務財務共ニ困難ヲ究メ」[36]ることになった。混乱を収拾しようと、時の大日本水産会幹事長村田保は奔走した。

村田は、「水産拡張ノ必要ヲ唱ヘ貴衆両院議員ニ」[37]水産局にかわる水産調査所の設置を働きかける。一八九三（明治二六）年四月には、ついに勅令第二一号により水産調査所が設置されることとなった。村田は、設置された水産調査所を後ろ盾として意見を農商務省に上申し、「水産伝習所に対して生徒養成費として補助金交付方を政府に提議」[38]した。提議は政府に採用され、一八九三（明治二六）年、政府からの委託を受けた生徒養成が開始された。

五月一二日に、農商務大臣から発令された委託命令書は次のとおりとなる。

其会設立ノ水産伝習所ヘ生徒養成之件ヲ委託シ本年度中手当トシテ金八千五百円ヲ支給候条左ノ通心得ヘシ
明治二十六年五月十二日
農商務大臣　伯爵　後藤象二郎　印

一　地方水産業改良ニ必要ナル漁業製造養殖ノ三科ヲ伝習スヘシ
但伝習ニ関スル規程ハ農務局長ノ指定スル所ニ準拠シテ設定シ本大臣ノ認可ヲ受クヘシ
一　教師ノ氏名及其変更アルトキハ届出ツヘシ
一　手当金ハ五月ニ千円六月ニ千円七月以降一ヶ月金五百円ツヽ支給スヘシ
一　伝習生徒ノ入退及成績ハ毎六ヶ月ニ報告スヘシ
一　伝習生徒ハ広ク各府県ヨリ募集スヘシ(39)

委託を受けたことによる恩恵は、財政難にあった水産伝習所が六五〇〇円もの財源を確保したことだけではなかった。一八九四（明治二七）年一月一七日の文部省告示第一号によって、「東京府下私立水産伝習所右ハ明治二十二年一月法律第一号徴兵令第十一条ニヨリ中学校ノ学科程度ト同等以上ノモノト認ム」とされ、中学校程度の学校と認定された(40)。

中学校と同程度の教育機関として認定されて以降、水産伝習所は教育水準の向上を目指した取組みを活発化させる。その一つが、卒業生を東京商船学校に入学させる取組みであった。水産伝習所が、東京商船学校との連絡を必要とした背景には、漁場の外延的な拡大が志向されるなか、「水産伝習所生徒ニハ将来西洋形漁船ノ操縦ニ熟練セシムルノ必要アル(41)」との問題意識があった。

この当時、「西洋形船」の運転士となるには、一八八一（明治一四）年の太政官布告第七五号別冊「西洋形船船長運転手機関手免状規則」ならびに同年太政官布達第一号別冊「西洋形船船長運転手機関手試験規程」により、「試験官吏ノ適当ト認ムル学校ニ在学ノ上規定ノ年限中船舶ニ乗込ムヲ要」[42]した。ところが、従来の水産伝習所は「試験官吏ノ適当ト認ムル学校」とは指定されておらず、必要な乗船履歴を得ることができていなかった。そこで、「明治二十八年九月水産伝習所ハ逓信大臣ノ許可ヲ得水産伝習所卒業生ニ限リ東京商船学校分校ニ入学三箇月間在学ノ上実地航海ニ従事セシムルノ途ヲ開」[43]くことで、乗船履歴の確保をはかったのであった。

東京商船学校との連絡以外にも、水産伝習所の存立意義を高めた出来事に、水産科教員の養成委託がある。文部省からの委託によって始められた水産科教員の養成は、ようやく各地で設立され始めた水産補習学校の教員不足を解消する目的で実施された。水産伝習所は文部省から一年間一八〇〇円の補助金を交付され、一五名の委託生を受け入れた。

委託生一五名の「内十名は文部省より沿海各地方長官に通牒し尋常師範学校卒業生にして身体強健年齢三十年以下のもの十二名を推挙せしめ定員に超過する時は申込順に採用し又五名は水産伝習所卒業生及ひ現生徒中二学年以上にして尋常師範学校尋常中学校を卒業せるものより募集」[44]した。生徒には、一年間の「在学中学資として一人に付一ヶ月金四円の補給を受け卒業の上は文部省指定の場所に五ヶ年間奉職するの義務」をおわせた[45]。

水産科教員の養成はこの一回にとどまったけれども、農商務省から生徒養成の委託を受けたことにはじまる教育機能の強化は、水産伝習所の存在意義を高めた。同時に、大日本水産会内部で、水産教育を担うことに対する自信も深まりつつあった。

この時期に、大日本水産会の「学芸委員」を務めていた松原新之助は、水産教育機関の量的整備が進まないなかにおいて水産教育の発展をはかるためには、「本邦水産教育の率先者たる水産伝習所をして益々其規模を整頓し益々其教科の度を高かめ深奥なる学理を修むるの場所とし之を以て水産教育の淵源たらしむる」[46]必要がある、との考えを示すようになっていた。

一方で、教育水準の向上をはかるにつれ、一私立機関としての活動に限界が見えてきたのもまた事実であり、大日本水産会では、「漸次教授ノ程度ヲ進メタリト雖今後水産ノ発達ニ伴ヒ水産教育ニ任スヘキ者地方官庁ノ吏員タル者水産業ノ監督タルヘキ者等ヲ養成シ本邦水産業ノ進歩発達ヲ図ルニハ到底私立協会ノ力ニ応スヘキ所ニアラス」(47)との認識が広がっていた。

こうした認識の広がりを受け、一八九五(明治二八)年に村田保は、官立水産教育機関の設置を農商務省に上申する。衆議院においても、「水産伝習所官設建議案」が改野耕三ほか五名により提出され、内外において官立水産教育機関の設置に向けた機運が高まっていく。建議案では、大日本水産会が水産伝習所を設置して数年間活動をおこなってきたものの水産業が求める知識・生産技術は幅広く、少なくない費用が必要となる人材養成は「到底私設協会ノ独力之ヲ維持スル能ハサル」状況であるため、速やかに官設機関にすることを要望した。

水産伝習所官設建議案

水産事業ヲ発達セシムルハ国家経済上目下ノ急務タリ而シテ之ヲ発達セシムルニハ当器ノ人材ヲ養成スルヨリ急ナルハナシ先ニ大日本水産会ニ於テ水産伝習所ヲ設ケ水産ニ必要ナル技術ヲ練習セシムルコトヲ既ニ数年ニ及フト雖モ元来水産ニ関スル技術ハ其ノ区域広汎ニシテ練習ニ費用ヲ要スル少カラス到底私設協会ノ独力之ヲ維持スル能ハサルヲ以テ適当ノ費額ヲ支出シ速ニ之ヲ官設シ以テ当器ノ技術者ヲ養成シ水産業ノ拡張ニ資セムコトヲ希望ス(傍線：引用者)(48)

このような要請に対して、農商務大臣が、「水産調査会ニ対シ水産伝習所官設私設ノ得失ニ就キ其意見ヲ諮詢セラレタリシカ同会ハ官設ノ必要ヲ」[49]認めたため、第一〇回帝国議会に官立水産講習所設置費一万二八八〇円の予算案が上程・可決され、函館高等水産学校の誕生まで、唯一独立した専門学校程度の水産教育機関として寵遇を受ける官立水産講習所の誕生をみた。

なお、専門学校程度としたのは、一九二一(大正一〇)年の文部省告示第四四九号により、官立水産講習所が、「大正八年文部省令十号高等学校教員第九条第二項ニ依リ(中略：引用者)専門学校ニ準スヘキ学校ト指定」されたためである。

ただ、官立水産講習所は、一九二一(大正一〇)年より前から、専門学校程度の教育水準を有していたと考えられる。すなわち、一九一一(明治四四)年の農商務省告示第一九九号「水産講習所伝習規則」第九条に示された、官立水産講習所の入学資格には、「本科ニ於テハ中学校卒業者、文部省専門学校入学者検定規程ニ依リ試験検定ニ合格シタル者、同規程第八条第一号ノ指定ヲ受ケタル者又ハ府県立水産学校本科卒業者」とされたことから、少なくとも同規則制定以降は専門学校程度の教育をおこなう機関として活動していたと考えられる。

第二節　府県水産講習所の成立

(一)　大日本水産会による水産巡回教師制度の創出とその展開

明治初期の漁業は、漁獲生産量の伸び悩みが続き、停滞期にあった。要因には、江戸末期において漁獲生産の増加に貢献した網漁業の全国展開が一巡したことが指摘されている。その結果、明治初期の水産行政に課せられ

表1-3　1882年3月から12月にかけての質疑応答数

	漁業律科	漁撈科	漁具科	製造科	販売科	繁殖科	博物科	統計科	理化学科	気象科	計
質疑	0	4	1	1	0	3	2	0	0	0	11
応答	0	4	1	1	0	3	4	0	0	0	13

註）大日本水産会『大日本水産会報告』(第14号)，1883年，19-20頁より作成。

た使命は、新たな漁業技術の開発と普及、そして漁獲生産量の拡大をうながす振興策の速やかな展開となっていた。

ただ、一八八五(明治一八)年に設置された水産局がわずか五年でいったん廃止されたように、水産行政は脆弱な基盤しかもちえていなかった。そのため、「汎ク水産上ノ経験知識ヲ交換シ専ラ水産ノ繁殖改良ヲ謀ルヲ以テ目的[50]」としていた大日本水産会が、地方漁業の振興にも積極的にかかわることとなる。

大日本水産会は、地方の漁業が抱える課題を解決するため、選挙によって「学芸委員」を水産会内部から選出し、全国各地の会員からよせられる水産に関する質疑に応答させた。学芸委員は、「漁業律科」、「漁撈科」、「漁具科」、「製造科」、「販売科」、「繁殖科」、「博物科」、「統計科」、「理化学科」、「気象科」の一〇科について質疑を受けた[51]。制度創出直後の、一八八二(明治一五)年三月から同年一二月までによせられた質疑に学芸委員が応答した件数は、各科(表1-3)のとおりであった。初年においては、漁獲生産の拡大にかかわる漁撈科や繁殖科に質疑が集中していることがわかる。

大日本水産会が地方漁業の振興に対して打ち出した施策は、学芸委員制度の創出だけにとどまらなかった。大日本水産会は、地方開催の水産共進会などに学芸委員が審査員として招聘されていたことに着目する。そして、学芸委員の地方派遣を制度化するため、一八八六(明治一九)年四月二七日の大日本水産会第四回大集会において会則七章の追加建議案を議定し、その後一時期、各府県の水産振興策の重要な部分を担う水産巡回教師制度を創出した[52]。

会則第七章自体は、「巡回教師ハ会頭ノ意見ヲ以テ臨時之ヲ選定スルモノトス」、「巡回教師派遣ニ関スル細則ハ別ニ定ムル所ニヨルヘシ」[53]とされた二項からなっているにすぎず、水産巡回教師制度の詳細が決定されるのは、同年六月五日の大日本水産会臨時議員会まで待つ必要があった。同臨時議員会において、「会頭殿下」の認可を得て決せられた「水産巡回教師派遣細則」は次のとおりであった。

水産巡回教師派遣細則(十九年六月五日議決)
第一条　水産巡回教師ハ実業者ヲ誘導シテ知識ヲ開発シ漁業及ヒ製造法ヲ改良セシムルヲ以テ目的トスヘシ
第二条　水産巡回教師ハ学芸委員若クハ実業ニ老練ナルモノヲ撰ヒ之ヲ充ツ
第三条　水産巡回教師ハ本会ニ於テ必要ト認ムル場合又ハ地方ノ依頼ニ応シテ派遣スルモノトス(以下略、傍線：引用者)[54]

水産巡回教師は学芸委員との兼職とすると規定された第二条は、水産巡回教師制度が学芸委員制度を骨格にして形成されたことを示している。水産伝習所がいまだ開設をみないこの時期、水産業に関する豊富な知識を有する人材は限られており、学芸委員を有効に活用しようとしたことは時宜にかなう方法であったといえる。

確認できるかぎりにおいて、同派遣細則にもとづいた最初の水産巡回教師の派遣は、規則制定翌月となる一八八六(明治一九)年八月一五日に、「本会会頭殿下の委嘱により水産巡回教師として新潟県」[55]に出発した水野正連であった。水野の派遣は、派遣細則第三条にあるように、「地方ノ依頼ニ応シテ」おこなわれたものであり、この場合の地方の依頼とは、「新潟県知事ヨリ水産巡回教師派遣ノ請求」[56]を受けたことをさす。

水野が新潟県でおこなった活動は、帰京後、大日本水産会に提出された「巡回地方ノ概況ト講話ノ要領及ヒ見聞雑記等」[57]を記載した復命書によって明らかとなっている。水野の提出した復命書から、「講話ノ要領」の実態を記すと、当時の水産巡回教師の活動実態がおぼろげながらみえてくる。

講話開催地については、「各漁村ニ臨ミ講話ヲ催ストキハ多数ニ日子ヲ費ヤスノ恐アリ」として、「県庁ハ各郡役所ニ達シ適宜ノ地ヲ撰ヒ日ヲ刻シテ」水野を迎えた[58]。新潟県が指定した開催地は、佐渡島内八カ所を含む一九カ所であり、講話会には少ないときでも四〇名から五〇名、多いときで三〇〇名から四〇〇名の聴衆が集まった。もっとも多くの聴衆が集まった出雲崎駅での講話会について水野は、聴衆が四〇〇名以上と多数であったにもかかわらず、「演説中一咳ヲ発スルモノ」すらなく、「実ニ感服ニ堪ヘス是レ偏ニ県庁ノ主趣ヲ遵奉シタル結果」であると、そのときの印象を報告している[59]。

水野の講話内容は、「山林ノ栄枯ハ水産上ニ大関係アルノ説」や「年ニ漁不漁アルハ作物ニ豊凶アルト一般ニシテ之ヲ予知スヘキノ説」、「魚介保護ノ区別」といった、漁業者に新しい知識を教授することで、合理的な判断ができるように教え導く啓蒙色の強いものから、「漁船改良ノ説」や「気象観察ノ便法」、「魚族ノ進退ハ風位ニ関スルノ説」、「魚ノ性質ニ由テ漁具ヲ構造シ漁法ヲ編制スルノ説」といった、実際の漁撈に即したものまで、実に広範な内容を有していた[60]。

大日本水産会による水産巡回教師の派遣実態を、一八八六（明治一九）年から一八九三（明治二六）年までの八年間についてみてみると、八県に延べ二〇名の水産巡回教師が派遣されていることがわかる（表１-４参照）。その活動実態とともに、同派遣において注目したいのは、水野が大日本水産会の学芸委員であるとともに農商務省水産局の職員であった事実である。これは、水野が巡回教師制度に則って新潟へ赴くには、本来の水産局官吏としての職務を一時的とはいえ放棄せざるを得ないことを意味している。

これが可能となるにいたった経緯を、大日本水産会『大日本水産会報告』（第五四号）は「本会学芸委員ハ概ネ農

表1-4　大日本水産会による水産巡回教師の派遣

	新潟県	石川県	岩手県	千葉県	鹿児島県	愛媛県	宮城県	福島県
1886 (明治19)年	水野正連							
1887 (明治20)年		河原田盛美						
1888 (明治21)年			河原田盛美	楠木余三男 宮木正良 町田実則				
1889 (明治22)年								
1890 (明治23)年	楠木余三男							
1891 (明治24)年	楠木余三男 五十嵐高誠 松原新之助				楠木余三男			
1892 (明治25)年	松原新之助 五十嵐高誠				楠木余三男	山本勝次 大塚右八郎	松原新之助	河原田盛美
1893 (明治26)年	松原新之助						五十嵐高誠	

註）大日本水産会水産伝習所『大日本水産会成績』，1895年，24頁より作成。

商務省水産局ニ奉職ノ人ヲ多シトス依テ同大臣ニ同局員貸与ノ儀ヲ請願シ許可ヲ得タルヲ以テ会則第七章第一項ニ拠リ」[61]水産巡回教師を派遣することになっていたと説明している。すなわち水産巡回教師制度は、農商務大臣の認めるところとなっていたのである。

さて、明治二〇年代の中頃からは、農商務省の官吏や大日本水産会の学芸委員に加え、水産伝習所の卒業生が各府県の水産巡回教師として全国で活動するようになる。大日本水産会水産伝習所『大日本水産会水産伝習所報告』より、巡回教師として活動した卒業生の人数と就業先を確認すると〔表1-5〕のようになる。

政府も水産巡回教師制度の有効性を認めた。農商務省は、地域差を埋めあわせる有効な手段として水産巡回教師制度を評価し、一八九四(明治二七)年の農商務省訓令第二八号(「地方農事及水産ノ改良進歩ヲ図ル為メ巡回教師ヲ設置スルトキハ左ノ通リ心得ヘシ」)によって法令上に制度を位置づけた。同訓令

表 1-5　水産伝習所卒業後に水産巡回教師となった者の就業先および人数

卒業年月日		就業先	人数	
第1回卒業生	1890(明治23)年2月	なし		0
第2回卒業生	1891(明治24)年2月	佐賀県水産巡回教師		1
第3回卒業生	1891(明治24)年7月	秋田県水産巡回教師		1
第4回卒業生	1892(明治25)年7月	なし		0
第5回卒業生	1893(明治26)年8月	島根県水産巡回教師	1	5
		長崎県水産巡回教師	1	
		石川県水産巡回教師	2	
		茨城県水産巡回教師	1	
第6回卒業生	1894(明治27)年3月	京都府水産巡回教師		1
第7回卒業生	1894(明治27)年7月	京都府水産巡回教師	2	3
		石川県水産巡回教師	1	
第8回卒業生	1895(明治28)年3月	京都府水産巡回教師助手		1
第9回卒業生	1896(明治29)年8月	なし		0
第10回卒業生	1897(明治30)年3月	なし		0

註）大日本水産会水産伝習所『大日本水産会水産伝習所報告』，1897 年，55-69 頁より作成。

の第一項では、水産巡回教師の業務を「巡回講話実験指導及質問応答ニ関スルコト」、「公費若クハ公費ノ補助ヲ以テ設立セル試験事業ニ関スルコト」、「府県内ノ共進会若クハ品評会ノ出品審査ニ関スルコト」の三点と規定した。試験事業以外は、大日本水産会が従来実施していた活動と同じものであった。

（二）「府県水産講習所規程」の制定

水産巡回教師制度が、農商務省の訓令により法令上規定された同じ年の一八九四(明治二七)年、農商務省令第八号「農事講習所規程」が制定された。同規程の第一条は、「農事講習所ト称スルハ地方勧業費若クハ之カ補助ヲ以テ設立スル普通農事、蚕業、茶業、獣医、蹄鉄、畜産ノ講習所若クハ伝習所」として、農事講習所とは農事のほか、蚕業、茶業、獣医、蹄鉄、畜産に関する講習活動をおこなう機関であることが規定された。「水産」はここに含まれず、同規程の第一一条で、「水産講習所又ハ伝習所ハ此規程ニ準スヘシ」と規定された。これが、「農事講習所規程」に付随する形ではあれ、法令上はじめて府県水産講習所の存在が成文化された瞬間となった。

水産業に従事する人材を養成する教育機関に関して、政府が独立した規程を制定しなかったことは、水産教育機関の固有の存立意義が十分に理解されていなかったことを示唆している。この認識が改められ、府県水産講習所が、「農事講習所規程」から独立した扱いを受けることになるのは、一八九八(明治三一)年の農商務省令第四号で「地方水産試験場及地方水産講習所規程」が制定されてからのことであった。

しかしながら「地方水産試験場及地方水産講習所規程」も、全国に府県水産試験場を完備することを主眼においた規程であった。第一条から第四条まで、府県水産試験場の設置形態や施設設備についてまで詳述する一方、府県水産講習所については、第五条において「水産ニ関スル技術ヲ伝習」することのみが明記されたにすぎない。伝習科目にいたっては、漁撈・製造・養殖の三科目から適宜柔軟に運用することが求められているだけで、詳細な課程にまで言及していない。さらに、見過ごすことのできない問題が第五条には含まれていた。府県水産講習所が教育対象とする者を、「当業者」に限定したことである。すなわちこの時点においては、府県水産講習所では広く水産業に資する人材を養成することが想定されていなかったのである。

地方水産試験場及地方水産講習所規程(一八九八(明治三一)年、農商務省令第四号)

第一条　府県税(又ハ地方税)郡市町村費若クハ之カ補助ヲ以テ設立スル水産試験場又ハ水産講習所ハ此規程ニ準拠スヘシ

第二条　水産試験場ハ水産業ノ改良発達ヲ図ルヲ以テ目的トシ地方ノ必要ニ応シ左ノ事項ニ就キ試験ヲ行フ

モノトス

一　漁撈

二　製造

三　養殖

第三条　水産試験場ハ左ノ設備ヲ為スヘシ

一　漁撈ヲ主トスルモノハ漁船及漁具

二　製造ヲ主トスルモノハ製造場及製造器具

三　養殖ヲ主トスルモノハ養殖場又ハ孵化場並其器具

第四条　水産試験場ハ必要ニ応シ其試験ノ結果ヲ地方当業者ニ伝習スルコトヲ得

第五条　水産講習所ハ地方当業者ニ水産ニ関スル技術ヲ伝習スルヲ以テ目的トシ其伝習科目ハ漁撈製造養殖ノ三科ニ係ルモノヲ主トシ補助科トシテ之ニ関係アル他ノ学科ヲ加フルコトヲ得但地方ノ状況ニヨリ漁撈製造養殖ノ三科ノ中一二科若クハ一科中ノ種目ヲ限リ専修セシムルコトヲ得（傍線：引用者）

同規程が、府県水産試験場については設置形態等にまで規定した反面、府県水産講習所について詳細を規定しなかった理由は、農商務省が水産試験場の展開を水産政策における優先事項としていた背景があった。それは、初期における府県水産講習所の活動実態を、農商務省水産局が「其教授方法ニ就キ自ラ学理ニ傾キ実業ニ遠カルノ弊アリ寧ロ試験場トシテ短期講習ヲ兼ネ行フノ優レルニ若カストナスノ論アリ」[62]と評したことにみることができる。

「地方水産試験場及地方水産講習所規程」の制定を境に、府県水産試験場は急増している。農商務省水産局が

表1-6　府県水産試験場の設置状況

1894(明治27)年	愛知県
1895(明治28)年	
1896(明治29)年	
1897(明治30)年	
1898(明治31)年	広島県，福岡県
1899(明治32)年	新潟県，千葉県，三重県，宮城県
1900(明治33)年	長崎県，茨城県，滋賀県，青森県，秋田県，鳥取県，香川県，愛媛県，大分県，熊本県
1901(明治34)年	島根県，徳島県
1902(明治35)年	北海道，福島県，岡山県，和歌山県

註）農商務省水産局『府県水産奨励事業成績』，1904(明治37)年，3-7頁より作成。

一九〇四(明治三七)年に印行した『府県水産奨励事業成績』にまとめられた「府県水産試験場講習所経費累年一覧表」から、府県水産試験場の設置状況をみると、一八九九(明治三二)年以降に、急速に普及したことがわかる(表1-6参照)。なお、ここで示した設置状況は、府県における「経常費」の支出の有無から判断していることを断っておく。

ところで、府県水産試験場が普及したことで、水産巡回教師制度はその影響を受けた。一九〇〇年代にはいると、水産巡回教師制度を「水産試験場設置セラル、ニ及ヒ漸次之ヲ廃止スル」[63]ところが出てきたのである。こうして、徐々にではあるけれども、地方水産業の改良業務は府県水産試験場へと引き継がれていった。

府県水産講習所が府県水産試験場とは異なった機関として位置づけられるようになる際にも、こうした府県水産試験場の普及が影響を及ぼしていた。すなわち、一八九九(明治三二)年に、府県水産試験場をも対象とした「府県農事試験場国庫補助法」(法律第一〇二号)が制定されたことで、「国庫補助法ニ依リ補助ヲ為スコトヲ得ルニ至ルト各地方ニ於テ試験場及講習所ヲ設立スルモノ漸次多キヲ加エ之カ規程ヲ改定スルノ要ヲ認メ試験場及講習所ヲ区別シ新ニ規程ヲ設ケ」[64]ることとなったためであった。

なお、「府県農事試験場国庫補助法」制定にかかわる審議が衆議院でおこなわれていたのと並行して、「府県水産試験場水産講習所国庫補助建議案」が恆松隆慶衆議院議員他二名から提出されていたけれども、こちらは立法にはいたらなかった[65]。

こうして、「府県水産講習所規程」（一八九九（明治三二）年、農商務省令第二三号）が制定され、府県水産講習所の輪郭がはっきりと示されることとなった。同規程は、府県水産講習所を府県に一カ所のみ設置することができる機関であり、その運営費は府県の勧業費より支出することを定めた。講習に関しては、修業年限を二年以内とすること、そして、「漁撈、製造、繁殖等ニ必要ナル講習」を実施することが規定されたのみで、必修とする教科目等は指定されなかった。ただ、「数学、物理、化学、動物、植物、気象、地文、図画等ノ補助科目」を教授することが可能と規定した。

府県水産講習所規程（一八九九（明治三二）年、農商務省令第二三号）

第一条　本規程ニ於テ府県水産講習所ト称スルハ府県勧業費ヲ以テ設立スル水産講習所ヲ謂フ

第二条　府県水産講習所ハ一府県ニ一箇所ヲ限リ設立スルコトヲ得但分所ヲ設クルコトヲ妨ケス

第三条　府県水産講習所ハ漁撈、製造、繁殖等ニ必要ナル講習ヲ為サシムルヲ以テ目的トス
府県水産講習所ハ数学、物理、化学、動物、植物、気象、地文、図画等ノ補助科目ヲ設クルコトヲ得

第四条　地方長官必要ト認ムルトキハ府県水産講習所ノ職員ヲシテ水産ニ関スル巡回講話試験又ハ調査ヲ為サシムルコトヲ得

第五条　府県水産講習所ノ修業年限ハ二年以内トス（傍線：引用者）

府県水産講習所と他の水産教育機関との差異を、もっともよくあらわしているのは第四条であろう。条文に「職員ヲシテ水産ニ関スル巡回講話試験又ハ調査ヲ為サシムルコトヲ得」と規定されているように、府県水産講習所は、講習活動をおこないながらも府県水産試験場としての機能を有することが可能とされた。費用負担の点から、府県水産試験場と講習所とを並行して運営することが難しい府県への対応策であった。

以上の「府県水産講習所規程」が成立するまでの過程からは、漁業者養成が農業政策の一端として開始されたこと、さらには農商務省の水産政策が当初は府県水産試験場の普及を優先していたことがわかる。

第三節　小　括

本章では、大日本水産会の役割に注目することで、官立水産講習所が開設されるまでの過程と、「府県水産講習所規程」が制定されるまでの過程をみてきた。

大日本水産会が誕生した当時、水産業もまた殖産興業と富国強兵をスローガンに、振興の必要性が訴えられていた。大日本水産会は、外国猟船の日本近海への展開に危機感を表明し、これへの対抗策としても人材養成の必要があると訴えることで、東京農林学校水産科簡易科の設置を実現させた。東京農林学校では「簡易科」とはいえ、水産教育をほとんど何もない状態から構築する努力がなされ、三年をかけて水産学を教授しようとした。東京農林学校水産科簡易科は、第一期生を送り出しただけで廃止されたものの、大日本水産会は同時期に並行して、自らでも人材養成に努めようと水産伝習所の設置計画を進めた。

一八八八(明治二一)年に設立認可を受けた水産伝習所は、開設当初こそ財政難をかかえたものの、一八九二(明治二六)年以降、農商務省から生徒養成委託を受けたことで運営が軌道にのる。一八九四(明治二七)年には中学校程度の教育機関と認定されたばかりか、翌年一八九五(明治二八)年には卒業生に対して、逓信省から東京商船学校分校への編入学が認められた。これにより、水産伝習所は、広く存在意義を認められるようになっていった。ただ水産教育は、実習に必要な施設・設備の整備に多額の経費がかかることがあり、大日本水産会が主体となって運営することには限界があった。その結果、官設機関とする案が浮上し、一八九七(明治三〇)年に水産伝習所を母体とする官立水産講習所が誕生した。

東京農林学校水産科簡易科が一期生を出したのみで廃止されたのに対して、水産伝習所が農商務省からの生徒養成委託を契機に水産教育機関としての体裁を整え、官立水産講習所へと引き継がれていった事実は、明治中期においてはより実際に即して水産業の改良に貢献できる人材が求められていたことを示している。また黎明期の水産教育の成立に果たした大日本水産会の役割が小さくなかったことがわかる。

大日本水産会は、水産伝習所の運営をおこなう一方で、地方の水産業振興にも力を注いだ。二野瓶徳夫が「明治期が全体として近代的漁業技術模索の時代[66]」であったとするように、当時、全国の漁業の担い手は、漁獲生産を拡大させる技術が開発されることを待ち望んでいた。府県水産試験場が普及するのは、一九〇〇(明治三三)年前後からであり、それまで各府県において水産業開発を指導できる組織は皆無といってよかった。大日本水産会は、こうした状況のなか、学芸委員制度や水産巡回教師制度を創出した。

大日本水産会は、農商務省水産局の官吏も会員となっていたため、水産巡回教師(学芸委員)には彼らがなることもあった。農商務省も官吏を水産巡回教師として派遣することを容認しており、結果的に大日本水産会と農商務省とが一体となって制度を維持した。水産巡回教師制度は、一八九四(明治二七)年の農商務省訓令によって法令上制度化された。

大日本水産会は、水産伝習所の卒業生から毎年のように水産巡回教師となる者を出したことで、水産巡回教師制度の基礎を構築しただけでなくその維持にも貢献した。ただ水産巡回教師は、明治後半の「府県水産試験場規程」や「府県水産講習所規程」の整備を受けて展開するようになった府県水産試験場・講習所にその役割を引き継ぎ、歴史の表舞台から去ることとなった。

つまり、農商務省が管轄した官立および府県水産講習所の基礎部分が形成される過程からは、大日本水産会が先鞭を付けた各種の取組みを農商務省が補強することで、草創期の水産教育制度が誕生、もしくは形を整えていったことが明らかとなった。

註

（1）大日本農会大日本山林会大日本水産会石垣産業奨励会『大日本農会大日本山林会大日本水産会創立七拾五年記念』、一九五五年、一頁。
（2）大日本水産会『大日本水産会報告』（第一号）、一八八二年、四頁。
（3）同上、六頁。
（4）同上、六—七頁。
（5）片山房吉『大日本水産史』農業と水産社、一九三七年、五五—五六頁。
（6）前掲、『大日本水産会報告』（第一号）、二三頁。
（7）大日本水産会『大日本水産会報告』（第四八号）、一八八六年、一—四頁。
（8）近藤健一郎『近代沖縄における教育と国民統合』北海道大学出版会、二〇〇六年、四三—四七頁。
（9）前掲、『大日本水産会報告』（第四八号）、一—二頁。
（10）同上、四—七頁。
（11）同水産拡張論は、『大日本水産会報告』（第五九号）に引き続いて述べられているものである。第五九号においては、「我大日本帝国ニ於テ目今尤急務トスル所ノ者ハ水産ノ拡張ニアリ蓋シ本邦ノ水産ハ陸産ト比敵シ一国ノ富源半ハ水産ニアリテ彼ノ水軍拡張ノ基本即チ資本ノ如キモ大ニ本業ノ隆替ニ関係セリ」と述べたうえで、水産業にかかわる法律や、捕鯨や海獣猟について外国と条約を締結することが要務となっていることを論じている。

(12) 大日本水産会『大日本水産会報告』(第六〇号)、一八八七年、二六頁。なお、同提案の理由として河原田は、「遠洋漁業ハ海軍教導団ノ如キモノニシテ今若シ他ノ方法ニ由リテ同数ノ海軍水夫ヲ教習セント欲セハ幾倍ノ費金ヲ要ス可ケレハ此方法ハ実ニ低価ノ海軍ヲ教導スルカ如クナリトノ説アリ」と附言している。

(13) 同上、三二頁。

(14) 同上、三一頁。

(15) 同上、三一―三二頁。

(16) 大日本水産会『大日本水産会報告』(第七一号)、一八八八年、七頁。なお、調査委員六名は、田中芳男、南部義籌、河原田盛美、松原新之助、山本由方、下啓介であった。

(17) 大日本水産会『大日本水産会報告』(第六三号)、一八八七年、一頁。

(18) 東京水産大学『東京水産大学七十年史』、一九六一年、一二頁。

(19) 東京農林学校には、農科、獣医科、林科の三科からなる本科と本科予科に加え、簡易科として農科、獣医科、林科、水産科の四科がおかれていた。すなわち、「水産」のみ本科中に学科がない状態であった。

(20) 前掲、『東京水産大学七十年史』、一五頁。

(21) 一八八九年、農商務省告示第七号「東京農林学校校則」第六条。

(22) 大日本水産会『大日本水産会報告』(第七二号)、一八八八年、一―二頁。

(23) 大日本水産会『大日本水産会報告』(第七三号)、一八八八年、一頁。

(24) 同上、二―三頁。

(25) 大日本水産会『大日本水産会報告』(第八一号)、一八八八年、一頁。

(26) 同上、一―二頁。なお「水産伝習所規則」の第一条は、「本所ハ大日本水産会ノ管理ニ属シ水産伝習所ト称ス」としていた。

(27) 『読売新聞』、一八八九年一月二二日付。

(28) 大日本水産会『大日本水産会報告』(第八二号)、一八八九年、二頁。
(29) 第一回改定は一八八九年一二月、第二回改定は一八九一年一月、第三回改定は一八九一年六月、第四回改定は一八九二年三月であった。
(30) 大日本水産会水産伝習所『大日本水産会水産伝習所沿革』、一八九二年、九頁。
(31) 同上、七頁。
(32) 農商務省農務局『水産伝習所生徒養成嘱託成績』、一八九七年、三九頁。
(33) 厚生館には、大日本水産会の事務所がおかれていたほか、大日本農会、大日本山林会の事務所もおかれていた。
(34) 前掲、『大日本農会大日本山林会大日本水産会創立七拾五年記念』、一頁。
(35) 大日本水産会水産伝習所『大日本水産会水産伝習所報告』、一八九七年、三頁。水産伝習所は厚生館を退去した後、「日本橋箱崎町ナル北海道庁所管ノ建物ヲ借受ケ此ニ移転セルモ又数月ニシテ道庁之ヲ公売ニ附シタ」ため、芝区へ再度移転していた。
(36) 同上。
(37) 同上。
(38) 前掲、『東京水産大学七十年史』、五六頁。
(39) 前掲、『水産伝習所生徒養成嘱託成績』、一―二頁。
(40) これにより、水産伝習所生徒は、徴兵令第二一条により「在学ノ者ハ本人ノ願ニ由リ満二十六歳迄徴集ヲ猶予」されることとなった。
(41) 前掲、『水産伝習所生徒養成嘱託成績』、二三頁。
(42) 同上。
(43) 同上。なお、東京商船学校では、「水産伝習所卒業生修業規定」を設け、「伝習所卒業生をして無試験入学を許し在学三ケ月実地航海四ケ年にして遠洋漁船々長運転手たるに必要の学術を修業」させようとした。大日本水産会『大日本水産会報』(第一五一号)、一八九五年、二〇頁。
(44) 大日本水産会『大日本水産会報』(第一七三号)、一八九六年、八八頁。
(45) 同上。なお、水産科教員養成科の課程において、教育関係の科目は「教育学及教授学」のみであり、毎週時数三六時間のうち、わずか二時間を占めるにとどまっている。
(46) 大日本水産会『大日本水産会報』(第一五七号)、一八九五年、三二頁。
(47) 前掲、『大日本水産会水産伝習所報告』、五頁。
(48) 『帝国議会衆議院議事速記録』(第九回議会　下　明治二九年)東京大学出版会、一九八〇年、三〇頁。
(49) 前掲、『大日本水産会水産伝習所報告』、五頁。
(50) 一八八一年一二月一八日制定「大日本水産会々則」第二章第一項。前掲、『大日本水産会報告』(第一号)、九頁。
(51) 同上、「大日本水産会々則」第七章第一項。同上、『大日本水産会報告』(第一号)、一四―一五頁。
(52) 大日本水産会『大日本水産会報告』(第五〇号)、一八八六年、一五頁。
(53) 同上、一九頁。
(54) 大日本水産会『大日本水産会報告』(第五二号)、一八八六年、一―二頁。
(55) 大日本水産会『大日本水産会報告』(第五三号)、一八八六年、六四頁。
(56) 大日本水産会『大日本水産会報告』(第五四号)、一八八六年、一頁。
(57) 大日本水産会『大日本水産会報告』(第五九号)、一八八七年、四頁。
(58) 同上、九頁。
(59) 同上。
(60) 同上、九―一三頁。
(61) 前掲、『大日本水産会報告』(第五四号)、一頁。
(62) 農商務省水産局『府県水産奨励事業成績』、一九〇四年、二七頁。なお水産局が、こうした評価をくだした根拠としては、「山口県ノ如キハ講習所ヲ廃シテ試験場トシ石川県ノ如キハ講習所ヲ廃シテ試験場トナスコト、ナリ明治三十七年度ヨリ組織ヲ変更スルコト、ナレリ而シテ茨城県ニ於テハ試験場ノ外ニ講習所ヲ設クルコト、ナシタレトモ其実質ハ即チ試験場長ヲシテ之ヲ兼ネシメ短期講習ヲ為スニ過キサル」実態があげられている。
(63) 同上、七頁。
(64) 農商務省水産局『水産ニ関スル施設事項要録』、一九一〇年、一二四頁。
(65) 『帝国議会衆議院議事速記録』(第一三回議会　明治三一年)、東京大学出版会、一九八〇年、三二八頁。

(66) 二野瓶徳夫『日本漁業近代史』平凡社、一九九九年、五八頁。

第二章　農商務省の遠洋漁業奨励策と遠洋漁業従事者養成

第一節　外国猟船の動向と「遠洋漁業奨励法」の制定

（一）　海外漁業への眼差し

本格的な海外漁業のはじまりとされている朝鮮半島周辺海域への出漁は、「朝鮮通漁」の名称で一八八〇（明治一三）年頃より活発化した。大日本水産会がまとめた出漁記録をみると、山口県に続く形で、長崎県、島根県、佐賀県の各県の出漁件数が増加していったことがわかる（表2-1参照）。

政府も朝鮮通漁の存在を認識するようになる。一八八三（明治一六）年の「朝鮮国ニ於テ日本人民貿易ノ規則」（太政官布告第三四号）は、「日本国漁船ハ朝鮮国全羅慶尚江原咸鏡ノ四道朝鮮国漁船ハ日本国肥前筑前長門朝鮮海ニ面スル所石見出雲對馬ノ海浜ニ往来捕魚スルヲ聴スト雖トモ私ニ貨物ヲ以テ貿易スルヲ許サス違フ者ハ其品ヲ没収

表 2-1　1880 年代初頭の「朝鮮通漁」

	1881(明治14)年		1882(明治15)年		1883(明治16)年		1884(明治17)年	
	舟数	人員	舟数	人員	舟数	人員	舟数	人員
山口県	5	23	9	47	12	65	110	463
島根県	0	0	0	0	0	0	4	20
佐賀県	0	0	0	0	0	0	2	8
長崎県	0	0	0	0	0	0	10	130
合計	5	23	9	47	12	65	126	621

註）大日本水産会『大日本水産会報告』(第 49 号)，1886 年，13 頁より作成。

スヘシ」(1)として、日本や朝鮮の漁船が両国の沿岸で操業していることを確認し、これらの船が政府の許可なく独自に物資を輸出入することを禁じる内容となっている。ただし続けて、「魚介ヲ売買スルハ此例ニ非ス」として、漁業者の生産活動に付随しておこなわれる魚介類販売を「貿易」とは区別して認めた。

政府はその後、朝鮮国との間で通漁に関する取り決めを結ぶ。一八九〇(明治二三)年の「日本朝鮮両国通漁規則」(勅令無号、官報一九五六号)である。これにより、両国の漁業者は、規則に依拠して漁船乗組員の人数に応じた漁業税を納付し「漁業免許ノ鑑札」を受けることを条件に、指定の沿岸域において操業することを保障された。

日本朝鮮両国通漁規則(一八九〇(明治二三)年、勅令無号、官報一九五六号)

第一条　両国議定地方ノ海浜三里(日本国海里ノ算測ニ拠ル已下之ニ準ス)以内ニ於テ漁業ヲ営マントスル両国漁船ハ其船ノ間数所有主ノ住所姓名及乗組人員ヲ詳記シ其船主若クハ代理人ヨリ願書ヲ認メ日本漁船ハ其領事官ヲ経テ開港場地方庁ヘ朝鮮漁船ハ議定地方ノ郡区役所ニ差出シ該船ノ検査ヲ経テ免許鑑札ヲ受クヘシ

第二条　漁業免許ノ鑑札ヲ受クル者ハ漁業税トシテ左ノ割合ニ照シ税金ヲ納ムヘシ而シテ此鑑札ハ之ヲ受ケタル日ヨリ満一年間其効ヲ有スルモノトス

乗組人　十名已上　日本銀貨拾円
同　五名已上九名已下　同　伍円
同　四名已下　同　参円

この頃になると、西日本全域から朝鮮半島周辺への出漁がみられるようになる。「日本朝鮮両国通漁規則」第一条規定により、釜山領事館から出漁免許を下付された漁船とその漁船の乗組員数は、規則締結から一八九一(明治二四)年一一月までの約二年間で、漁船数一一八八隻、乗組員数五七〇七名に達した(表2-2参照)。

しかし、日本側からの出漁が勢いをますと、水産資源の争奪などの漁業者間の対立が先鋭化するようになる。そこで、一九〇〇(明治三三)年には「朝鮮海通漁組合連合会規約」が制定され、釜山港に本部を設ける朝鮮海通漁組合連合会が組織された。朝鮮海通漁組合連合会は、「通漁者の風儀の端正と日韓両民の和親、通漁者の保護取締り、(中略:引用者)通漁者および日韓両国人間の紛争の仲裁」[2]等の事業を実施した。同会は政府からの補助金により運営される官製団体として誕生しており、政府が朝鮮通漁を安定的に経営していきたいと考えていたことがわかる。

政府の関与のもと当該漁業が開発・奨励されたことで、各府県も「競って自県の通漁業者を保護助長」[3]するようになる。その結果、全国各地に一

表2-2　「朝鮮通漁」免許下付状況

船籍所在県名	船数	乗組員数
広島県	343	1,438
山口県	275	1,275
長崎県	163	941
大分県	102	506
香川県	96	407
岡山県	83	285
熊本県	57	443
鹿児島県	29	204
愛媛県	29	159
兵庫県	6	23
福岡県	3	16
宮崎県	1	6
島根県	1	4
合計	1,188	5,707

註）大日本水産会『大日本水産会報告』(第117号), 1892年, 29-30頁より作成。

五（大阪府、兵庫県、長崎県、島根県、岡山県、広島県、山口県、徳島県、香川県、愛媛県、福岡県、大分県、佐賀県、熊本県、鹿児島県）の規約を策定した朝鮮海通漁組合が結成される(4)。

朝鮮通漁に前後して、新たな漁場を開発しようとする動きは、全国的に広がっていた。一八九二（明治二五）年には、「千葉県又和歌山県から遠洋漁業を為すことに就いて政府の保護を仰ぎたいと云ふ請願(5)」が提出される。千葉県の「遠洋漁業創始之義請願」は、「四千六十一名連署し貴族院は村田保氏衆議院は坂倉胤臣氏の紹介を以て(6)」帝国議会に提出されることとなった。その請願理由を一部抜粋する。

遠洋漁業創始之義請願

欧米ニ於テハ近年大西洋ノ水産甚シク減耗セシヨリ次第ニ漁場ヲ太平洋ニ拡メ殊ニ本邦四周ノ海面水族ノ饒多ナルニ垂涎シテ止マストハ海外ノ事情ニ通暁セル学士カ曾テ報導セシ所ナリ然ルニ昨明治廿三年八月米国ノ遠洋漁船（ハルシヲン号）ハ我カ千葉県安房国平沙浦ニ漂流破船セシ事アリ之ヲ其形跡上ヨリ察スルニ伊豆七島若クハ小笠原群島ノ間ニ捕鯨ヲ試ミタルモノ、如シ近年千島海ノ海獺ノ密猟及ヒ魯国人カ朝鮮対馬間ノ海上ニ捕鯨ノ大利ヲ占メタル等ノ事実ニ徴スルモ此観察ハ大差ナカランカ果シテ然リトセハ是国際上忽諸ニ付スヘカラサル大事ナラン何ントナレハ七島并ニ小笠原群島ハ我帝国ノ版図タル事ハ各国共ニ明知スル所ニシテ其海上ハ本邦其主権ヲ有スル所ナリ然ルニ其海上ニ於テ我カ法憲ニ遵ハスシテ恣ニ漁業ヲ営ムノ外人アルヲ惜テ問ハサルトキハ国威ニ関スルノミナラス若シ彼ヲシテ自由ニ爰ニ漁業ヲ為シ得ルノ習慣ヲ生セシムルトキハ其習慣ハ彼カ辞柄トナリ遂ニ他年国際上一ノ難問題ヲ生スルニ至ランモ亦測ル可ラス思テ此ニ至レハ実ニ寒心ニ堪ヘサルモノアリ故ニ彼カ未タ其習慣ヲ生セサルニ先タチ我ニ其海上漁業ノ主権ヲ有スルノ実績ヲ挙ケ各国ヲシテ之ヲ公認セシメサル可ラス然ハ則遠洋漁業ヲ創始スルハ対外政略上ヨリ見ルモ亦止ムヘ

カラサル所ナリ（傍線：引用者）[7]

欧米やロシアの捕鯨船等の猟船[8]が、日本近海で操業することを野放しにしてしまえば、著しく「国威」を損ねると訴える内容になっている。さらに、「遠洋漁業」を創始して実績をあげることは、操業海域での「主権」を主張することとなり、「対外政略上」有利であることも訴え、政府に速やかなる外国猟船への対抗策を求めた。

（二）　外国猟船への対抗意識

外国猟船への対抗意識が強まる契機ともなったのが、明治二〇年代の千島列島などにおける臘虎《ラッコ》・膃肭獣《オットセイ》猟問題であった。明治も中頃にさしかかったこの時期になり、外国猟船が日本周辺で臘虎猟や膃肭獣猟を展開した後景には、紛争が絶えなかったベーリング海やアリューシャン列島周辺海域を中心とする北太平洋海域での操業が、英米露間における海獣保護区域の制定により困難となっていた事情があった[9]。

南下を余儀なくされた外国猟船は、猟獲前に燃料や食糧、漁夫の確保[10]を目的にたびたび日本各地の港に寄港した。また、猟獲後は、猟獲物の荷揚げのため函館港などに入港した（表2-3参照）。例えば、一八九三（明治二六）年においてその数は、「出猟ノ途小笠原島二見港ニ入ルモノ十七艘」、「猟獲ヲ終ヘ厚岸ヘ入港セルモノ 九《（ママ）》艘ニシテ其積載セル膃肭皮八千四百十八枚又函館ヘ入港セルモノハ四十六艘ニシテ積載ノ膃肭皮二万八千百三十七枚」に達していた[11]。翌一八九四（明治二七）年はさらに増加し、三月から六月までの四カ月間に函館港に入港した外国猟船は五三艘、それらの猟船が荷揚げした膃肭獣皮数は四万七〇三七枚に上った[12]。

荷揚げされた毛皮は、「肉ヲ去リ、塩蔵シテ英国倫敦ニ送リ、毎年一月及ビ十二月ノ二回ニ開カル、定期ノ競

表 2-3　外国猟船（臘虎・膃肭獣猟船）の入港件数ならびに船籍

<table>
<tr><th>入港先</th><th colspan="2">入港年</th><th>隻数</th><th>総数</th><th></th><th>船籍</th><th>隻数</th></tr>
<tr><td rowspan="6">函館港</td><td colspan="2" rowspan="3">1975（明治8）年～1892（明治25）年</td><td rowspan="3">29</td><td rowspan="6">75</td><td rowspan="6">内訳</td><td>英
（イギリス）</td><td>22</td></tr>
<tr><td>米
（アメリカ）</td><td>47</td></tr>
<tr><td>独逸
（ドイツ）</td><td>1</td></tr>
<tr><td colspan="2" rowspan="3">1893（明治26）年</td><td rowspan="3">46</td><td>瑞典
（スウェーデン）</td><td>2</td></tr>
<tr><td>布哇
（ハワイ）</td><td>2</td></tr>
<tr><td>不明</td><td>1</td></tr>
<tr><td rowspan="6">横浜港</td><td colspan="2" rowspan="2">1891（明治24）年</td><td rowspan="2">7</td><td rowspan="6">41</td><td rowspan="6">内訳</td><td rowspan="3">英</td><td rowspan="3">31</td></tr>
<tr></tr>
<tr><td colspan="2" rowspan="2">1982（明治25）年</td><td rowspan="2">4</td></tr>
<tr><td rowspan="3">米</td><td rowspan="3">10</td></tr>
<tr><td colspan="2" rowspan="2">1983（明治26）年</td><td rowspan="2">30</td></tr>
<tr></tr>
<tr><td rowspan="6">二見港
（小笠原）</td><td colspan="2">1888（明治21）年</td><td>3</td><td rowspan="6">32</td><td rowspan="6">内訳</td><td rowspan="2">英</td><td rowspan="2">3</td></tr>
<tr><td colspan="2">1889（明治22）年</td><td>6</td></tr>
<tr><td colspan="2">1890（明治23）年</td><td>3</td><td rowspan="2">米</td><td rowspan="2">28</td></tr>
<tr><td colspan="2">1891（明治24）年</td><td>0</td></tr>
<tr><td colspan="2">1892（明治25）年</td><td>3</td><td rowspan="2">仏
（フランス）</td><td rowspan="2">1</td></tr>
<tr><td colspan="2">1893（明治26）年</td><td>17</td></tr>
<tr><td rowspan="9">その他の港</td><td rowspan="3">1892
（明治25）年</td><td>厚岸港</td><td>3</td><td rowspan="3">6</td><td rowspan="3">内訳</td><td>英</td><td>4</td></tr>
<tr><td>色丹島</td><td>2</td><td>米</td><td>1</td></tr>
<tr><td>幌筵島</td><td>1</td><td>不明</td><td>1</td></tr>
<tr><td rowspan="6">1893
（明治26）年</td><td>厚岸港</td><td>7</td><td rowspan="6">15</td><td rowspan="6">内訳</td><td rowspan="2">英</td><td rowspan="2">7</td></tr>
<tr><td>室蘭港</td><td>1</td></tr>
<tr><td>釜石港</td><td>3</td><td rowspan="2">米</td><td rowspan="2">6</td></tr>
<tr><td>宮古港</td><td>2</td></tr>
<tr><td>山田港（岩手）</td><td>1</td><td rowspan="2">不明</td><td rowspan="2">2</td></tr>
<tr><td>大船渡港</td><td>1</td></tr>
</table>

註 1）函館港に 1975（明治 8）年から 1892（明治 25）年に入港した外国猟船の詳細（猟獲数や猟獲場所，船籍など）は，農商務省農務局水産課水産調査所『臘虎膃肭獣調査報告』大日本水産会，1894 年，57-58 頁に掲載されている。
註 2）農商務省水産局『遠洋漁業奨励事業報告』，1903 年，1-2 頁より作成。

売市場ニ於テ販売」[13]された。当時の「倫敦市場ハ世界有名ノモノニテ、各国ノ毛皮ハ概ネ此処ニ集マリ、此市場ノ価格ヲ標準トシテ各国ノ需要ニ応ジテ」[14]配分されていた。ロンドン市場の集荷機能および価格形成力の強さが読み取れる。

多額の利益をあげていた外国猟船に対しては、大日本水産会内部で不満がくすぶり続けていた。一八九四（明治二七）年に開催された大日本水産会の第一二回大会において、幹事長の村田保が「水産上ノ急務」[15]として、次のように述べたことからもそれがわかる。

急務ト申スハ第一ニ密漁船防禦ノコトダラウト私ハ存ジマス、此密漁船ノコトハ皆サンモ御存知デゴザリマセウガ近来外国ノ密漁船ガ我近海ヘ参リマシテ跋扈ヲ極ムルコトハ実ニ著シイコトデァリマス、実ニ是迄此日本ノ水産物ノ中ニモ尤モ貴重ナル臘虎モ実ハ外国人ノタメニ殆ンド捕リ尽サレタ有様ニナツテ居リマス、鯨モ脊美鯨ナド、申スモノハ尤モ鯨ノ中デモ貴重ナルモノデゴザリマスガ是レモ外国人ノタメニ殆ド捕リ尽サレテ今日デハ日本海ニ於テ脊美鯨ヲ見ルコトガ出来ヌト云フ有様デアリマス、（中略：引用者）併シ此方デハ如何トモスルコトガ出来マセヌ、中々軍艦デ防グコトモ出来ズ致シマスガ、是非我々ハ黙過シテ居ル時機デハナカラウト思ヒマス、実ニ我国ノ富ヲ皆ナ持ツテ往カレルコトデ是非防ギタイト思ヒマスガ別ニ防グ策ハナイト思フ、唯人民ガ同ジ漁業ヲシテ此方デモ矢張リ同ジ様ニ捕ルヨリ仕方ガナイ、所ガ今日マデ膃肭獣猟ヲ致ス者ガナイ、愈々当年始メテ政府ノ依託ヲ受ケテ帝国水産社ガ此猟ニ着手スルト云フ位ノ有様デゴザリマスガ、中々此方ノ者ガ彼等ニ拮抗シテ漁業ヲスルト云フ訳ニ行キマセヌ、是非勧メマシテ此方デ同ジ様ニ漁業ヲサセル様ニシナケレバナルマイト思ヒマス（傍線：引用者）[16]

村田は、急増する外国猟船によって日本近海の資源が奪われ続けていることに強い不満を募らせていた。そして、外国猟船の操業を食い止めることは不可能であり、外国猟船に対抗する唯一の手段は、日本としても海獣猟を積極的に展開することしかないと訴えた。

さらに、この演説の二年後、貴族院議員をも務めていた村田保は、「水産業保護ニ関スル建議案」を貴族院に提出する。共同提出者には、貴族院議長、学習院院長、大日本教育会会長、帝国教育会初代会長など要職を歴任したことで知られる近衛篤麿がいた。彼の対露強硬論は有名であるけれども、水産業に関しては「欧米」にも強く対抗することを望んでいた。同建議案は、一八九六(明治二九)年三月一七日に貴族院で可決された。[17]

水産業保護ニ関スル建議案

方今帝国ノ富源ヲ培養シ国力ノ増進ヲ務ムヘキコトハ急務中ノ急務ト謂フヘシ而テ本邦ノ地勢タルヤ四囲環海ニシテ殊ニ良好ノ漁場多ク各種ノ水族ニ富メルコトハ普ク世人ノ知ル所ナリ然ルニ我漁民ノ資力薄弱ナル朝夕ノ計ヲ立ル能ハサルノ徒多クシテ僅カニ沿岸ノ小漁業ノミニ汲々トシテ遠洋大海ノ漁業ヲ営ムモノ至テ尠シ故ニ漁民人口ノ饒多ナルニ拘ハラス其漁獲高ニ至テハ甚タ僅少ナリトス以テ貴重ナル海産物ノ遺テ、拾ハサルモノ極メテ多キコトヲ知ル是ヲ以テ欧米人ハ年々歳々我近海ニ出没シ堅牢ナル漁船ト精巧ナル漁具トヲ以テ広漠ナル漁業ヲ営ミ一攫万金ノ富ヲ致スモノアリト我漁民ハ之ヲ見テ徒ニ垂涎スルノミ豈慨嘆ノ至ナラスヤ是畢竟我漁業者ノ貧弱ナルト漁船漁具ノ不完全ナルニ因ラスンハアラス依テ我水産業ヲ発達シ国家ノ富源ヲ謀ラント欲セハ政府ニ於テ確実ナリト認ムル漁業団体ニ相等ナル補助金ヲ与ヘテ漁船漁具ヲ改良セシメ遠洋漁業ヲ奨励スルニ如クハナシ茲ニ本院ハ水産業ノ発達ヲ図ルノ急務ナルヲ認メ財政ノ許ルス限リ一定ノ年限中遠洋漁業奨励ノ為メ国庫ヨリ相当ノ補助金ヲ支出セラレンコトヲ切望ス因テ茲ニ之ヲ建議ス(傍線・

引用者）[18]
同建議案では、「資力薄弱ナル」日本の漁業者が「遠洋大海」の漁業を営むことができないなかで「欧米人ハ年々歳々我近海ニ出没シ堅牢ナル漁船ト精巧ナル漁具トヲ以テ広漠ナル漁業ヲ営ミ一攫万金ノ富ヲ」得ているとして、これに対抗しなければならないことを説いている。そして、「我水産業ヲ発達シ国家ノ富源ヲ謀ラント欲セハ」、政府が「遠洋漁業」の奨励に「補助金」を支出することが必要とした。同建議案が可決されて以降、政府内で「遠洋漁業奨励法」の制定に向けた動きが活発化していく。

（三）「遠洋漁業奨励法」の制定

時の農商務大臣榎本武揚が、内閣総理大臣宛に遠洋漁業奨励法案の閣議決定を求めて提出した「秘甲第一六五号遠洋漁業奨励法制定ノ件」は、村田の建議案と類似点が多く、その内容をおおむね踏襲したものとなっていた。

遠洋漁業奨励法制定ノ件
本邦水産業ヲ発達セシムルノ目下ノ急務タルハ論ヲ竢タス殊ニ遠洋ノ漁業ニ至リテハ尚極メテ幼稚ノ域ニアルヲ以テ現ニ外国猟舩ハ常ニ遠ク我近海ニ来舩シ膃肭獣猟ハ勿論遠洋捕鯨事業等ニ従事シ我無限ノ利源ハ多ク彼レノ占有スル処トナリ遺憾少カラス加之印度南洋等ノ鱶、海鼠真珠母等ノ漁業ヨリ北海ノ鱈漁業等進ンテ利源ヲ開発スヘキ漁場亦少カラスト雖我漁舩ハ其構造極メテ脆弱ニシテ遠洋ノ航海ニ堪ヘス且漁業者ノ是等遠洋漁業ニ未熟練ナルトヲ以テ未タ右等有益ナル漁猟ヲ開始スルニ至ラス然ルニ仏国及英領加奈多ノ如キ往年ヨリ一定ノ奨励金ヲ支出シ以テ国民ノ遠洋漁業ヲ奨励シ頗ル其実効ヲ収メタルノ事実アリ故ニ遠洋漁業ヲ奨励スルハ国家経済上最必要ト認ムル所ニ有之就テハ先ニ第九帝国議会ニ於テ貴族院ノ提出ニ係ル水産業保護ニ関スル建議ニ対シ本大臣ヨリ及覆牒置候通別紙遠洋漁業奨励法案第十帝国議会ニ提出セント欲ス依テ茲ニ至急閣議ヲ請フ

明治三十年三月四日

農商務大臣子爵榎本武揚 印

内閣総理大臣伯爵松方正義殿

追テ本件ハ急ヲ要シ候ニ付大蔵省ヘハ未協議ニ有之為念申添候也(傍線：引用者)(19)

村田の建議案と同様に、日本の遠洋漁業は漁船の構造からして「極メテ幼稚」であり、漁業者も未熟練であると断ずる。そして、実際に外国猟船が日本近海で「膃虎膃肭獣猟ハ勿論遠洋捕鯨事業等ニ従事シ」ていることで資源が占有され持ち出されていることは遺憾であり、「国家経済上」の観点から遠洋漁業を奨励する策を講じることが必要であるとしている。

遠洋漁業奨励法案の審議過程からは、「遠洋漁業奨励法」に期待されていた多面的な機能がみえてくる。一八九七(明治三〇)年三月一九日の衆議院第一議会にはかられていた「遠洋漁業奨励法案(政府提出)」に対して、同案に賛成を表明した衆議院議員内藤久寛が述べた演説を抜粋すると、その一側面がみえる。

亜米利加ノ密猟船ノ如キハ、今度日本ノ政府ハ大イニ日本近海ニ遠洋漁業ヲ奨励シテ、日本国内ニ於テ船舶ガ沢山出来ルト云フコトデ、今年ナドハ少シ参ルノヲ躊躇シテ居ルト云フコトデアリマス、若シ今年ノ如キ、是ガ否決セラレテ、日本ノ政府ハ遠洋漁業ヲ奨励セヌト云フコトニナリマシタナラバ、亜米利加ノ漁業船ナドハ、又明年頃カラシテ大イニ来ッテ、此密漁ヲスルト云フコトハ免レナイコトデアル[20]

すなわち内藤は、日本政府が「遠洋漁業奨励法」の制定に向け積極的に行動することが外国猟船へのよい牽制となり、対抗姿勢を海外にアピールすることにつながるとし、法案の成立が抑止力としても機能すると主張した。国家予算の投下によって漁業者や漁業資本の資力不足を解消し、遠洋漁業を開発することができる個人や組織を育成しようとした遠洋漁業奨励のための法案は、上記の審議を経て一八九七（明治三〇）年三月三一日に裁可され、「遠洋漁業奨励法」（法律第四五号）として公布された。

国内資本の保護助長を重要な目的とした「遠洋漁業奨励法」は、第二条において奨励対象の漁猟船を「帝国臣民又ハ帝国臣民ノミヲ社員若ハ株主トスル商事会社ニシテ自己ノ所有ニ専属シ帝国船籍ニ登録シタル船舶」に限定した。また第三条において、「登簿噸数汽船百噸以上帆船六十噸以上」の船舶に限り奨励金を下付するとしたことは、漁船の大型化を急ぎ進めて外国猟船に対抗しようとしていたことのあらわれであろう[21]。

遠洋漁業奨励法（一八九七（明治三〇）年、法律第四五号）

第一条　遠洋漁業ヲ奨励スル為国庫ハ毎年度十五万円以内ヲ支出スヘシ

第二条　帝国臣民又ハ帝国臣民ノミヲ社員若ハ株主トスル商事会社ニシテ自己ノ所有ニ専属シ帝国船籍ニ登録シタル船舶ヲ以テ勅令ニ於テ指定スル漁猟又ハ漁場ノ漁業ニ従事スル者ニ限リ遠洋漁業奨励金ノ下付ヲ出願スルコトヲ得

第三条　前条ニ依リ奨励金ヲ受クルコトヲ得ヘキ船舶ハ木製ト鉄製トヲ問ハス登簿噸数汽船百噸以上帆船六

表 2-4　各年度の奨励実績

年度	鯨猟	膃肭獣猟（臘虎猟含）	延縄漁 鱶	延縄漁 目抜	延縄漁 鱈	延縄漁 鮪	鱈立網漁	合計
1898（明治31）	0 (0)	420 (1)	0 (0)	0 (0)	0 (0)	0 (0)	0 (0)	420 (1)
1899（明治32）	710 (1)	6,170 (9)	5,720 (4)				0 (0)	12,600 (14)
1900（明治33）	10,610 (4)	7,480 (10)	1,820 (2)	0 (0)	0 (0)	1,020 (1)	0 (0)	20,930 (17)
1901（明治34）	10,455 (4)	9,910 (13)	1,770 (4)			1,710 (1)	0 (0)	23,845 (22)
1902（明治35）	3,845 (2)	10,250 (15)	0 (0)	2,020 (6)		0 (0)	820 (1)	16,935 (24)
1903（明治36）	2,890 (2)	8,530 (12)	5,370 (12)		0 (0)	1,710 (1)	1,880 (1)	20,380 (28)
1904（明治37）	1,490 (1)	13,720 (18)	0 (0)	3,180 (8)		0 (0)	2,400 (2)	20,790 (29)
1905（明治38）	0 (0)	14,657 (21)	3,780 (11)		0 (0)	0 (0)	3,219 (3)	21,656 (35)
合計	30,000 (14)	71,137 (99)	36,419 (57)				8,319 (7)	145,875 (177)

註 1）単位は円。（　）内は，奨励対象となった漁猟船の隻数。
註 2）農商務省水産局『遠洋漁業奨励法事業成績』（大正 7 年 2 月），1908 年，「第二編　遠洋漁業奨励ニ関スル統計」の 6-9 頁より作成。

十噸以上ニシテ農商務大臣ノ定ムル船舶艤装規程ニ合格シ其ノ乗組員ハ総員ノ五分ノ四以上帝国臣民ヲ以テ組織シタルモノニ限ル（傍線：引用者）

奨励対象とされた漁猟種別は、同年の勅令一七五号第一条によって規定され、「鯨猟業」、「臘虎猟業」、「膃肭獣猟業」、「鱶漁業」、「鮪漁業」、「鰹漁業」、「鱈漁業」、「鯖漁業」、「鰤漁業」、「柔魚漁業」、「大鮃漁業」の一一種（順序はこのとおり）が指定を受けた。農商務省水産局自身は、「臘虎膃肭獣猟業奨励ハ奨励法発布ノ主タル理由」[22]であったとするものの、海獣猟以外にも奨励金が支出された（表2-4参照）。

「遠洋漁業奨励法」にもとづいて実

施された漁猟奨励を、一八九八（明治三一）年から一九〇五（明治三八）年の八年間についてみると、七万一一三七円（金額に占める割合四八・八％）の臘虎・膃肭獣猟について、各種延縄漁が三万六四一九円（同二五・〇％）、鯨猟が三万円（同二〇・六％）となり、この三種で奨励金総額の九割以上を占めた。

「遠洋漁業奨励法」制定による影響かは判断できないものの、奨励法制定以降、外国船籍の臘虎・膃肭獣猟船が日本の港に入港する件数は激減した。荷揚げのため、頻繁に外国猟船が入港していた函館港ですら、一八九七（明治三〇）年には一一隻（うち八隻がイギリス船籍、二隻がアメリカ船籍であり、この一〇隻の搭載獣皮数は五〇八三枚）に減少した(23)。農商務省は、その様子を次のように回顧している。

> 当時最も其急務を感ぜしは外国の臘虎、膃肭獣猟船の本邦近海に出没し盛に猟獲を為すに対し、従等に拮抗し本邦漁業者の利益を増進せしむるにありたり爾来数年にして幸に其目的の一部を達し外国猟船は全く我近海に其跡を絶つに至りしも其他の漁業に至りしは成績の見るべきもの少かりし（以下略、傍線：引用者）(24)。

農商務省は、日本近海に出没して盛んに猟獲活動を展開していた外国猟船への対抗という面では幸いにも「遠洋漁業奨励法」の制定が功績を残すことができたと自賛した。ただ一方で、その他の漁業奨励については、思うような成績を収めることができなかったとしている。

外国猟船を駆逐し、日本の漁猟船が活発に活動していた当時の様子がわかる写真が残されている（図2-1）には、帆船の甲板に所狭しとならべられた膃肭獣の毛皮がみえる。出典は柴山英三『柴山遠洋漁業開始十周年』（一九一〇年）(25)であり、同書の写真説明文には、「膃肭獣ノ貴重ナルハ其毛皮ニシテ猟獲後ハ直チニ之ヲ剥キ取リ塩漬トシテ船倉ニ蔵シ本船帰港後横浜又ハ函館ニ送リ更ニ英国倫敦市場ニ輸出販売ス」と記されている。

図 2-1　漁猟船上にならべられた膃肭獣の毛皮

註）柴山英三『柴山遠洋漁業開始十周年』，1910 年，頁数不明より。

図 2-2　乾燥のため吊るされる臘虎の毛皮

註）図 2-1 の註）と同じ。

〔図2-2〕には、天日に干される膃虎の毛皮が写っている。出典はやはり『柴山遠洋漁業開始十周年』である。同書の写真説明文には、「膃虎ハ猟獲後之ヲ丸剥又ハ平剥トナシ船内ニ於テ略之ヲ乾シ帰港後膃肭獣ト共ニ英国倫敦ニ輸出ス」とある。膃虎の毛皮も、膃肭獣の毛皮と同様、ロンドン市場へと輸出されていたことが記されている。海獣猟は、輸出産業として発展をみせ、貴重な外貨獲得手段となっていたのである。

成果を得たとする膃虎・膃肭獣猟は、その後、資源の枯渇問題を抱えるなか、一九〇九（明治四二）年七月一日をもって「遠洋漁業奨励法」の奨励金下付対象から除外された。さらに、一九一一（明治四四）年には、「日英米露四ヶ国膃肭獣保護条約締結ノ結果北緯三十度以北ニ於ケル北太平洋海上ノ膃虎膃肭獣猟業ハ四十五年四月二十二日ヨリ向フ十五ヶ年間禁止セラル、ニ」[26]いたった。

（四）日清・日露の両大戦と漁業権益の拡大

「遠洋漁業奨励法」によって奨励金が支出される漁猟種別が、一八九七（明治三〇）年の勅令一七五号で規定されていたことは先に記した。同勅令はさらに、「遠洋漁業奨励法ニ依リ遠洋漁業奨励金ヲ受クヘキ漁猟ノ場所」[27]を規定していた。そして、膃虎猟業や膃肭獣猟業の好漁場となっていた「痾哥徳斯克《オホーツク》海」のほかに、「支那海」、「台湾海峡」、「東海」、「黄海」、「朝鮮海峡」、「日本海」、「太平洋」の七海域を指定した。奨励の効果や奨励金下付額は別として、指定漁猟海域からも、「遠洋漁業奨励法」が必ずしも外国猟船への対抗のみを本旨とした法律ではなかったことがうかがえる。

実際、膃虎・膃肭獣猟が保護条約によって禁止されたことで、中心となる奨励対象漁業は、各種「延縄漁業」や「鰹釣漁業」、「一本釣漁業」へと移った（表2-5参照）。漁獲物運搬業への奨励が増加していることもこうした

の奨励実績

鰹釣漁業	流網漁業	一本釣漁業（鱈一本釣）	トロール漁業	漁獲物運搬業	合計
0(0)	0(0)	0(0)	0(0)	1,859(1)	31,786(44)
0(0)	0(0)	0(0)	616(1)	2,860(2)	34,563(58)
4,699(32)	0(0)	0(0)	3,056(3)	5,257(3)	52,718(75)
9,112(53)	152(1)	0(0)	4,739(3)	5,594(2)	41,962(127)
16,330(77)	666(2)	8,832(6)	3,305(3)	5,443(5)	47,242(58)
12,295(92)	0(0)	7,547(5)	3,085(2)	11,995(18)	45,752(158)
5,951(88)	3,473(5)	9,182(17)	0(0)	9,359(21)	36,841(171)
48,387(342)	4,291(8)	25,561(28)	14,801(12)	42,367(52)	290,864(691)

ニ関スル統計」の 10-14 頁より作成。

変化と関係している。漁獲量・物流量の増加がみられたことや、漁場が遠洋へと外延的に拡大するなかで、保存性の悪い魚類の鮮度を保持したまま水揚げするため、冷蔵装置を備えた運搬船へも奨励金が下付されるようになったことが背景にある。トロール漁業への奨励金の下付が一九一二（明治四五）年度以降停止されるのは、乱獲による資源の減少で奨励対象から除外されたことによる。

さて、上述した「遠洋漁業奨励法」の指定漁猟海域に関して留意しなければならないのは、「支那海」、「台湾海峡」、「東海」、「黄海」、「朝鮮海峡」の五海域が指定を受けたことにある。これを、「朝鮮通漁」の拡大を助長する意味をもった指定と判断してしまうと、「遠洋漁業奨励法」の性格を理解したことにはならない。

評価を下すには、五海域指定の背景にある、一八九五（明治二八）年四月の「日清両国講和条約」（勅令無号）の締結を考慮しなければならない。「日清両国講和条約」では、「遼東湾東岸及黄海北岸ニ在テ奉天省ニ属スル諸島嶼」、「台湾全島及其ノ附属諸島嶼」、「澎湖列島」(28)の主権が日本に割譲されており、「遠洋漁業奨励法」で指定された海域は、これら新たに日本の版図となった地域・各島嶼の周辺であることがわかる。すなわち、一八九七（明治三〇）

表2-5　各

年度	鯨猟業	膃肭獣猟業（臘虎猟業含）	延縄漁業	立縄漁業	旋網漁業
1906（明治39）	1,470（1）	19,681（26）	3,451（10）	3,741（5）	1,584（1
1907（明治40）	0（0）	18,230（32）	4,554（15）	7,547（7）	756（1
1908（明治41）	8,511（3）	18,085（32）	6,725（28）	6,385（6）	0（0
1909（明治42）	2,422（1）	10,240（32）	5,134（31）	4,569（4）	0（0
1910（明治43）	4,844（1）	0（0）	7,822（41）	0（0）	0（0
1911（明治44）	4,498（1）	0（0）	6,332（40）	0（0）	0（0
1912（大正元）	3,806（1）	0（0）	5,070（39）	0（0）	0（0
合計	25,551（8）	66,236（122）	39,088（204）	22,242（22）	2,340（2

註1）単位は円。（　）内は，奨励対象となった漁猟船の隻数。
註2）「一本釣」の1912年のみ「鱈一本釣」を意味する。
註3）農商務省水産局『遠洋漁業奨励法事業成績』（大正7年2月），1908年，「第二編　遠洋漁業

年の「遠洋漁業奨励法」の制定は、日清戦争以後の同海域における日本の影響力の伸張と権益の確保という目的が伏在しており、新たな版図の支配に実効性を持たせる意味を有していたとみることができる。

さらなる日本の漁業権益の拡大を決定づけたのは、一九〇五（明治三八）年の「日露両国講和条約及追加約款」（勅令無号）の締結であった。講和条約第九条には、「露西亜帝国政府ハ薩哈嗹島南部及其ノ附近ニ於ケル一切ノ島嶼」の主権を日本帝国政府に譲与することが盛り込まれ、一九〇六（明治三九）年、北緯五〇度以南のいわゆる「南樺太」が日本領となった。加えて第一一条では、「露西亜国ハ日本海、「オコーツク」海及「ベーリング」海ニ瀕スル露西亜国領地ノ沿岸ニ於ケル漁業権ヲ日本国臣民ニ許与セムカ為日本国ト協定ヲナスヘキコトヲ約ス」と規定し、日本との間で露領漁場権益に関する協定の締結が約束された。

日本側の協約締結にかかわる準備作業の様子は、「日露漁業協約案」として『公文類聚』に綴られている「機密送第三十号文書」からうかがい知ることができる。「機密送第三十号文書」は、「日露漁業協約」締結を前にした一九〇六（明治三九）年四月二六日に、「日露漁業協約案」に添付され閣議に供された文書である。

「我ヨリ進テ」、「成ルヘク速カニ」、「利権ヲ獲得」との文言がみられる。権益獲得に向け、政府が「日露漁業協約」の取りまとめに急いでいたことがわかる。

明治三十八年九月五日「ポーツマス」ニ於テ締結相成タル日露講和条約第十一条ノ規定ニ基キ露国ハ日本海「オコーツク」海及「ベーリング」海ノ領水ニ於ケル漁業権ヲ我邦臣民ニ許与セムカ為我邦ト協定ヲ為スヘキコトヲ約シタルニ付我ヨリ進テ之ニ関スル提議ヲ為シ成ルヘク速カニ一ノ協約ヲ結ヒ我邦臣民ヲシテ前記漁業上ノ利権ヲ獲得セシムルノ必要ヲ認メ別冊漁業ニ関スル日露協約案ヲ作成シ之ヲ以テ本野公使ヲシテ急速露国政府ト談判為致度ト存候間右至急閣議決定ノ上別紙案ノ如キ談判全権御委任状ヲ同公使ニ御授与相成候様致度候（以下略、傍線：引用者）[29]

結果的に、一九〇七（明治四〇）年九月一一日に「日露漁業協約」（条約第五号）が裁可され、「露西亜帝国政府ハ本協約ノ規定ニ依リ河川及入江（インレット）ヲ除キ日本海、「オコーツク」海及「ベーリング」海ニ瀕スル露西亜国沿岸ニ於テ膃肭獣及臘虎猟以外ノ一切ノ魚類及水産物ヲ捕獲、採取及製造スルノ権利ヲ日本国臣民ニ許与」[30]した。条約にもとづいた露領漁業のスタートであった。

（五）露領漁業と漁業資本の発達

「日露漁業協約」締結以後、露領漁業は操業環境を安定・向上させた。露領漁業は次第に規模を拡大し、着業形態も多様化していった。漁業資本は関連会社を多数設立登記し、資本投下を続けていた。新潟県出身の堤清六

表2-6　漁業資材取扱額の港別推移(円)

	函館港	小樽港	青森港	大泊港
1910(明治43)年	4,367,635	466,064	46,679	12,767
1915(大正4)年	7,024,347	302,016	19,646	13,700
1920(大正9)年	24,782,528	715,149	513,334	132,515
1924(大正13)年	24,541,111	4,104,282	2,957,748	3,851

註）農林省水産局『露領漁業関係統計』(昭和2年3月)，1927年，74頁の綴込みより作成。

と函館出身の平塚常次郎らにより興された堤商会は、後に日魯漁業(現在のマルハニチロ株式会社)に発展し、露領漁業権益の多くを掌握した。日魯漁業は、函館に製網所や製缶所(後に日魯鉄工所)、それに造船所までつくった。

その他の漁業関連資本も流入し、例えば、現在では容器に関する総合メーカーとなった東洋製罐も、三井物産の協力のもと進出した。その結果、函館など北海道内のいくつかの都市では、漁業資材の補修・製造に関する産業が盛りあがりをみせるようになった。例えば、函館港の漁業資材取扱額は急増したし、倉庫業、製缶業、機械製造業、造船業など水産にかかわる産業が函館経済の基幹部分を構成するようになり、これら産業に従事する労働者が数多く集まった(表2-6参照)。日魯漁業だけをみても、雇用契約を結んでいる漁夫や雑夫が約八〇〇〇人いたほか、関係する漁船の乗組員や荷役人夫などが数千人規模で働いていた(31)。

もともと北海道の漁業は、鰊・鮭(鱒を含む)・昆布の三種に依存する経営構造を有していた。統計がそろう一八九〇年代をみると、北海道漁業の水揚げ金額の四割前後がこの三種で占められていた。とりわけ、道南から日本海側の道央圏にかけておこなわれた鰊漁(漁法としては刺網・定置網・繰網など)による水揚げは大きく、最盛期には北海道全体での水揚げの三割を占めることもあった。鰊は、魚油や魚粕などの非食用に多くが仕向けられ、鮭(鱒を含む)は、素乾や塩蔵などの低次加工用に仕向けられた。北海道で生産される水産物の多くが、低付加価値品として出荷されていたことがわかる。これは、日本人が露領で漁区を借り受け実施していた各種

表2-7　露領における水産加工品の邦人製造高(円)

	塩魚(鮭鱒)	缶詰(鮭鱒)	缶詰(蟹)	搾粕(鰊)	筋子・イクラ	魚油(鰊)
1910(明治43)年	3,319,369	5,600	—	164,636	147,868	—
1915(大正4)年	4,956,849	1,289,246	—	89,146	81,359	8,853
1920(大正9)年	13,162,639	12,986,490	120,060	273,570	980,459	7,466
1924(大正13)年	15,110,269	16,258,214	1,401,120	277,500	1,261,493	9,457

註）農林省水産局『露領漁業関係統計』(昭和2年3月)，1927年，40-43頁より作成。

漁業(鰊漁・鮭鱒漁が中心)についても同じであった(32)。

こうした生産構造は、「日露漁業協約」の締結以降変化をみせはじめる。租借漁区を安定的に確保できるようになったことと、一九一〇(明治四三)年頃から缶詰製造およびイクラ製造が、生産技術の進展で事業化の道を歩みはじめたことによる。特に缶詰は、イギリスならびにアメリカへの輸出産品となって、わが国の貴重な外貨獲得の手段となり、露領漁業の役割に重みをもたせた。これにともない、漁業への資本の流入が加速し、北の海は一躍有望海域へと変化した。大正年間を通じて、缶詰生産が軌道にのり、海外販路も拡大したことで、露領における水産加工品の生産金額に占める缶詰の割合は、低次加工品(塩魚や搾粕)を上回るようになる(表2-7、図2-3参照)。

資本の流入と生産構造の変化は、漁船の動力化や大型化を後押しした。大正期においては、露領漁業に使用された汽船隻数ならびに就業者数は一貫して増加した(図2-4参照)。一九一〇(明治四三)年に三三隻(計一万三一九〇トン)であった汽船隻数は、一九二五(大正一四)年には二一七隻(計一六万七二一〇トン)となった。就業者数は、一九一〇(明治四三)年に七六一三人であったのが一九二五(大正一四)年には二万一一四七人となった(33)。

初期投資負担や地政学的リスクは高くなるものの、露領漁業の生産効率や利益率は極めて高かった。はたして、漁業資本等の資本投下は続き、日魯漁業のほか、共同漁業(現在の日本水産株式会社)や林兼商店(大洋漁業を経て現在はマルハニチロ株式会社)などの大手水産が露領漁業に相次いで参入した。

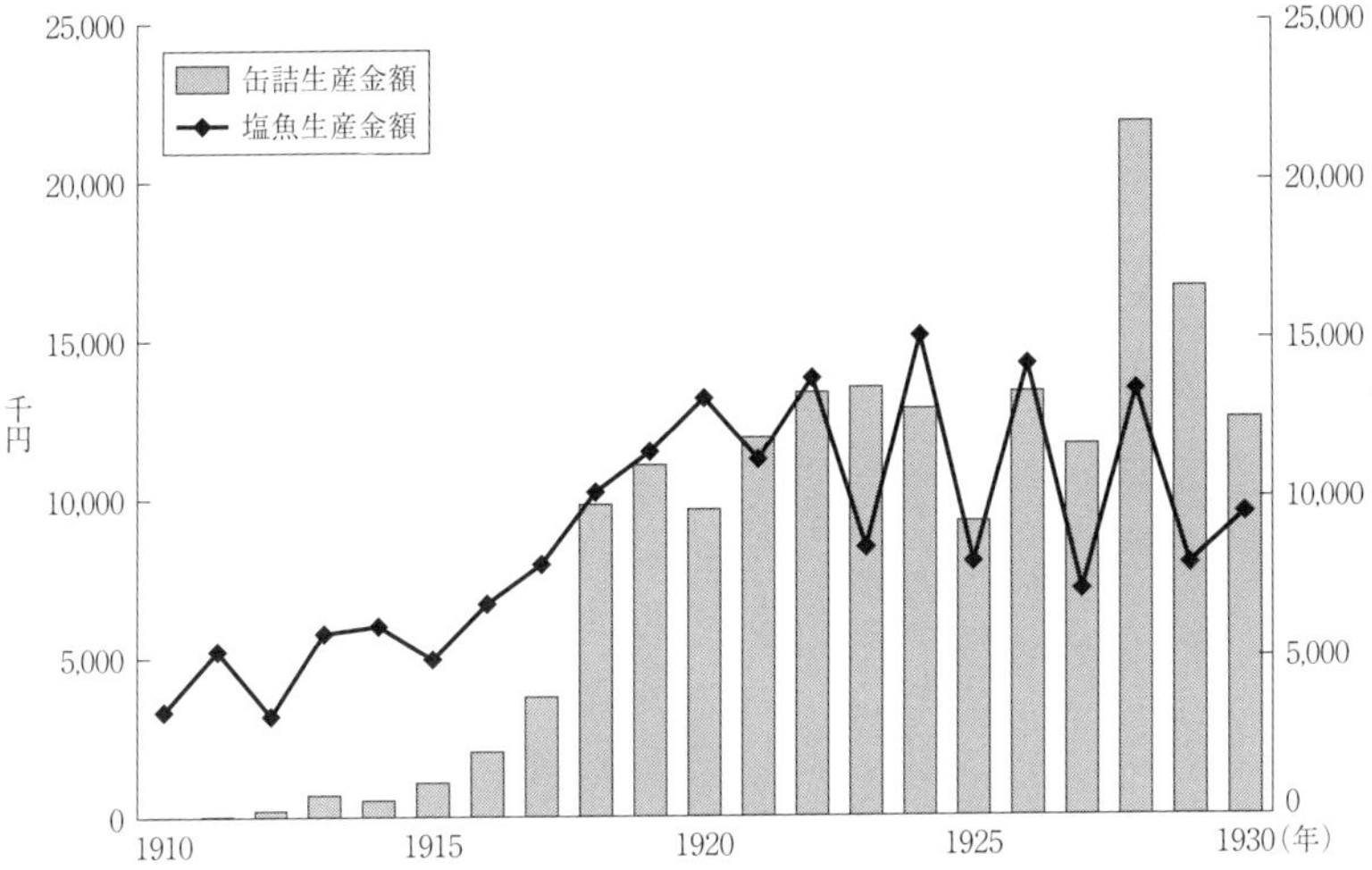

図 2-3　露領漁業における水産製造金額

註）露領水産組合『露領漁業の沿革と現状』，1935 年，90-91 頁より作成。

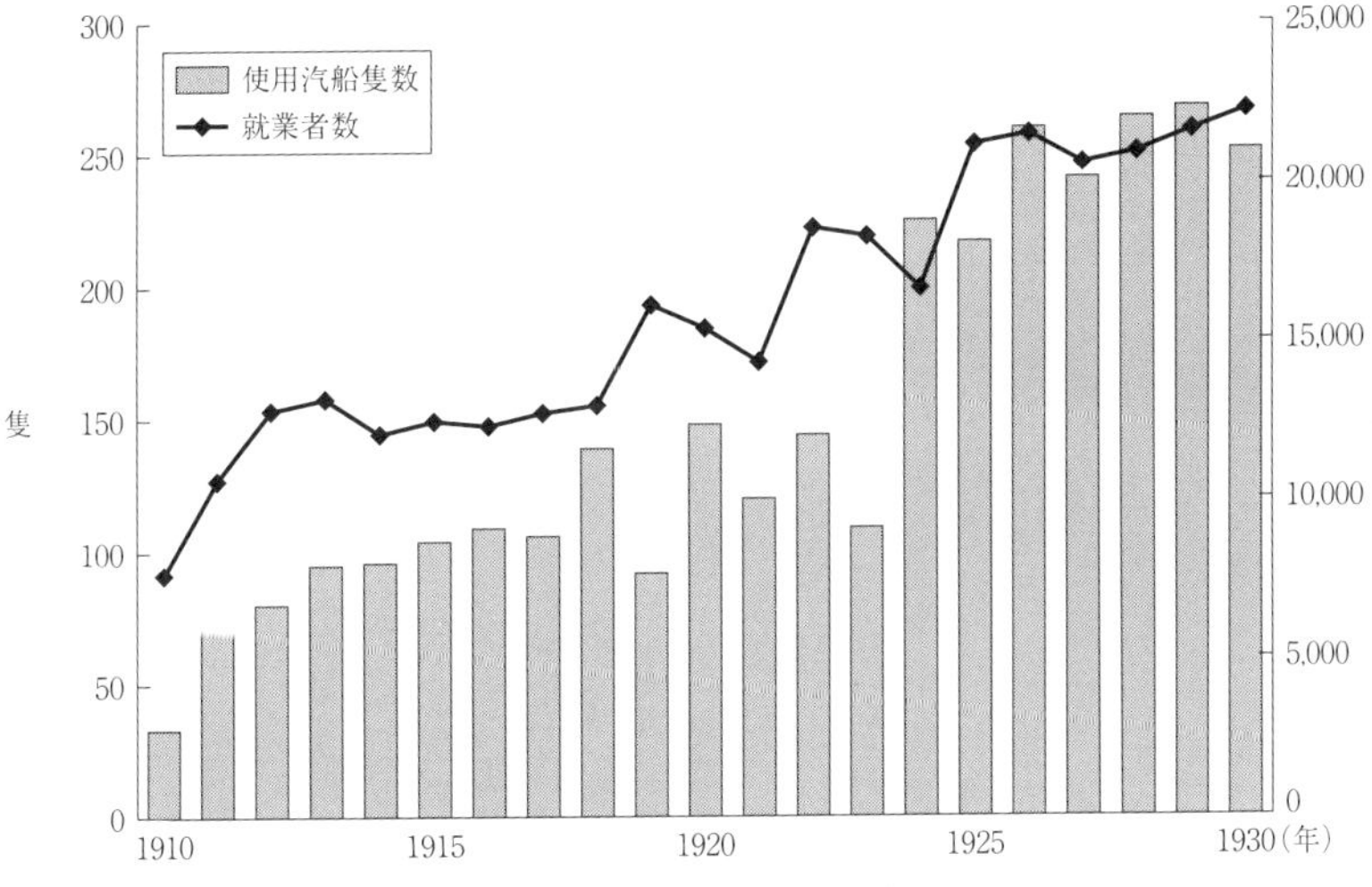

図 2-4　露領漁業への出漁状況

註）露領水産組合『露領漁業の沿革と現状』，1935 年，86-87 頁より作成。

表2-8　露領における蟹工船の操業動向

	出漁母船数	総トン数(1隻あたり)		乗組員数	製造函数(1函48ポンド)
1920(大正9)年	1	175	175.0	—	300
1921(大正10)年	3	864	288.0	—	4,017
1922(大正11)年	5	1,661	332.2	—	8,317
1923(大正12)年	17	9,462	556.6	—	35,490
1924(大正13)年	7	9,736	1,390.9	1,013	42,133
1925(大正14)年	8	15,835	1,979.4	2,039	108,568
1926(昭和1)年	12	28,503	2,375.3	3,601	229,072
1927(昭和2)年	17	40,902	2,406.0	5,653	330,130
1928(昭和3)年	14	35,065	2,504.6	4,697	310,968
1929(昭和4)年	15	37,451	2,496.7	5,027	346,732
1930(昭和5)年	19	63,916	3,364.0	7,229	405,882

註）蟹缶詰発達史編纂委員会編『蟹缶詰発達史』霞ヶ関書房，1944年，630-644頁より作成。

大手資本の参入によって、新たな漁法も試みられるようになる。代表格ともいえるのが、鮭・鱒・蟹の各工船漁業(母船式漁業)であった。従来、北海道、樺太、千島列島のそれぞれでも、沿岸で漁獲された鮭・鱒・蟹などを陸地の加工場に運搬して、塩蔵品や缶詰等に処理していた。ところが、乱獲などで沿岸資源が先細りとなり、漁場が外延化していった。これにともなって、漁場と加工場とが離れ、運搬による鮮度劣化が課題となった。工船漁業は、母船に搭載した川崎船もしくは独航附属漁船が漁獲した漁獲物を、母船の船上で迅速に加工処理し、鮮度劣化を最小限にとどめようとして考案された。とりわけ、蟹の鮮度維持は難しく、工船漁業の主役を蟹工船が担ったことにはそうした理由があった。

一九二〇(大正九)年以降に事業化の道が開かれた工船蟹漁業は、次第に業容を拡大し、一九三〇(昭和五)年には、一九隻の母船が出漁して四〇万函以上の蟹缶詰を製造した〔表2-8参照〕。この頃には母船の規模も大型化し、二〇〇〇トンから三〇〇〇トンクラスの貨客船などが蟹工船に改修され、一隻に三〇〇人以上の漁夫や雑夫を含む乗組員が乗船して、蟹の漁獲や缶詰製造にあたった。蟹工船の多くは、露領漁業の関連産業が集積していた函館を根拠地として操業した。

このように日本は、露領漁業権益を筆頭に、日清・日露両戦役の処理を巡って巨大な漁業権益を獲得し関連産業を発達させた。しかし、権益はあくまで富源であり、これを財貨へと転換する手段が必要となる。漁業権益を財貨へと効率よく転換するためには、輸出産業としての遠洋漁業を開発する人材が不可欠となる。輸出産業のさらなる発達を支えるためにも、切れ目ない人材の供給が望まれていた。

農商務省は、遠洋漁業開発を担う人材が不足していることを認識していた。千葉県地方紙『東海新聞』(一九〇六(明治三九)年六月二一日付)に、下啓助の談話として掲載された「遠洋漁業の現況に就て」と題する記事にそのことがみてとれる。後に官立水産講習所の所長となる下は、この記事が掲載された当時、農商務省水産局の技師を務めていた。長文となるけれども記事を転載する。

現今の我遠洋漁業は貴重海獣毛皮を取るの業第一位を占め、魚類を漁するの業は未だ甚だ幼稚の域を脱せず、而して海獣猟業を昨年度《（ママ）》に於て示したる成績は、実は特殊にして爾後毎年果して斯くの如くなり得るや否は断定し難し、又昨年は海獣毛皮の価格倫敦に於て稀なる高騰を呈したるが故に、意外の利益を収めたるものとす。

以上は我遠洋漁業現況の概要にして、之を欧米諸国の状況に比すれば、未だ微々たりと謂はざるを得ずと雖も、将来開発の余地充分なるを想へば、斯業も亦多望なりと信ぜざる可からず、而して何等の事業も事に当るべき人材を要するは無論にして、漁業の如きは殊に最も経験に富む者を得て、始めて完全に従業することを得べし、然るに目下漁猟職員免状を有するものは甲乙丙三種漁猟長合して七十九人、漁猟手二百二十八人に過ぎず、此外免状を有せざるも、漁猟長たり漁猟手たるべき技量を備ふる者多少之れ有りと雖も、要するに漁猟職員は甚だ少人数なりとす、此時に方りて遠洋漁業の計画を立つる者の続出しつゝあるは、喜ぶべきに似たれども、亦其人を得るの点に於て甚だ困難なるべしと思はる、果して然らば目下の急務は人材養成にあり、余輩は当業者は其所有漁船に於て簡易なる方法を以て、漁猟手以上の教育を施すの方法を講じ、漁船の上級職員は能く後進を誘導して適当の知識を具備せしむるに勉めんことを望む、斯の如くにして、政府の奨励と当業者の努力と相待つて、斯業は益々進運の境に至ることを得ん哉（傍線：引用者）。

下啓助はまず、日本では海獣猟で遠洋漁業が大きな利益をあげるようになったけれども、魚類を対象とした遠洋漁業はまだまだ幼稚であり、利益をあげている海獣猟も、良好なロンドン市場での市況を受けたもので今後も利益を出し続けられるとは限らないと分析する。そのうえで日本の遠洋漁業は、欧米諸国との比較ではまだ開発の余地は大きく、遠洋漁業のような特殊な産業の開発には専門の人材を確保することが大切であると述べる。そして農商務省としては、漁猟職員制度を創出し人材を養成しているところであるものの、遠洋漁業に着手しようとする者が続出するなかでは技能を有した人材ははなはだ少なく、「目下の急務は人材養成にあり」との見解を示したのであった。

農商務省内においても、遠洋漁業開発の推進役となり得る人材の確保を、押し迫った課題としてとらえる意識が芽生えていたのである。「政府の奨励と当業者の努力と相待つて、斯業は益々進運の境に至る」ことを望んだ農商務省の施策、具体的には遠洋漁業従事者の不足を補うための施策は、「遠洋漁業奨励法」の改定に反映される。これについては、次節において詳らかにする。

第二節　遠洋漁業従事者養成における「遠洋漁業奨励法」の役割

（一）「遠洋漁業練習生規程」の制定

一八九七（明治三〇）年の「遠洋漁業奨励法」（法律第四五号）制定時点で、農商務省はすでに、人材養成の必要性を認識していた。「遠洋漁業奨励法」の第八条において、「農商務大臣ハ第五条ノ許可ヲ受ケタル者ヲシテ遠洋漁業ニ関スル調査ヲ為サシメ又ハ遠洋漁業練習生ヲ該船舶ニ乗組マシムルコトヲ得」として、「遠洋漁業ニ従事スヘキ技術者ヲ養成スル」[34]遠洋漁業練習生制度を創出していた。さらに、第一〇条においては「遠洋漁業ノ監督及遠洋漁業練習生ヲ養成スルノ必要アルトキハ農商務大臣ハ第一条ニ掲クル金額ヨリ十分ノ一以内ヲ支出シ其ノ費用ニ充ツルコトヲ得」として、遠洋漁業練習生の養成にも、遠洋漁業奨励金を支出することを可能にし、国家予算の投入による制度の維持をはかった。

遠洋漁業練習生の採用方法や待遇といった詳細は、一八九八（明治三一）年の「遠洋漁業練習生規程」（農商務省告示第二〇号）において規定された。

遠洋漁業練習生規程（一八九八（明治三一）年、農商務省告示第二〇号）

第一条　遠洋漁業練習生ハ遠洋漁業ニ関スル技術ヲ練習スルモノトス

第二条　遠洋漁業練習生ハ左ノ資格ヲ有スル者ヨリ試験ヲ経テ採用スルモノトス但時宜ニ依リ特ニ選抜採用

スルコトアルヘシ

一　水産講習所卒業生

二　旧大日本水産会水産伝習所卒業生

三　前二号ト同等以上ノ学術技能ヲ有スルト認ムルモノ

第三条　遠洋漁業練習生ハ二十人ヲ以テ定員トシ其修業年限ハ三年トス

前項遠洋漁業練習生ノ定員及修業年限ハ時宜ニ依リ之ヲ伸縮スルコトアルヘシ

第七条　遠洋漁業練習生ニ支給スヘキ手当金ハ一箇月金十五円以内トス（傍線：引用者）

第二条規定からは、水産伝習所もしくは官立水産講習所卒業程度の学力を有する者を遠洋漁業練習生に採用し、三年間教育することで、遠洋漁業開発を牽引することが可能な「技術者」を養成しようとしていたことがわかる。修業年限の三年間については、「一箇年ハ水産講習所ニ在テ学科ヲ修メシメ以後二箇年ハ遠洋漁船ニ乗組ミ練習」[35]することになっていた。そのため、「遠洋漁業練習生規程」の制定にあわせて「水産講習所伝習生規程」が改定（一八九八（明治三一）年、農商務省告示第一六号）され、「遠洋漁業練習生規程ニ依リ採用セラレタル遠洋漁業練習生ハ其修業年限間研究生トシ所設ノ科目ヲ研究」[36]することとされた。

修業期間中は、手当てとして毎月一五円を上限に支給することも明記された。一八九八（明治三一）年現在の全国町村長の平均月俸一〇円五一銭[37]と比較してみると、その待遇の水準に驚かされる。政府が、遠洋漁業開発に対して指導的役割を果たすことができる人材に「相当ノ待遇」[38]を示した結果であろう。

二年後の一九〇〇（明治三三）年の「遠洋漁業練習生規程」改定（農商務省告示第四五号）では、第七条に「遠洋漁業練習生ニシテ特ニ外国派遣ヲ命シタルトキハ前項ニ依ラス相当ノ手当ヲ支給ス」との一文が加えられた。すなわち、外国の漁撈技術を学び取る目的で、遠洋漁業練習生を「相当ノ手当ヲ支給」して外国に派遣することが可能となり、遠洋漁業練習生への期待はますます大きくなっていった。「遠洋漁業練習生規程」が全面改訂された一九〇四（明治三七）年の農商務省告示第九二号でも、第二条で「農商務大臣ニ於テ外国ノ船舶ニ乗組ヲ命シ」[40]ることや「外国ニ派遣ヲ命シ」ることがあると明記された[39]。当然、国費による「練習」「派遣」「旅行」「調査」であった。

この制度に則って外国に赴いた者に国司浩助がいる。国司は山口県の士族で、官立水産講習所本科漁撈科を一九〇七（明治四〇）年七月に卒業し、同講習所遠洋漁業科に進学するとともにイギリスに留学した[41]。国司はドイツでも学び帰国し、一九一〇（明治四三）年五月に官立講習所を卒業した[42]。その後、田村市郎が興した創業間もない田村汽船漁業部（後の共同漁業株式会社、現在の日本水産株式会社）において、海外で学んだトロール漁業研究の成果を活かすため奔走し、許可の六割以上をにぎる日本最大のトロール会社にまで成長させた。

ところで、一八九八（明治三一）年の「遠洋漁業練習生規程」において、遠洋漁業練習生の「定員」が二〇名とされているけれども、これは毎年二〇名を採用することを示しているのではなく、採用されている練習生の総数を示したものであった[43]。

大日本水産会『大日本水産会報』（第一九三号）に記されている、遠洋漁業練習生制度が整備されてはじめての採用試験（一八九八（明治三一）年六月二七日・二八日）の実態をみると、第一回の遠洋漁業練習生採用試験が、体格検査と学科試験（「漁撈」、「漁船運用」、「海洋地文及気象」の三科目）から構成されていたこと、そして志願者一〇名から六名を選抜しようとしたことがわかる。

遠洋漁業練習生規程に拠り出願したる遠洋漁業練習生志願者に対し農商務省に於ては去二七八の両日間体格

表 2-9　1898 年および 1899 年採用の遠洋漁業練習生

氏名	採用	練習修了	修了時年齢	就職先
宮澤九萬男	1898年7月	1900年5月	24歳	官立水産講習所所属試験・練習船運転士兼漁猟長
南摩紀麻	1898年7月	1901年7月	24歳	和歌山県水産試験場技手
藤田勘太郎	1898年7月	1901年7月	23歳	農商務省技手
高原剛太郎	1898年7月	1902年2月	25歳	第三千島丸測量士兼銃手
志村次郎	1898年7月	1902年2月	34歳	秋田県南秋田郡水産巡回教師
木村廣三朗	1898年11月	1901年8月	27歳	石川県技手
石野敬之	1899年5月	1902年7月	21歳	千葉県遠洋漁業株式会社勤務
高橋瀏二	1899年5月	訓練中	—	—
松崎彌一	1899年5月	1902年7月	26歳	一年志願
森茂樹	1899年5月	1902年7月	28歳	鳥取県技手

註 1)「一年志願」とは,「徴兵令」(1889 年, 法律第 1 号) 第 11 条にもとづいた兵役義務の履行。
註 2) 農商務省水産局『遠洋漁業奨励事業成績』, 1903 年, 44 頁より作成。

検査と学科試験とを挙行せり志願者は拾名にして本年度採用すべき予定人員は六名なれは成績の優等者より順序採用する筈にて学科試験は漁撈、漁船運用海上（ママ）地文及気象の三科にて其問題は左の如し

漁撈　（第一問）　漁撈上に及ほす漁場の地文と生物の習性との関係は如何其概要を説明すべし

（第二問）　生物の種類同一にして之が漁撈の方法同一なる場合と同一なること能はざる場合ありや適例を挙げ其理由を説明すべし

漁船運用　（第一問）　遠航に適する漁船と適せざる瀛船の種類を大別し其理由を説明すべし

（第二問）　本邦瀛船に於ける荒天処置法の概要を説明すべし

海洋地文及気象　（第一問）　波浪潮汐海流なる海水動揺の

原因を説明すべし
（第二問）　貿易風及反対貿易風の起因を説明すべし(44)

この第一回の採用試験に合格した者を含む、一八九八（明治三一）年七月から一八九九（明治三二）年五月までの間に採用された者（「中途解免」者を除く）一〇名について、その就業動向等を示すと〔表2-9〕のようになる。一〇名の修業期間は二年から四年の間であり、「遠洋漁業練習生規程」の第三条で「修業年限ハ時宜ニ依リ之ヲ伸縮スルコトアルヘシ」とされたように、必ずしも三年間というわけではなかったことがわかる。課程修了後は、官立水産講習所の所属船乗組員や、農商務省または府県の技手の職等に就いている。

ただ、こうした遠洋漁業練習生だけでは、安定的に遠洋漁業を開発することが可能な人材の供給には不安があった。遠洋漁業練習生は、一八九八（明治三一）年から一九〇一（明治三四）年までの四年間に二五名が採用（一八九八（明治三一）年度採用八名、一八九九（明治三二）年度採用四名、一九〇〇（明治三三）年度採用六名、一九〇一（明治三四）年度採用七名、このうち一八九八（明治三一）年度の二名と一九〇〇（明治三三）年度の一名が「中途解免」された）にすぎない(45)。かかる状況において、遠洋漁業練習生制度だけに頼らない、漁業従事者養成制度の確立が求められるようになっていった。

（二）「遠洋漁業奨励法」の改定と漁猟職員資格の創出

政府も、遠洋漁業練習生以外の遠洋漁業従事者を確保・育成することの必要性を理解していた。一八九七（明治三〇）年の「遠洋漁業奨励法」第五条において、遠洋漁船に対する奨励金の下付に加えて「乗組総員毎一人一箇年十円」の奨励金の下付がおこなえるように規定していたのはその意志のあらわれであった。

漁業従事者養成の必要性を訴える声は地方からもあがった。一九〇二(明治三五)年に、「遠洋漁業奨励法改正ノ資料ニ供センカ為メ[46]」、農商務省水産局が各府県水産試験場および水産講習所長に意見を求めたときのことであった。福岡県水産試験場から「遠洋漁業奨励法ニ就テノ希望」として、「現在ノ漁業者ハ小漁船上ニ於テノ動作ハ敏活ナルモ汽船若クハ大ナル帆船上ニアリテハ全ク境涯ノ変化ノ為メ勝手悪シク動キ遅鈍トナリテ小船上ニ於ケル如キ漁獲ヲ為ス能ハス[47]」との意見が提出されたのである。大型西洋帆船や汽船をもちいて操業する遠洋漁業は、和船に乗り組み漁業に従事してきた漁夫にとって「境涯ノ変化」以外の何ものでもなく、それが「遠洋漁業ヲ為シ将来ニ継続スルノ見込アルモノ[48]」を育てることができない要因になっていると指摘するものであった。

同様の声はいくつかの府県水産試験場・講習所から具申され、広く遠洋漁業を発展させるには、高度な知識と技能を有する人材が必要であることを、改めて農商務省に知らしめた。

農商務省は、一九〇五(明治三八)年の「遠洋漁業奨励法」改定(法律第四〇号)で、「漁猟長[49]」、「漁猟手」、「漁猟夫」からなる「漁猟職員[50]」制度を創出する。そして、従来の乗組員に対する奨励金制度にかえて、各漁猟職員を認許漁船に乗船させる場合においてのみ、「漁猟員奨励金」を下付することとした。専門職に対する奨励に限定することで、その育成をはかったのであった。一年間に支払われる奨励金の上限額は、従来の乗組員一人につき一〇円から、漁猟長七二円、漁猟手三六円、漁猟夫一二円となった。

遠洋漁業奨励法(一九〇五(明治三八)年、法律第四〇号)

第三条　主務大臣ハ遠洋漁船検査規程ニ合格シタル日本船舶ヲ以テ遠洋ニ於ケル漁猟業又ハ漁獲物ノ処理運搬業ニ従事スル者ニ対シ其ノ業務ノ種類、場所、期間並船舶ノ構造、噸数及年齢ニ従ヒ率ヲ定メ五

箇年ヲ超エサル期間ニ於テ漁業奨励金ヲ下付スルコトヲ得但シ一箇年ノ定額ハ左ノ制限ヲ超ユルコトヲ得ス

一汽船総噸数毎一噸　二十二円
一帆船総噸数毎一噸　十八円

第四条　主務大臣ハ前条ニ依リ奨励金ヲ受クヘキ漁猟船乗組ノ漁猟員ニ対シ漁猟業ノ種類、場所及期間ニ従ヒ率ヲ定メ漁猟員奨励金ヲ下付スルコトヲ得但シ一箇年ノ定額ハ左ノ制限ヲ超ユルコトヲ得ス

一漁猟長毎一人　七十二円
一漁猟手毎一人　三十六円
一漁猟夫毎一人　十二円

第五条　主務大臣ハ予メ許可シタル方法及設計ニ依リ遠洋漁船検査規程ニ定ムル構造ニ適合シタル日本船舶ヲ新造シ若ハ新造セシメ又ハ日本船舶ニ新造ノ機関ヲ据附ケ若ハ据附ケシメタル船舶所有者ニ対シ其噸数、馬力ニ従ヒ率ヲ定メ漁船奨励金ヲ下付スルコトヲ得但シ左ノ制限ヲ超ユルコトヲ得ス

一船体総噸数毎一噸
　鉄、鋼船　四十円
　木鉄交造又ハ木鋼交造　三十五円
　木製　三十円
一蒸汽機関実馬力毎一馬力　十円
一石油発動機関純馬力毎一馬力　二十円（傍線：引用者）

漁猟職員は、漁猟活動を指揮監督する業務を担った。そればかりか、漁猟長にいたっては、「船長ノ行フヘキ

職務ハ船長ヲ乗組マシメサル総噸数二十噸未満ノ船舶ニ在リテハ漁猟長之ヲ行フ」[51]とされ、船長の職務を遂行することが許されていた。現代の漁撈長は、操業全般の指揮監督をおこなう点で漁船においては船長より上位の職位となっているものの、職業資格として位置づいてはいない。「遠洋漁業奨励法」で漁猟職員制度が創出され、操業の指揮監督に国家資格が必要とされたことは、当時の遠洋漁業がその開拓と操業には高度で専門的な人材を必要とする産業とみなされていたことを意味している。

ところで、漁船も船舶にはちがいない。にもかかわらず、農商務省が逓信省の定めた「船舶職員法」に拘束されずに、漁猟長資格を独自に策定することができたのは、「船舶職員法」（一九〇五（明治三八）年、法律第六九号）第七条において、「漁猟其ノ他特殊ノ目的ニ専用スル船舶」は、「職員ニ関シ別段ノ規程ヲ設クルコトヲ得」とされていたためであった。

（三）　漁猟長・漁猟手の職能と資格制度創出の意味

今日にいたるまで、船舶においては船長が運航上の絶対的な権限を有している。一八九九（明治三二）年の「船員法」では、船長は「海員ヲ指揮、監督シ及ヒ船中ニ在ル者ニ対シ其職務ヲ行フニ必要ナル命令ヲ為ス」[52]だけではなく、海員に対して、監禁、上陸禁止、加役、減給の四種からなる懲戒を発動する権利（懲戒権）までをも認められていた[53]。懲戒権を発動するに値する行為として、同法第三六条では一一の事例を示している。その第一例が、「海員カ上長ニ対シテ尊敬又ハ従順ノ道ヲ失ヒタルトキ」であり、船舶では船長を頂点としたヒエラルキー構造が築かれていた。

漁猟長が船長の職務を遂行することができるとされたことは、漁猟職員（漁猟夫を除く）を選抜する試験科目にも影響を与えた。すなわち「漁猟職員試験規程」(一九〇五(明治三八)年、農商務省告示第一五四号)では、漁猟長の試験科目(筆記および口述)として「漁猟」や「造船大意」、「海洋学」、「法規」、「救急療法」のほか、船舶運用に関する「航海術」や「漁船運用術」が設定された(54)。漁猟長が船長職を兼務する能力として、船舶を航行させる知識と技能を身に付けておく必要があったことを反映している。

漁猟長のみならず、漁猟手も職業資格として明確な位置づけが与えられるようになる。一九〇七(明治四〇)年の「遠洋漁業奨励法施行細則」では、「漁業奨励金ヲ受クヘキ遠洋漁猟船ニシテ本船ヲ以テ鯨猟業ヲ為スモノニ在リテハ砲手ノ職務ハ漁猟長又ハ漁猟手ヲシテ之ヲ行ハシムルコトヲ要ス(55)」と規定され、捕鯨砲を用いて鯨猟をなす船舶は、奨励金を得ようとするならば、今日でいう業務独占資格保持者として「漁猟長」または「漁猟手」のいずれかを乗船させなければならなくなった。

ただ漁猟夫については、漁猟長や漁猟手とはちがいその職名を名乗るために必要な要件が規定されなかった。よって、「漁猟夫」を職業資格とみなすことはできない。漁猟長ならびに漁猟手の資格を得るための要件については、水産教育との関係から後述する。

一九〇五(明治三八)年の「遠洋漁業奨励法」第四条規定による、漁猟職員を対象とした奨励金下付制度と、従来の「乗組総員毎一人一箇年十円」の奨励金を下付していた制度との差異は、漁猟職員資格による奨励金下付額に開きを付けたことだけではない。差異の詳細は、一九〇五(明治三八)年の勅令第一一四号によって規定された。勅令では、「遠洋漁業奨励法ニ依リ奨励金ヲ下付スルコトヲ得ヘキ漁猟員ハ漁猟長、漁猟手又ハ漁猟夫ニシテ年齢満十六年以上ノ男子ニ限ル(56)」と規定することで、漁猟長、漁猟手、漁猟夫の「漁猟職員」は一六歳以上の男子に限定するとともに、いずれかの資格を有する者にのみ奨励金を下付するとした。すなわち、一九〇五(明治三八)年以降、新たに遠洋漁業に乗り出そうとする資本家や、出漁免許を更新しようとする資本家は、雇用する者が有資格者でなければ、国庫から漁猟員奨励金の交付を受けることができなくなった。この制度改定によって、資本家は、有資格者の確保に乗り出さなければならなくなったと同時に、遠洋漁猟船に乗り組む者は資格保持者であることが望ましいのではなく、資格保持者でなければならない環境がつくられた。

先行研究では、一九〇五(明治三八)年の「遠洋漁業奨励法」の全面改定は、漁猟船に対する奨励額の増額(汽船は一トンごと一五円から二二円、帆船は一トンごと一〇円から一八円)[57]や、奨励金を受けることができる船舶の総トン数制限の大幅な緩和(従来は五〇トン以上の汽船もしくは三〇トン以上の帆船を対象としていたのが、漁猟種にもよるけれども帆船は一〇トン以上から奨励金下付)[58]、さらには漁船の動力化をうながすための蒸汽・石油機関に対する奨励などが注目されてきた。

そのため、この改定を近代漁業史研究では、「わが国漁業の実情により即応し、また現実的可能性の高い内容のものに充実」され、「名実ともに沖合遠洋漁業推進の牽引車となることができた」と評価されていた[59]。しかし、遠洋漁業従事者資格の体系を整備したという意味においても、一九〇五(明治三八)年の「遠洋漁業奨励法」の全面改定は画期となる展開として評価されなければならないといえる。

第三節　「遠洋漁業奨励法」と官府県立水産講習所

(一)　「遠洋漁業奨励法」における官立水産講習所の位置

一九〇五(明治三八)年の「遠洋漁業奨励法」改定によって創出された漁猟職員資格のうち、「漁猟長」資格についてのみ、「遠洋漁業奨励法施行細則」(農商務省令第一一号)をもって三段階に細分化されていた。すなわち、基礎資格(乗船履歴と保有船舶職員免状)の程度を反映した「甲種漁猟長」、「乙種漁猟長」、「丙種漁猟長」の区分が設けられた。

それぞれの免状の効力であるけれども、甲種漁猟長は、航路定限にかかわりなくいかなる船舶においても漁猟長の職務を遂行できた。航路定限とは、「遠洋航路」、「近海航路」、「沿海航路」、「平水航路」の四種からなり、一八九七(明治三〇)年の「船舶検査法施行細則」(逓信省令第六号)によってはじめて規定された、船舶ごとに定められる航行可能範囲のことである。

乙種漁猟長は、「近海航路ニ於テ漁猟業ニ使用スル遠洋漁船ニ限リ(60)」漁猟長たることが認められた。丙種漁猟長は、「総噸数二十噸未満ノ遠洋漁船ニ限リ(61)」漁猟長の職に就くことができた。丙種漁猟長の職務権限は、一九〇九(明治四二)年以降、近海「航路内ニ於テ総噸数五十噸未満ノ遠洋漁船ニ限リ(62)」漁猟長の職に就くことが許されるまでに強められている。

なお航路定限は、船舶の性能に左右される。船舶の性能が向上すれば、安全に航行できる範囲が広がるため、航路定限は見直しを受ける。一九〇五(明治三八)年現在の航路定限は、一九〇〇(明治三三)年の逓信省令八七号「船舶検査法施行細則」で規定された。

遠洋航路は、日本の港と海外の港を結ぶ航路をさし(63)、遠洋航路の航行を認められた船舶に乗り組むことが多くの船乗りの憧れとなっていた。近海航路とは、「東経百十二度ヨリ同百六十度及ヒ北緯二十一度ヨリ同五十五度ニ至ル線内ノ航路(64)」をさす。沿海航路は、日本国内の各港を結ぶ航路であり、二九海区が指定された(65)。平水航路とは、基本的に湖や川、港内のいわゆる平水区域をさす。ただ、これ以外にも内海や湾内の二点を結ぶ航路も平水航路に指定されており、全国各地の二九海区がこれに相当した(66)。

さて、漁猟長資格を細分化した「遠洋漁業奨励法施行細則」は、本来、「遠洋漁業奨励法」にもとづいて奨励金を受けるための申請方法や、遠洋漁船の検査・登録方法などを示した法令であった。ところが、一九〇五（明治三八）年の改定以降は、「遠洋漁業奨励法」によって漁猟職員資格が創出されたことを受け、これら資格にかかわる事項についても規定するようになった。

先に、一九〇五（明治三八）年の「遠洋漁業奨励法」によって遠洋漁業従事者資格の体系が整備されたことを漁業史上の見過ごすことのできない点と述べたけれども、その意義をより実効性のあるものとしたのがこの「遠洋漁業奨励法施行細則」であった。なぜなら、同施行細則の第三〇条において、乙種漁猟長試験を受験しようとする者は「丙種漁猟長免状、海技免状又ハ水産講習所漁撈科卒業証書ヲ有シ二箇年以上遠洋漁猟船ニ乗組ミタル者」と規定したためである。これは官立水産講習所漁撈科卒業という学歴資格を、乙種漁猟長資格取得にかかわる基礎資格に位置づけることとなり、職業資格制度に水産教育機関を位置づける端緒となった。

さらに注目すべきは、同施行細則の第三二条において、「農商務大臣ハ遠洋漁業練習生ノ修業証書又ハ水産講習所遠洋漁業科ノ修業証書ヲ有スル者ニ対シ試験ヲ用ヰスシテ相当ノ免状ヲ交付スルコトヲ得」とされたことである。この規定は、遠洋漁業練習生と官立水産講習所遠洋漁業科卒業生は無試験で漁猟職員資格を得る道が開かれたことを意味するとともに、近代化していく「水産の世界」で、学歴資格と職業資格が一体化したことをも意味したのであった。一九〇五（明治三八）年の「遠洋漁業奨励法」改定とその施行細則は、職業資格との関係で水産教育機関を位置づけ、その後の水産教育機関の展開や期待される役割に甚大な影響を及ぼすことで水産教育史上でも画期となったといえる。

遠洋漁業奨励法施行細則（一九〇五（明治三八）年、農商務省令第一一号）

第三十条　漁猟職員試験ヲ受ケムトスル者ハ其ノ左ノ各号ニ該当スルコトヲ要ス
　甲種漁猟長
　一　乙種漁猟長免状ヲ有シ一箇年以上其ノ職ヲ執リタル者又ハ各種船長、甲種一等運転士甲種二等運転士若ハ乙種一等運転士ノ免状ヲ有シ一箇年以上遠洋漁猟船ニ乗組ミタル者
　乙種漁猟長
　一　丙種漁猟長免状、海技免状又ハ水産講習所漁撈科卒業証書ヲ有シ二箇年以上遠洋漁猟船ニ乗組ミタル者
　丙種漁猟長
　一　漁猟手免状ヲ有シ一箇年以上遠洋漁猟船ニ乗組ミタル者、四箇年以上航洋帆船ニ乗組ミ内一箇年以上遠洋漁猟船ニ乗組ミタル者又ハ五箇年以上沖合ノ漁業ニ従事シ内一箇年以上航洋帆船ニ乗組ミタル者
　漁猟手
　一　漁猟夫ト為リ二箇年以上遠洋漁猟船ニ乗組ミタル者又ハ四箇年以上沖合ノ漁業ニ従事シタル者
第三十二条　農商務大臣ハ遠洋漁業練習生ノ修業証書又ハ水産講習所遠洋漁業科ノ修業証書ヲ有スル者ニ対シ試験ヲ用キスシテ相当ノ免状ヲ交付スルコトヲ得（傍線：引用者）

官立水産講習所を遠洋漁業従事者養成機関として位置づけたことで、遠洋漁業練習生制度だけでは明らかに不足していた人材を安定的に供給する制度ができた。この漁猟職員資格制度は、手直しを受けつつ存続する。一九〇七（明治四〇）年の「遠洋漁業奨励法施行細則」改定（農商務省令第一五号）では、甲種ならびに乙種漁猟長試験の受

験資格が変更されている。この改定で、甲種漁猟長試験は、「水産講習所漁撈科卒業証書ヲ有シ嘗テ二箇年以上遠洋漁猟船ニ乗組ミ漁猟ニ従事」していれば受験することができるようになった。乙種漁猟長試験も「水産講習所漁撈科卒業証書ヲ有シ嘗テ一箇年以上遠洋漁猟船ニ乗組ミ漁猟ニ従事」していれば受験可能となった。これについては、官立水産講習所漁撈科卒業生に対する評価が向上したことを受けての変更であったのか、遠洋漁業従事者の一層の確保を目指した受験資格水準の緩和策であったのかは定かでない。しかし、この変更によって漁猟職員資格制度における官立水産講習所漁撈科の存在意義が増したことは間違いない。

（二）「遠洋漁業奨励法」における府県水産講習所の位置

漁猟職員養成のすべてを官立水産講習所にのみ依存することは、人材不足の解消に十分ではなかった。漁猟職員のさらなる充足を目指すため、農商務省は普及が進む府県水産講習所にその役割を担わせようとした。

一九〇七（明治四〇）年五月四日、「府県水産講習所規程」を改定（農商務省令第一一号）して、府県水産講習所に最長修業年限五年の遠洋漁業科（遠洋漁業に関する学科を含む）を設置することを法令上可能とした[67]。同時に、「遠洋漁業奨励法施行細則」（一九〇七（明治四〇）年五月二五日、農商務省令第一五号）を改定し、府県水産講習所の遠洋漁業科卒業生に対して漁猟職員資格の付与を可能にする道を整備した[68]。同施行細則第三〇条では、「道府県水産講習所遠洋漁業科卒業証書ヲ有シ嘗テ二箇年以上遠洋漁猟船ニ乗組ミ漁猟ニ従事」すれば丙種漁猟長試験の受験を認めると規定された。それだけではない。第三二条では、「農商務大臣ハ充当ト認ムル道府県水産講習所遠洋漁業科ノ卒業証書ヲ有スル者ニ対シ試験ヲ用キスシテ丙種漁猟長免状ヲ交付スルコトヲ得」と規定された。

これにより、農商務大臣の認定を受けた府県水産講習所の遠洋漁業科卒業生に対して、無試験で丙種漁猟長免状の付与が可能となった。すなわち、一九〇五（明治三八）年に官立水産講習所が遠洋漁業奨励策に位置づけられたのに続き、一九〇七（明治四〇）年には府県水産講習所も遠洋漁業奨励策に位置づけられたのである。府県水産講習所卒業という「学歴」が「職業資格」になった瞬間であった。

遠洋漁業奨励法施行細則（一九〇七（明治四〇）年、農商務省令第一五号）

第三十条　左ニ掲クル履歴ノ一ヲ有スル者ハ相当漁猟職員試験ヲ受クルコトヲ得但シ上級漁猟職員試験ヲ受クルニ適合スル履歴ヲ有スル者ハ下級漁猟職員試験ヲ受クルコトヲ得

甲種漁猟長試験

一　乙種漁猟長免状ヲ有シ一箇年以上遠洋漁猟船ニ乗組ミ其ノ職ヲ執リタルコト

二　各種船長、各甲種一等運転士、各甲種二等運転士又ハ乙種一等運転士ノ免状ヲ有シ嘗テ一箇年以上遠洋漁猟船ニ乗組ミ船長又ハ運転士ノ職ヲ執リタルコト

三　前号船舶職員ノ試験ヲ受クルニ適合スル履歴ヲ有シ内二箇年以上遠洋漁猟船ニ乗組ミ漁猟ニ従事シタルコト

四　水産講習所漁撈科卒業証書ヲ有シ嘗テ二箇年以上遠洋漁猟船ニ乗組ミ漁猟ニ従事シタルコト

乙種漁猟長試験

一　丙種漁猟長免状ヲ有シ一箇年以上遠洋漁猟船ニ乗組ミ漁猟長又ハ漁猟手ノ職ヲ執リタルコト

二　乙種二等運転士又ハ丙種運転士免状ヲ有シ一箇年以上遠洋漁猟船ニ乗組ミ船長又ハ運転士ノ職ヲ執リタルコト

三　前号船舶職員ノ試験ヲ受クルニ適合スル履歴ヲ有シ内二箇年以上遠洋漁猟船ニ乗組ミ漁猟ニ従

事シタルコト
四　水産講習所漁撈科卒業証書ヲ有シ嘗テ一箇年以上遠洋漁猟船ニ乗組ミ漁猟ニ従事シタルコト
丙種漁猟長試験
一　漁猟手免状ヲ有シ一箇年以上遠洋漁猟船ニ乗組ミ其ノ職ヲ執リタルコト
二　三箇年以上航洋帆船ニ乗組ミ内一箇年以上遠洋漁猟船ニ乗組ミ漁猟ニ従事シタルコト
三　四箇年以上沖合漁業ニ従事シ内一箇年以上遠洋漁猟船ニ乗組ミ漁猟ニ従事シタルコト
四　道府県水産講習所遠洋漁業科卒業証書ヲ有シ嘗テ二箇年以上遠洋漁猟船ニ乗組ミ漁猟ニ従事シタルコト
五　道府県水産試験場ニ於テ二箇年以上遠洋漁猟船ニ乗組ミ漁猟、航海ニ関スル技術ヲ練習シタルコト
漁猟手試験
一　二箇年以上航洋船ニ乗組ミ内一箇年以上遠洋漁猟船ニ乗組ミ漁猟ニ従事シ又ハ四箇年以上沖合漁業ニ従事シタルコト
第三十二条ニ左ノ一項ヲ加フ　農商務大臣ハ充当ト認ムル道府県水産講習所遠洋漁業科ノ卒業証書ヲ有スル者ニ対シ試験ヲ用ヰスシテ丙種漁猟長免状ヲ交付スルコトヲ得（傍線：引用者）

一九〇七（明治四〇）年の「遠洋漁業奨励法施行細則」には、文部省管轄の実業学校卒業生（主に水産学校卒業生）に対する資格付与規定[69]が存在しなかったことを勘案すると、農商務省には、自ら管轄する官立水産講習所や府県水産講習所を率先して遠洋漁業開発に活用しようとする意図があったと考えることができる。

かかる遠洋漁業従事者の養成を水産教育機関に担わせるための一連の法整備が示すことは、露領漁業権益に代表される、日露戦争後に拡大する日本の漁業権益を、効果的に財貨へと転化させようとした農商務省の積極姿勢であった。

最後に、一連の法改定を終えた後に、農商務省水産局長の名で発せられた道庁長官府県知事宛の漁猟職員養成に関する通牒を確認しておきたい。漁猟職員養成を軌道に乗せたいと考える農商務省の姿勢がみてとれる。

遠洋漁業奨励法施行の結果、漸次該法に依る船舶増加し漁猟職員の需要を増したるにつき農商務省令第十号及同第十一号を以て水産試験場に於ける漁猟航海に関する練習及水産講習所に於ける遠洋漁業科設置の件を規定し、又省令第十五号を以て遠洋漁業奨励法施行細則中漁猟職員受験資格にも改正を加へられし等により、（中略：引用者）試験用遠洋漁船を利用し漁猟員の養成を努めらるべし（傍線：引用者）。[70]

すなわち農商務省は、需要が拡大している漁猟職員の養成のため、府県水産試験場および講習所を活用することを求め、試験場であれば漁猟航海に関する練習の実施、講習所であれば遠洋漁業科の設置を省令により可能とし、さらに「遠洋漁業奨励法施行細則」で講習所の卒業生に漁猟職員資格付与で優遇措置を講じたので、鋭意その養成に努めるようにと通告した。

かくして、「遠洋漁業奨励法」が施行されたことによる遠洋漁業従事者の欠乏と、「遠洋漁業奨励法施行細則」にもとづく、官府県立水産講習所における遠洋漁業従事者の養成制度の整備とが有機的に結びついた。

第四節　小　括

朝鮮通漁の盛りあがりによって、「遠洋」を意識するようになった日本水産界は、千島列島や小笠原諸島周辺に展開して巨利を博していた外国猟船への対抗意識を強めていった。しかし、多くの日本の漁業者は、外国猟船に対抗する術をもたなかった。

水産に関する振興策の充実に取り組んでいた大日本水産会は、こうした点を問題視し、政府に漁業資本への梃入れを求めた。大日本水産会の幹事長であると同時に貴族院議員でもあった村田保は、後に対露強硬外交を主張したことで知られる近衛篤麿などと、遠洋漁業を奨励する制度を整備するよう帝国議会に建議書を提出した。外国猟船の操業を放置することは、「国家経済上」の不利益であると認めた農商務省は、一八九七(明治三〇)年についに国家予算の投下により漁業資本の充実を目指した「遠洋漁業奨励法」の制定に踏みきった。同法は、水産業が近代産業として未確立で「企業化する能力をもたぬ零細漁民」(71)がその大勢を占めるなか、国家が脆弱な漁業資本に対して財政支援をおこなうことで、遠洋漁業の開発を進めようとしたものであった。

「遠洋漁業奨励法」は、単に遠洋漁船の新造支援や漁業奨励金の下付を目的とした法律ではなかった。日清・日露の両大戦によって日本にもたらされた漁業権益を、効果的に財貨へと転化させることができる人材を養成する役割をも担っていた。この時期は、漁船の大型化や動力化が進んだことで、積極的な遠洋漁業開発が可能になるとともに、それらを運用する専門能力を有した人材が必要とされたためであった。具体的には、一九〇〇(明治三三)年に遠洋漁業練習生制度を創出したのに加え、一九〇五(明治三八)年には漁猟職員資格を創出することで、拡大する漁業権益と遠洋漁業従事者需要に対応させようとした。

船舶の運航から漁猟に関することまで、幅広い知識や技能を求められる遠洋漁業従事者は、当時まだ脆弱であった漁業資本のもとでは十分に養成することができなかった。そこで農商務省は、普及の途にあった水産教育機関を活用する。遠洋漁業練習生を官立水産講習所に入所させ、実地での練習によって知識と技能を授けることにしたのであった。

権限に応じて漁猟長、漁猟手、漁猟夫に区分されていた漁猟職員は、漁猟長のみさらに甲種漁猟長、乙種漁猟長、丙種漁猟長に分けられた。一九〇五（明治三八）年以降、官立水産講習所の漁撈科卒業が、このうちの乙種漁猟長資格を得るための基礎要件となり、ここに職業資格制度との深いかかわりを有する水産教育機関が成立した。一九〇七（明治四〇）年には、官立水産講習所漁撈科が甲種漁猟長をも育成することができる機関となったことで、官立水産講習所は「遠洋漁業奨励法」にもとづき遠洋漁業従事者を養成する機関としての存在感をましていった。

これを可能とした一九〇七（明治四〇）年の「遠洋漁業奨励法施行細則」改定は、農商務大臣の認定した府県水産講習所の遠洋漁業科卒業者に、丙種漁猟長免状を無試験で付与することも規定していた。これにより、農商務大臣が認定したいくつかの府県水産講習所では、実際に無試験で丙種漁猟長免状を出すことができるようになった。これは府県水産講習所が遠洋漁業奨励策に位置づいたことを意味すると同時に、「正系」の学校教育機関ではなかったことから上位の教育機関との接続を事実上閉ざされていた府県水産講習所が、教育機関としての存在感を顕示できるようになったことも意味していた。

つまり、外国猟船との対抗関係から制定されたことや、公布により外国猟船を駆逐したこと、そして汽船トロール漁業などの近代漁業を急速に発達させた点に重きをおき語られてきた「遠洋漁業奨励法」の制定は、こうした結果をもたらしただけではなく、日露戦争後の露領漁業権益の拡大を背景としながら遠洋漁業従事者養成制度を整備する役割も果たすことで、官府県立水産講習所卒業という「学歴」を「職業資格」にした、遠洋漁業従事者養成の側面において画期となる法律であったことが明らかとなった。

註

(1) 一八八三年、太政官布告第三四号「朝鮮国ニ於テ日本人民貿易ノ規則」第四一条。

(2) 大日本水産会『大日本水産会百年史』(前編)、一九八二年、六四頁。

(3) 同上、六五頁。

(4) 農商務省水産局『朝鮮海通漁組合連合会規約各府県朝鮮海通漁組合規約』、一九〇〇年、一―二頁。

(5) 大日本水産会『大日本水産会報告』(第一二〇号)、一八九二年、一四四頁。

(6) 大日本水産会『大日本水産会報告』(第一一六号)、一八九一年、四四頁。

(7) 木村茂『遠洋漁業創始之義請願』、一八九一年、六―七頁。

(8) 「猟船」とは、「漁船」と同義ではない。魚類のほかに、臘虎《ラッコ》や膃肭獣《オットセイ》、鯨といった哺乳類をも猟獲する船舶をさす。

(9) 農商務省農務局水産課水産調査所『臘虎膃肭獣調査報告』大日本水産会、一八九四年、一―四四頁や、大日本水産会『大日本水産会報』(第一三九号)、一八九四年、四〇頁。

(10) 外国猟船は、燃料や食糧の補給のため日本の港に寄港してから猟獲に向かうことがあった。このとき、漁夫として日本人を雇用する猟船もあった。大日本水産会『大日本水産会報』(第一四二号)、一八九四年、八五―八七頁。なお当時は、「外人の我北海道千島近海に於て密漁するもの近来漸く増加し現今横浜港に出没する密猟外国船二十余艘に及ひ皆な口実を設けて水夫を雇入れんとするもの其密猟船たること已に充分探知しあれは公然の手続を以て雇入れんとする向は勿論之を厳禁するも尚ほ密々雇入る、模様あれば京浜は申すに及はす房総地方へは其筋より内訓を発し厳重に取締」る方針がとられていた。大日本水産会『大日本水産会報』(第一三〇号)、一八九三年、五九―六〇頁。

(11) 大日本水産会『大日本水産会報』(第一三九号)、一八九四年、一三―一四頁。なお、函館に荷揚げされた膃肭皮数は、一三頁においては「二万八千百三十七枚」となっているものの、一四頁に記載されている一覧表では「三八、一三七」枚となっている。どちらかが誤植であると思われるけれども、それは判然としない。ただし、翌年の入港隻数と荷揚げした皮数の関係から、「三八、一三七」枚の可能性が高いように思われる。
(12) 同上、七九―八一頁。
(13) 大日本遠洋漁業株式会社角利助『北太平洋膃肭獣猟問題』臘虎膃肭獣猟水産組合、一九一〇年、一一―一二頁。
(14) 同上。
(15) 村田が大日本水産会の幹事長を務めたのは、第四代幹事長としての一八九一年一月から一八九八年三月までと、第六代幹事長としての一九〇〇年六月から一九〇九年三月までの二期にわたる。前掲、『大日本水産会百年史』(前編)、三四―三五頁。
(16) 大日本水産会『大日本水産会報』(第一四三号)、一八九四年、三一―四頁。
(17) 村田が貴族院議員を務めたのは、一八九〇年から一九一四年までの二五年間であった。大日本水産会『村田水産翁傳』、一九一九年、一四―一八頁。
(18)『帝国議会貴族院議事速記録』(第九回議会　下　明治二九年)東京大学出版会、一九八〇年、四九八―四九九頁。
(19) 国立公文書館所蔵『公文類聚』、「遠洋漁業奨励法ヲ定ム」(請求番号：〇一一―〇〇類―〇〇七九四―一〇〇)。
(20)『帝国議会衆議院議事速記録』(第一〇回議会　明治二九年)東京大学出版会、一九八〇年、五三九頁。
(21) ただ実際は、大規模な漁船の導入は進まず、奨励金の支出実績は低調であった。そのため一八九九年の改定(法律四五号)により、「総噸数汽船五十噸以上帆船三十噸以上」(第三条)にあらためられた。これにあわせ、船舶一トンあたりの奨励額も大幅に増額されており、「汽船総噸数毎一噸一箇年十五円」、「帆船総噸数毎一噸一箇年十円」(第五条)に改定された。
(22) 農商務省水産局『遠洋漁業奨励事業報告』、一九〇三年、二五頁。
(23) 同上、二七頁。一八九八年には入港数が一隻となり、一八九九年と一九〇〇年には入港がなかった。なお一九〇一年には、英国船籍の船七隻が入港したものの、搭載獣皮数は一八八八枚にとどまった。
(24) 長崎県水産組合連合会『長崎水産時報』(第八三号)、一九一七年、一四頁。
(25) 同書は、会社案内と写真集を兼ねたもので、奥付はなく、頁数も未記載となっている。
(26) 農商務省水産局『遠洋漁業奨励事業成績』(大正七年二月)、一九一八年、二頁。
(27) 一八九七年、勅令一七六号第二号。
(28) 一八九五年、勅令無号「日清両国講和条約及別約」第二条。
(29) 国立公文書館所蔵『公文類聚』、「日露漁業協約案」(請求番号：〇一一―〇〇類―〇一〇二〇―一〇〇)。

(30)一九〇七年、条約第五号「日露漁業協約」第一条。
(31)岡本信男『日魯漁業経営史』(第一巻)水産社、一九七一年、一七三頁。
(32)「日露漁業協約」締結以前は、漁区取得や課税、漁夫の国籍などについて種々の制限があった。
(33)露領水産組合『露領漁業の沿革と現状』、一九三五年、八六—八七頁。
(34)前掲、『遠洋漁業奨励事業報告』、四二頁。
(35)同上。
(36)一八九八年、農商務省告示第一六号「水産講習所伝習生規程」第四条。
(37)内閣統計局『日本帝国第十八統計年鑑』、一八九九年、一一六三頁。なお、算出にあたっては、「名誉職」を除いている。「名誉職」を含めた町村長の平均月俸は、七円六六銭となる。
(38)一八九七年、農商務省令第一〇号「遠洋漁業奨励法施行細則」第一三条。条文には「遠洋漁業奨励法第八条ニ依リ遠洋漁業練習生ヲ船舶ニ乗組マシムルトキハ相当ノ待遇ヲ為」すことが示されていた。
(39)一九〇四年、農商務省告示第九二号「遠洋漁業練習生規程」第二条。
(40)同上、第八条。なお第一〇条では、「農商務大臣ハ法規ニ違背シ若ハ命令規則ヲ遵守セサル者又ハ成業ノ見込ナキ者其ノ他相当ノ事由アリト認ムル者ニ対シテハ遠洋漁業練習生ヲ解免シ又ハ手当金ノ支給ヲ停止若ハ減少スヘシ」「法規ニ違背シ若ハ命令規則ヲ遵守セサルトキ又ハ怠慢若ハ不品行ニシテ解免セラレタルトキハ既ニ支給シタル手当金ノ全部又ハ一部ヲ本人又ハ保証人ヨリ弁償セシムヘシ」とある。
(41)水産講習所『水産講習所一覧』(自明治四〇年七月至明治四一年六月)、一九〇八年、九八頁。
(42)水産講習所『水産講習所一覧』(自明治四二年七月至明治四三年六月)、一九一〇年、一三八頁。
(43)なお、遠洋漁業練習生の定員については、一九〇〇年、農商務省告示第九六号「遠洋漁業練習生規程」第三条によって「遠洋漁業練習生ノ定員ハ時宜ニヨリ之ヲ増減スルコトアルヘシ」とされ、二〇名との上限規定は事実上撤廃された。
(44)大日本水産会『大日本水産会報』(第一九三号)、一八九八年、四九—五〇頁。
(45)前掲、『遠洋漁業奨励事業報告』、四四—四五頁。
(46)同上、四八頁。
(47)同上、五二頁。

(48)　同上。
(49)　「漁猟長」という言葉は、一八九七年の「遠洋漁業奨励法」(法律第四五号)においても使用されているけれども、資格との関係でもちいられた言葉ではなく、船舶職員以外の乗組員、すなわち漁猟活動に従事する者の責任者をさす言葉として使われた。
(50)　一九〇五年、法律第四〇号「遠洋漁業奨励法」第四条では、「漁猟職員」との呼称ではなく「漁猟員」(一九〇五年、農商務省告示第一五四号)とされていた。しかし、「漁猟員」を選抜する試験について規定した法令名は、「漁猟職員試験規程」であったことから、本研究では「漁猟員資格」ではなく、「漁猟職員資格」として表記した。なお、「遠洋漁業奨励法」においても、一九〇九年(法律第三七号)に「漁猟員」から「漁猟職員」へと名称変更された。
(51)　一九〇五年、農商務省令第一〇号「遠洋漁業奨励法施行細則」第三条。なお、船長代理を務めることができるとした規定は、一九〇九年の「遠洋漁業奨励法施行細則」(農商務省令第二九号)で削除されている。
(52)　一八九九年、法律第四七号「船員法」第一三条。
(53)　同上、「船員法」第三六条、第三七条、第三八条。
(54)　一九〇五年、農商務省告示第一五四号「漁猟職員試験規程」第三条、第四条。漁猟長は甲種・乙種・丙種の三段階に区分されていた。このうち、丙種漁猟長は、「漁猟」と「漁船運用術」に関する口述の試験のみであった。なお、漁猟手試験では、「漁猟」に関する口述試験のみ課された。
(55)　一九〇七年、農商務省令第一五号「遠洋漁業奨励法施行細則」第三条。
(56)　一九〇五年、勅令一一四号第三条。
(57)　一八九九年、法律第四五号「遠洋漁業奨励法」第五条および、一九〇五年、法律第四〇号「遠洋漁業奨励法」第三条。
(58)　同上、法律第四五号「遠洋漁業奨励法」第三条および、一九〇五年、勅令一一四号第二条。
(59)　山口和雄編『現代日本産業発達史』(XIX 水産)交詢社出版局、一九六五年、一四二頁。
(60)　一九〇五年、勅令一一四号第四条。
(61)　同上。
(62)　一九〇九年、勅令第一七四号第五条。
(63)　一九〇〇年、逓信省令第八七号「船舶検査法施行細則」第四九条。

(64) 同上、第五〇条。一八九七年現在では、「東経百十三度ヨリ同百五十七度及ヒ北緯二十一度ヨリ同五十二度ニ至ル線内」(一八九七年、逓信省令第六号第一五条)の航路であった。
(65) 同上、第五一条。なお、一八九七年現在では、一五海区が指定されていた。一八九七年、逓信省令第六号第一五条。
(66) 同上、第五二条。なお、一八九七年現在では、二七海区が指定されていた。一八九七年、逓信省令第六号第一五条。
(67) 一九〇七年、農商務省令第一一号「府県水産講習所規程」第三条。
(68) 同上、第五条。なお、「法令上可能」としたのは、五月二日の「府県水産講習所規程」改定の一カ月前となる三月一日に、富山県水産講習所に遠洋漁業練習科が設置されていたためである。
(69) 文部省管轄の水産学校に対する漁猟職員資格の付与規定は、次の「遠洋漁業奨励法施行細則」の改定によって条文に盛り込まれた。すなわち、一九〇九年、農商務省令第二九号「遠洋漁業奨励法施行細則」第二三条において、従来「道府県水産講習所遠洋漁業科卒業証書ヲ有シ嘗テ二箇年以上遠洋漁猟船ニ乗組ミ漁猟ニ従事シタルコト」(一九〇七年、農商務省令第一五号「遠洋漁業奨励法施行細則」第三〇条)とされていたのが、「道府県立学校又ハ講習所ノ遠洋漁業科卒業証書ヲ有シ嘗テ二箇年以上遠洋漁猟船ニ乗組ミ漁猟ニ従事シタルコト」とする条文に改められたことで、水産学校もしくは商船水産学校の遠洋漁業科卒業生も丙種漁撈職員試験の受験資格を得ていた。また、同細則第二五条では、「農商務大臣ハ充当ト認ムル道府県立学校又ハ講習所ノ遠洋漁業科ノ卒業証書ヲ有スル者ニ対シ試験ヲ用ヰスシテ相当ノ免状ヲ交付スルコトヲ得」として、無試験での免状付与も可能にした。さらに、一九一二年の農商務省令第八号「遠洋漁業奨励法施行細則」第二三号では、甲種漁猟長試験の受験資格を、「東北帝国大学農科大学附設水産学科漁撈部」卒業後に、二カ年以上遠洋漁猟船に乗船した者にも与えられるようになった。
(70) 大日本水産会『大日本水産会報』(第二九八号)、一九〇七年、三四頁。
(71) 農林大臣官房総務課『農林行政史』(第四巻)農林協会、一九五九年、六六〇頁。

第三章　官立水産講習所における遠洋漁業従事者と府県水産講習所「教員」の養成

第一節　官立水産講習所の組織

（一）官立水産講習所の開設

官立水産講習所は、一八九七（明治三〇）年三月二二日の「水産講習所官制」（勅令第四七号）をもって開設された。施設・設備は大日本水産会水産伝習所から引き継ぐことで活動を開始した。官立水産講習所の主要な活動内容は、水産試験・調査と講習活動の二つであり、前者は「試験部」が担い、後者は「伝習部」が担った。[1]試験部は「漁撈製造及養殖ニ関スル試験ヲ為」し、伝習部は「漁撈製造及養殖ニ関スル学理及技術ヲ伝習」することを目的とした。[2]

官立水産講習所の開設初年度は、大日本水産会水産伝習所の生徒を第二学年と第三学年に編入させることで、従来からの活動を踏襲した。翌年度からは、一八九八(明治三一)年一月に制定された「水産講習所伝習生規程」(農商務省告示第三号)で規定された学科課程や入学資格にもとづく活動を展開した。同規程により、官立水産講習所には修業年限三年の講習科と修業年限一年の現業科、そして修業年限一年の研究科の三学科が設置され、新組織への移行が完了した。(3)

講習活動の中軸となる講習科では、「第一学年第二学年ハ水産ノ全般ニ関スル学科ヲ授ケ第三学年ハ漁撈科、製造科、養殖科ノ三科ニ分チ各其一科ヲ専攻(4)」することとされた。現業科は、もっぱら水産製造技術を伝習する課程をとり、研究科は、講習科を卒業した者を対象に特定の教科につき専修するとされた。

なお、一八九八(明治三一)年六月の「水産講習所伝習生規程」改定(農商務省告示第一六号)により、講習科卒業者を受け入れた研究科は、修業年限が一年以内から三年以内へと変更された。(5)修業年限の延長は、第二章においてふれた「遠洋漁業練習生規程」により採用された遠洋漁業練習生を官立水産講習所の「研究科生」として受け入れることにしたためとられた措置であった。結果として、官立水産講習所においては、講習科から研究科(「遠洋漁業練習生規程」によって遠洋漁業練習生に採用される)を経ることで、最長で六年間の水産教育をほどこすことが可能となった。

ただ、水産伝習所の活動もそうであったように、手本とする水産教育機関が存在しないなかで、組織形態や講習内容等を模索し検討するには時間が必要であった。開設から三年後の一九〇〇(明治三三)年一月には、「水産講習所伝習生規程」の廃止と「水産講習所伝習規則」(農商務省告示第七号)の制定により、大幅に組織形態が見直された。

講習科は本科とあらためられ、第一学年から漁撈科、製造科、養殖科の三科に分かれて講習がおこなわれるようになった。その他、本科(旧講習科)の変更点は、入学資格が、一八歳以上の尋常中学校第三学年修了以上の学力を有する者から、一七歳以上の中学校卒業者へと変更されたことがある。これは一八九九(明治三二)年の「中学校令」(勅令第二八号)の改定を受けたものであった[6]。このとき、同時に現業科の入学資格も変更されており、二〇歳以上で水産業に二年以上従事した者から、二〇歳以上三五歳以下の二年以上水産業に従事した者、もしくはその子弟となった[7]。

以上に加えて、一九〇〇(明治三三)年六月には再び「水産講習所伝習規則」が改定(農商務省告示第九五号)され、「遠洋漁業ニ従事スヘキモノヲ養成スル為遠洋漁業練習科[8]」が新たに新設された。遠洋漁業練習科は、修業年限が三年で、従来、研究科の生徒としてあつかわれていた遠洋漁業練習生を受け入れる学科として設置された[9]。教育内容や教育方法の特殊性を考慮しての研究科からの分離・独立であった。

結果的に、官立水産講習所の講習組織を本科、遠洋漁業練習科、研究科、現業科の四科体制として確立させた一九〇〇(明治三三)年の「水産講習所伝習規則」は、一九二二(大正一一)年に本科修業年限が四年に延長されるまで大きな変更を受けることもなく、その後長きにわたって活動を展開する官立水産講習所の礎を形成する規則となった[10]。

(二)　官立水産講習所の活動を支えた教職員

官立水産講習所の教職員構成は、一八九七(明治三〇)年の「水産講習所官制」(勅令第四七号)により規定された。官立水産講習所は、伝習部(後に講習部)に加えて水産調査・試験を担当する試験部を設置していたため、官制第二条では「職員」との表現で、所長、監事、教授、助教、書記のほか、技師と技手の計一一名を配置することが定められた。

人数の内訳は、「所長一人」、「監事専任一人」、「技師専任四人」、「教授専任二人」、「技手専任六人」、「助教専任三人」、「書記専任四人」であった。技師が教授の倍の四名、技手も助教の倍となる六名として示されたことからは、官立水産講習所が教育機関としてはもちろんのこと、増設されていく各府県水産試験場の中央組織としての役割を果たすことが求められる存在であったことがうかがえる。なお同時期において、逓信省の管轄下で商船教育をほどこした商船学校(後に東京高等商船学校)には、校長、幹事、教授、学生監、教諭、分校長、助教、書記の各職員が置かれているけれども、試験部をおいていなかったことから技師や技手は配置されていない[11]。

ところで官立水産講習所は、一九〇三(明治三六)年までの間、専任の所長をもたなかった。一八九八(明治三一)年までは、農商務省水産調査所長との兼任であり、それ以後は水産局長との兼任であった[12]。「水産の調査と試験を掌る[13]」機関であった水産調査所の所長との兼任が、水産局長との兼任に変更されたのは、一八九八(明治三一)年の水産局調査課の設置にともなって水産調査所が廃止されたためであった[14]。官立水産講習所の開設当初、専任の所長が配置されなかった事実は、官立水産講習所が農商務省に直接掌握されていたことを意味しているだけではなく、技師や技手が多数配置された同講習所と水産行政とが一体となって生産技術の開発を推し進め、水産業の近代化を目指そうとする意図があった。

こうした活動を支えた一八九八(明治三一)年現在の教職員構成をみる(表3-1参照)。実際に配属された教職員は、「水産講習所官制」に規定された「所長一人」、「監事専任一人」、「技師専任四人」、「教授専任二人」、「技手専任六人」、「助教専任三人」、「書記専任四人」の計二一名ではなかった。

技師は官制どおり四名(監事職と技師職を兼ねるとされた松原新之助を含めると五名)であったけれども、全員が専任ではなく、農商務省技師が一名含まれていた。教授は一名多い三名で、そのうち二名は特許局審議官と農商務省参事官を兼務している。技手は一名多い七名、助教は書記を兼務する一名を含む三名、書記は農商務省所

表3-1　1898年度官立水産講習所教職員一覧

	名前	兼職・学位	担当科目
所長	牧朴眞	農商務省水産局長	
監事	松原新之助	伝習部部長，水産講習所技師	養殖科「淡水養殖」，「繁殖保護」
技師	吉岡哲太郎	理学士	漁撈科「材料論」，製造科「冷蔵法」，養殖科「餌料論」他
	蛇川温	試験部部長，農商務省技師	製造科「肥料」
	藤田経信	理学士	養殖科「鹹水養殖」，「発生学」，共通「動物学」
	服部他助	Bachelor of Art	養殖科「発生学」，共通「植物学」，「英語」
教授	内村達次郎	農商務省特許局審議官	漁撈科製造科「応用機械学」，「材料論」，共通「力学」他
	塚本道遠	農学士	製造科「分析」，「薬用品肝油」，「微菌学」
	松崎壽三	農商務省参事官，法学士	共通「法制」，「経済」
技手	川合角他		漁撈科「網具構成」，「漁撈法」，「実習」
	下田杢一		漁撈科「漁船運用」，「漁撈実習」
	伊谷以知次郎		製造科「食用品」，「製造実習」
	上田健次		製造科「製塩」
	谷中知信		製造科「製造実習」
	近藤駒吉		製造科「食用品」，「製造実習」
	石田鐵朗		製造科「工用品魚油蝋」，「製造実習」
助教	小瀬次郎		漁撈科「日本漁船構造法」，「漁撈実習」
	日暮忠		養殖科「養殖実習」
	宮崎賢一	教務主任，官立水産講習所書記	
講師	松本安藏	商船学校教授	漁撈科「航海術」，「漁船運用法」
	横田成年	工科大学助教授，工学士	漁撈科「造船学」，「漁船構造法」
	奥健藏	農商務省技師，農芸化学士	養殖科「水質論」
	岡村金太郎	第四高等学校教授	共通「応用植物学」
嘱託	前田清則	予備役海軍軍医大監	漁撈科「救急法」
	井口龍太郎	中央気象台技手	漁撈科「海洋地文学」，共通「気象学」
	岡村為助	商船学校助教	漁撈科「漁船運用実習」
	中村利吉		漁撈科「漁具構成」，「漁具構成実習」
	海老原辰藏		漁撈科「数学」，共通「数学簿記」
	高島信		共通「図画」
	池上泰次郎		共通「物理学」
書記	西山小太郎	農商務省属	
	梅村吉次郎		
	石原重資		
	大橋元次郎		

註1）松原新之助は，監事職と技師職を兼ねる。

註2）水産講習所『水産講習所一覧』(自明治31年4月至明治32年3月)，1899年，7-11頁より作成。

属の一名を含め四名であった。このため、官立水産講習所の教職員は専任一八名を含む二三名によって構成された。これに非常勤であった講師の四名と嘱託の七名を加えた三四名の教職員によって試験・調査ならびに講習活動がおこなわれた。

教職員が兼務している役職や有する学位などからは、水産教育の多面性が際立つ。商船学校の教授・助教による船舶運用に関する講習、法学の学士号をもつ農商務省参事官による法制等の講習、中央気象台技手による気象学の講習、予備役にあった海軍軍医による救急法の講習などからそれがわかる。

第二節　本科漁撈科による遠洋漁業従事者養成機能の確立

（一）　漁撈科の学科課程

官立水産講習所は、一九〇〇（明治三三）年六月以降、本科、遠洋漁業練習科、研究科、現業科の四科体制として教育活動を展開した。このうち、遠洋漁業練習科や研究科の入学要件をも付与することとなっていた本科は、官立水産講習所における教育活動の核になる部分を担った。

毎年六五名前後[15]が入学した本科生は、入学後に漁撈科、製造科、養殖科の三科から一科を選択・専修した。学科課程の大枠は、一九〇〇（明治三三）年の「水産講習所伝習規則」（農商務省告示第七号）に規定された。第六条で規定された学科課程は、漁撈科では「漁具ノ構成漁船ノ構造漁撈ノ方法其他漁撈ニ必要ナル学科ヲ授ケ尚製造及養殖ノ大要ヲ授ク」こと、製造科では「水産物ノ製造及製塩法其他製造ニ必要ナル学科ヲ授ケ尚漁撈及養殖ノ大要ヲ授ク」こと、そして養殖科では「淡鹹水動植物ノ養殖及其繁殖保護法其他養殖ニ必要ナル学科ヲ授ケ尚漁撈及製造ノ大要ヲ授ク」ことが示された。

このように製造科や養殖科においても、漁撈についての「大要」が講習されているけれども、官立水産講習所における漁業従事者養成は、もっぱら漁船運用や漁獲にかかわる講習をおこなっていた漁撈科が担った。本科漁撈科の学科課程として規定された「漁具ノ構成漁船ノ構造漁撈ノ方法其他漁撈ニ必要ナル学科」について、一九〇〇(明治三三)年に実際おこなわれた講習(科目、毎週時数)を概観すると(表3-2)のようになる。

第一学年では「漁具構成」や「数学」、「外国語」、「実習及実験」に、そして第二学年では「漁具構成」や「機械学」、「外国語」、「実習及実験」にやや重点をおく時間配分になっているものの、全般的には、広く学理を教授しようとした学科課程となっている。ただ第三学年では、原則として座学をおこなわず、すべての課程を実習にあてた。原則としたのは、「第三学年ニ於テハ実習ノ外定時以内ニテ学科ノ補習及必要ト認メタル学科ヲ教授スルコト」[16]ができるとされていたためである。実習が第三学年を中心に修業期間のうちの相当部分を占める学科課程がとられたことは、「実地ノ業ヲ執リ技術ヲ練磨シ学理応用ノ知識ヲ養成スル」[17]ことを重視していた官立水産講習所の性格を反映している。

学科課程においてもう一つ注目したいのは、第一学年、第二学年をとおして「航海学」に毎週二時間しか講習時数が割かれていない点である。実習についても、「漁船運用」実習は、第二学年となり実習の一部としてようやく導入されたにすぎなかった。この学科課程が検討された段階では、水産教育を受けた卒業生が船舶の運行に直接責任を果たすことが想定されていなかったように見受けられる。

しかし、一九〇五(明治三八)年を境にして、本科漁撈科の位置づけをあらためることが求められるようになる。契機となったのが、一九〇五(明治三八)年の「遠洋漁業奨励法施行細則」改定(農商務省令第一一号)であった。

表 3-2　1900 年度本科漁撈科学科課程表

	第1学年				第2学年				第3学年	
	第1学期	第2学期	第3学期	時数	第1学期	第2学期	第3学期	時数		時数
漁具構成	網具，漁具	左と同じ	左と同じ	4	網具，釣具	網具，釣具	網具	5	実習	不定
漁撈法	—	—	—	—	淡水漁業	鹹水漁業	左と同じ	3	実習	不定
漁具材料論	—	—	—	—	繊維	左と同じ	防腐料	2	—	—
航海学	日本型漁船運用	西洋形漁船運用	左と同じ	2	航海術	左と同じ	左と同じ	2	実習	不定
造船学	日本型漁船構造法	西洋形漁船構造法	左と同じ	2	造船学	左と同じ	左と同じ	2	—	—
気象学				2	—	—	—	—	観測実習	不定
海洋学	—	—	—	—				2	漁場観測実習	不定
物理学	重力	熱，音響，光	電気，磁気	3	—	—	—	—	—	—
機械学	—	—	—	—	力学，原動機械	応用機械	左と同じ	4	—	—
電気学	—	—	—	—				2	—	—
化学	無機化学	左と同じ	左と同じ	2	有機化学	左と同じ	左と同じ	2	—	—
応用動物学				3	—	—	—	—	—	—
応用植物学	—	—	—	—				2	—	—
数学	代数，幾何	代数，幾何，三角	三角	4	解析幾何	左と同じ	左と同じ	1	—	—
簿記	—	—	—	—	応用簿記	左と同じ	左と同じ	1	—	—
法規及経済	—	—	—	—				1	—	—
図画	用器画	左と同じ	左と同じ	2	—	—	—	—	—	—
外国語	英語	左と同じ	左と同じ	4	英語	左と同じ	左と同じ	4	—	—
製造論	総論	各論	左と同じ	2	—	—	—	—	—	—
養殖論	総論	各論	左と同じ	2	—	—	—	—	—	—
実習及実験	化学実験			4	漁船運用網釣具製作		網釣具漁船製図	6	—	—
計				36				39		39

註 1）水産講習所『水産講習所一覧』(明治 33 年度)，1901 年，19-21 頁より作成。
註 2）(時数)とは，1 週間に行われる講習時数。
註 3）第 1 学期は 9 月 11 日より 12 月 24 日まで，第 2 学期は 1 月 8 日より 3 月 31 日まで，第 3 学期は 4 月 1 日より 7 月 10 日まで。

漁猟長免状取得のための基礎資格を規定した同細則において、官立水産講習所の漁撈科は農商務省の遠洋漁業奨励策の一翼を担う機関に位置づけられ、乙種漁猟長を養成する教育機関となった。すなわち、「遠洋漁業奨励法施行細則」において「水産講習所漁撈科卒業証書ヲ有シ二箇年以上遠洋漁猟船ニ乗組ミタル者」[18]は、乙種漁猟長試験の受験資格を得られると規定されたのであった。このことは、官立水産講習所が「遠洋漁業奨励法」にもとづく資格付与機関として法令上に位置づけられたことを意味すると同時に、本科漁撈科の性格を漁猟職員養成機関として再定義する作業が必要となったことを意味した。

本科漁撈科を卒業することが、乙種漁猟長免状を取得するための基礎要件とされたことで、学科課程は見直しを受けた（表3-3参照）。変化は、これまで学科課程の中軸にあった漁具や魚網に関する知識を授けた「漁撈論」にかわり、「航海術」や「漁船運用術」といった船舶関係科目の重視としてあらわれた。一九〇六（明治三九）年の漁撈科学科課程では、第一学年から「航海術」ならびに「漁船運用術」の講習に毎週四時間が割かれた。乗船実習も重視されるようになり、「漁船運用実習」が第一学年から導入されている。さらに、水産物加工施設から遠方においての漁獲活動、すなわち遠洋での操業において、漁獲物の鮮度を保持する方法としての「漁獲物処理法」の講習も開始され、本科漁撈科は遠洋漁業従事者養成機関としての役割を果たすことを企図するようになっていった。

一九〇七（明治四〇）年になると、再び「遠洋漁業奨励法施行細則」が改定（農商務省令第一五号）され、官立水産講習所漁撈科卒業生には、卒業後「二箇年以上遠洋漁猟船ニ乗組ミ漁猟ニ従事シタルコト」[19]を条件に、漁猟職の最上級資格である甲種漁猟長免状の受験資格が得られるようになっていた。従来から取得可能であった乙種漁猟長免状についても、「一箇年以上遠洋漁猟船ニ乗組ミ漁猟ニ従事シタルコト」を条件に受験資格が付与されるよう変更されたことで、漁猟職員資格制度における官立水産講習所の地位は相対的に向上する結果となった。

表3-3　1906年度本科漁撈科学科課程（毎週時数）

	第1学年	第2学年	第3学年
漁撈論	5	5	不定時
航海術	4	3	不定時
漁船運用術	4		不定時
海洋学		2	不定時
気象学	2	2	不定時
応用動物学	2		
応用植物学	1		
漁船論	2	2	
応用機械学		3	
漁獲物処理法	1		
数学	3		
法規経済及簿記	2	2	
外国語	4	4	
救急療法		不定時	
漁船運用術実習	1回	2回	
網釣具製作実習	1回	2回	
航海術実習			不定時
運用術実習			不定時
計（実習除）	30	23	

註）水産講習所『水産講習所一覧』（自明治39年7月至明治40年6月），1907年，24頁より作成。

表3-4　1908年度本科漁撈科学科課程（毎週時数）

	第1学年	第2学年	第3学年
漁撈論	5	5	不定時
航海術	4	4	不定時
漁船運用術	4	4	不定時
海洋学		2	不定時
気象学	2	2	不定時
応用動物学	2		
応用植物学	1		
漁船論	2	2	
応用機械学		3	
漁獲物処理法	1		
数学	3		
法規経済及簿記	2	2	
外国語	4	4	
救急療法		不定時	
漁船運用術実習	1回	2回	
網釣具製作実習	1回	2回	
航海術実習			不定時
運用術実習			不定時
計（実習除）	30	28	

註1）網掛部分は，1906年からの変更箇所。
註2）水産講習所『水産講習所一覧』（自明治41年7月至明治42年6月），1909年，26頁より作成。

　これへの対応も急ぎおこなわれた。一九〇八（明治四一）年現在の学科課程がその跡をわかりやすく残している（表3-4参照）。変更箇所は、第二学年での「航海術」、「漁船運用術」、「海洋学」にみられた。「航海術」が毎週一時間、「漁船運用術」が毎週四時間、授業時数を増やし、一九〇六（明治三九）年時点よりさらに重視されたことがわかる。これにより、第二学年の毎週時数は計二三時間から二八時間へと増加した。

　乙種漁猟長免状に引き続き、甲種漁猟長免状の受験資格が付与できるようになった背景には、漁船運用術や航海術に関する知識の教授に、多くの時数を割く学科課程の採用があった。

（二）　本科漁撈科卒業生の動向にみられる遠洋漁業志向

一九〇七（明治四〇）年の「遠洋漁業奨励法施行細則」の改定により、官立水産講習所本科漁撈科卒業生は、甲種ならびに乙種漁猟長免状を取得する際の乗船履歴が緩和されていたけれども、この年、本科漁撈科卒業生はさらなる優遇を受ける。

すなわち、一九〇七（明治四〇）年以降、本科漁撈科卒業生には、一九〇五（明治三八）年の「船舶職員試験規程」（逓信省令第二一号）第一〇条にもとづき、甲種二等運転士ならびに汽船甲種二等運転士免状の受験資格が緩和される特典も付与されるようになる。そして、本来であれば受験資格を得るためには四年間の乗船履歴が必要であるところを、三年の乗船履歴で受験資格が与えられるようになった[20]。

船舶職員試験規程（一九〇五（明治三八）年、逓信省令第二一号）

第三条　年齢満二十年以上ニシテ左ニ掲クル履歴ノ一ヲ有スル者ハ相当船舶職員試験ヲ受クルコトヲ得

甲種二等運転士試験

四年以上遠洋航路若ハ近海航路ヲ航行スル船舶ニ乗組ミ其運航ニ従事シ其内少クモ一年ハ横帆装置ノ船舶ニ又一年ハ五百噸以上ノ汽船ニ在リタルコト

汽船甲種二等運転士試験

四年以上二百噸以上ノ航洋汽船ニ乗組ミ其運航ニ従事シタルコト

第十条　逓信大臣ノ充当ト認ムル学校ニ在テ航海科又ハ機関科ヲ卒業シタル者ハ其乗船期間第三条ノ規定ニ適合セサルモ同大臣ノ認定スル所ニ依リ相当試験ヲ受クルコトヲ得（傍線：引用者）

「船舶職員試験規程」第一〇条は、「逓信大臣ノ充当ト認ムル学校ニ在テ航海科又ハ機関科ヲ卒業シタル者ハ其乗船期間第三条ノ規定ニ適合セサルモ同大臣ノ認定スル所ニ依リ相当試験ヲ受クルコトヲ得」と規定しており、官立水産講習所本科漁撈科が、三年間の乗船履歴を得ることを条件に甲種二等運転士試験ならびに汽船甲種二等運転士試験の受験資格を与えるに「逓信大臣ノ充当ト認ムル学校」と認定されたことになる。

甲種二等運転士免状の効力は、航路無制限の遠洋航路を航行する船舶に乗り組む場合でさえ、総トン数が五〇〇トン以上ある汽船の二等航海士に就けるほどの効力を有していた。また、総トン数二〇〇トン未満の帆船であれば、一等航海士として船舶運航の任にあたることが可能であった。甲種二等運転士資格以上の効力を有した免状は、甲種船長資格と甲種一等運転士資格しかなく、当時二二種あった船舶職員資格のなかでも、「仕官」や「高級船員」と通称される上位資格であった(21)。

本科漁撈科を卒業後、甲種二等運転士試験や汽船甲種二等運転士試験の受験資格を得るには三年の乗船履歴が、そして甲種漁猟長試験や乙種漁猟長試験の受験資格を得るにはそれぞれ二年と一年の乗船履歴を必要としたことは、漁撈科卒業生の動向にも影響を与えた。すなわち、相当程度の卒業生が、乗船履歴を獲得できる遠洋漁業練習科へと進学するようになっていったのである。

一八九九(明治三二)年から一九一五(大正四)年までの漁撈科生の進路について、卒業直後の動向が明らかとなっている年次(一九〇〇(明治三三)年、一九〇二(明治三五)年、一九〇四(明治三七)年、一九〇五(明治三八)年、一九一一(明治四四)年、一九一二(大正元)年は不明)からも、遠洋漁業科への進学が多数を占めるようになったことがみてとれる（表３-５参照）。この期間を通して、研究科への進学がわずか五名にとどまった反面、遠洋漁業科（遠洋漁業練習生への採用と遠洋漁業練習科への進学を含む）への進学は五一名にのぼり、本科漁撈科卒業生に占めるその割合は三六・二％に達した。とりわけ、漁猟長試験の受験資格を付与するようになった一九〇五（明治三八）年以降、進学者数の増加が顕著になる。

こうして本科漁撈科は、自らを優遇する一連の政策・法令により、遠洋漁業従事者養成の基礎教育課程ともいうべき部分を担うようになった。一九一一（明治四四）年の官立水産講習所の受験案内リーフレット「水産講習所入学志願者ニ対スル注意」には、漁撈科は「漁船船長漁猟長ノ職務ヲ執[22]」る人材を育てる学科であることが顕示されるようになる。遠洋漁業練習科については、次節においてその教育実態を詳述するけれども、以上の本科漁撈科の展開は、官立水産講習所における遠洋漁業従事者養成機能の土台部分が漁撈科によって確立されたことを示している[23]。

第三節　遠洋漁業従事者養成機能の拡充

（一）「遠洋漁業練習科規程」の制定

「遠洋漁業練習生規程」によって採用された遠洋漁業練習生は、一八九八（明治三一）年の「水産講習所伝習生規程」の改定により、「其就業年限間本所研究生トシ所設ノ科目ヲ研究[24]」することとなった。このため、官立水産講習所は「研究科細則」（官立水産講習所内規、一八九八（明治三一）年七月）を定め、研究科を漁撈・製造・養殖の三科に

表 3-5　本科漁撈科生卒業直後の進路

卒業年	本科漁撈科卒業生数	進学・就業等の内訳																	
		遠洋漁業科	研究科	官立水産講習所教職員	府県水産試験場職員	府県水産講習所職員	農商務省水産局官吏	水産学校教員	水産巡回教師	水産関係公吏・その他公吏	水産関係会社々員	その他・業種不明会社々員	水産・漁業組合等職員	漁業従事者・実業従事者	学生	兵役	死亡	その他	不明
1899(明治32)年	15	3	1	1	0	0	0	0	0	0	1	0	1	4	1	1	0	0	2
1901(明治34)年	8	3	0	0	2	1	0	1	0	1	0	0	0	0	0	0	0	0	0
1903(明治36)年	7	1	1	1	2	0	0	0	0	0	0	0	0	0	0	0	0	0	2
1906(明治39)年	12	2	0	1	3	0	0	0	1	2	0	0	1	2	0	0	0	0	0
1907(明治40)年	18	5	0	1	3	1	0	1	0	0	1	0	0	1	0	4	1	0	0
1908(明治41)年	17	7	0	1	0	1	1	2	0	1	1	0	1	0	0	1	0	0	1
1909(明治42)年	21	12	2	0	1	1	0	0	0	2	0	0	0	0	0	2	0	0	1
1910(明治43)年	21	7	0	1	3	1	0	3	0	0	0	0	2	0	0	2	0	1	1
1913(大正2)年	22	11	1	0	0	0	1	0	0	0	1	0	0	0	0	2	0	0	6
計	141	51	5	6	14	5	2	7	1	6	4	0	5	7	1	12	1	1	13

註 1）1899 年および 1901 年の「遠洋漁業科」進学者は，遠洋漁業練習生採用者。1903 年の「遠洋漁業科」進学者は，遠洋漁業練習科進学者。

註 2）1901 年の「水産学校教員」1 名は，大分県農学校水産科教員。

註 3）1899 年の値は水産講習所『水産講習所一覧』(自明治 32 年 4 月至明治 33 年 3 月)，1901 年，101-102 頁，1901 年の値は『水産講習所一覧』(自明治 34 年 4 月至明治 35 年 3 月)，1902 年，113-114 頁，1903 年の値は『水産講習所一覧』(自明治 36 年 7 月至明治 37 年 6 月)，1904 年，78-79 頁，1906 年の値は『水産講習所一覧』(自明治 39 年 7 月至明治 40 年 6 月)，1907 年，87-88 頁，1907 年の値は『水産講習所一覧』(自明治 40 年 7 月至明治 41 年 6 月)，1908 年，97-99 頁，1908 年の値は『水産講習所一覧』(自明治 41 年 7 月至明治 42 年 6 月)，1909 年，109-110 頁，1909 年の値は『水産講習所一覧』(自明治 42 年 7 月至明治 43 年 6 月)，1910 年，113-115 頁，1910 年の値は『水産講習所一覧』(自明治 43 年 7 月至明治 44 年 6 月)，1911 年，125-126 頁，1913 年の値は『水産講習所一覧』(自大正 2 年 7 月至大正 3 年 6 月)，1914 年，95 頁より作成。

表 3-6　遠洋漁業練習科第1学年の学科課程

	第1学期	週時	第2学期	週時	第3学期	週時
航海学	量地航法	4	測天航法	3	左と同じ	3
船舶運用法	縦帆航法	4	横帆航法	3	入港投錨法	3
造船学	造船理論	3	漁船構造法	3	左と同じ	2
海洋学		3		2		2
気象学	暴風理論	2	天気予測	2		
数学	三角法，解析幾何	3	解析幾何	3		
英語	英語	4	左と同じ	4	左と同じ	4
国際法及船員船舶法	船舶職員法	2	船員法国際法	2		
実習	漁船漁具運用	7	船体船具修補及作成 操銃射撃	17	左と同じ	25
計		32		39		39

註）水産講習所『水産講習所一覧』(自明治32年4月至明治33年3月)，1900年，49-50頁より作成。

「遠洋漁業練習」を加えた四科構成とした[25]。

漁撈・製造・養殖の三科については、「伝習規定ニ定ムル学科ニ就キ希望ノ科目ヲ研究」することが規定され、個々人の課題を追究する場としたのに対して、「遠洋ノ漁業ニ必要ノ学術ヲ研究」する遠洋漁業練習科は「航海造船漁具構成漁撈海洋地文及気象等ノ各学科ヲ研究」する場であると、より具体的に科の性格を規定していた[26]。

一九〇〇(明治三三)年には、官立水産講習所が「水産講習所伝習規則」制定による組織改組を実施したことで、遠洋漁業練習科は研究科から独立した。そのため、新たに「遠洋漁業練習科規程」(官立水産講習所内規、一九〇〇(明治三三)年三月)が制定され、遠洋漁業練習科は「遠洋漁業ニ従事スベキモノヲ養成」する就業年限三年以内の学科であること、そして第一学年での「学科」講習を経て、第二学年、第三学年で「船舶ニ乗組マシメ実地ノ練習」をおこなう課程を採用すると規定された[27]。

新たな規程で養成されることとなった遠洋漁業練習科生の第一学年の学科課程は、船舶の運用に必要な各種航法や気象学、法規を教授しながら「実習」を課すことで、知識と技能の両面にたけた遠洋漁業従事者を養成しようとしていた(表3-6参照)。

徒乗船実習概要一覧

舶		漁猟種別
定繫港・船籍港	船主	
田原（紀伊国）	藪本由松	臘虎，膃肭獣
石巻（陸前国）	吉田代吉	臘虎，膃肭獣
函館（渡島国）	帝国水産株式会社	臘虎，膃肭獣
函館（渡島国）	帝国水産株式会社	臘虎，膃肭獣
東京	青木孝	臘虎，膃肭獣
函館（渡島国）	帝国水産株式会社	臘虎，膃肭獣
大牟田（筑後国）	坂井眞澄	鱶
品川町（武蔵国）	報効義会	鮪
品川町（武蔵国）	報効義会	鮪
下関（長門国）	日本遠洋漁業株式会社	鯨

が，その詳細は不明。
0年，100頁より作成。

とりわけ「実習」には、第二学期以降多くの時数が割かれ、第二学期では一七時数（合計毎週時数の約四四％）、第三学期では二五時数（合計毎週時数の約六四％）にのぼった。なお、第二学期以降の実習に、「操銃射撃」が加えられていることからは、臘虎《ラッコ》猟や膃肭獣《オットセイ》猟に必要な、猟銃のあつかい方を教授しようとしていたことがわかる。学科課程は、初期の遠洋漁業の漁獲・猟獲対象や発展形態をよく体現している。

しかし、こうした官立水産講習所内でおこなわれた講習は、あくまで第二学年以降の「実地」における「練習」に対応できる知識や技能を身に付けるためのものであった。練習生にとっては、「実地ノ業ニ当リ技術ヲ練磨シ学理応用ノ知識ヲ養成スルヲ目的」[28]とした二年間の「実地ノ練習」こそが、乗船履歴を得ながら自らの技能を向上させる場であった。またそれぞれの進路希望にそった知識や技能を得られるチャンスでもあった[29]。

官立水産講習所は、「実地ノ練習」により練習生が二年間にわたり直接の管理下から離れるため、「遠洋漁業練習科実習規程」（官立水産講習所内規、一九〇〇（明治三三）年三月）を制定し、「実地ノ練習」に関する実施要綱を細かく規定した[30]。第一条

表3-7　1900年現在の遠洋漁業練習

練習生氏名	乗			
	船名	総トン数	船質	帆装・機関
南摩紀麿	天祐丸	54.57	木	スクーナー型帆船
森茂樹	愛洋丸	69.71	木	スクーナー型帆船
高原剛太郎	海王丸	93.21	木	スクーナー型帆船
石野敬之	第三千島丸	72.02	木	スクーナー型帆船
志村次郎	八千代丸	76.04	木	スクーナー型帆船
高橋劉二	順天丸	44.57	木	スクーナー型帆船
木村廣三郎	筑紫丸	64.05	木	スクーナー型帆船
宮澤九萬男	占守丸	91.49	木	スクーナー型帆船
松崎彌市	占守丸	91.49	木	スクーナー型帆船
藤田勘太郎	第一長周丸	66.02	鉄(汽)	スクーナー雙暗車

註1）第一長周丸のみ登簿噸数。船質の(汽)は汽船を意味するものと考えら
註2）水産講習所『水産講習所一覧』(自明治32年4月至明治33年3月

では、「遠洋漁業実習」は「実地ノ業ニ当リ技術ヲ練磨」するとともに、「学理応用ノ知識ヲ養成」することを目的にしていること、第二条では遠洋漁船に乗り組んでの実習とすること、第四条では実習は艤装にはじまり、漁船運用、漁撈活動と順におこなうことが示された。第五条、第六条では実習監督と実習内容の詳細決定は、乗り組んだ漁猟船の船長もしくは漁撈長がおこなうことなどが規定された。これら実習の成果報告としては、先の「遠洋漁業練習科規程」第八条にもとづき、最終学年時に「研究シタル事項ニ就キ論文ヲ提出」することとなっていた。

遠洋漁業練習生の「実地ノ練習」実態については、上述したとおり詳細な内容を船長もしくは漁撈長が決めており、なおかつ官立水産講習所の直接の管轄から離れるため、全容を把握することは困難となっている。しかし、生徒が乗り組んだ漁船については、その詳細が明らかとなっている（表3-7参照）。一九〇〇（明治三三）年の時点で練習生が乗り組んでいたのは、ほとんどが四〇トンから九〇トンほどの木造スクーナー型帆船[31]であった。実施された漁猟の種別は、臘虎・膃肭獣猟が過半数を占めており、練習生は外国猟船への対抗とし

ておこなわれた当時の典型的な遠洋漁業に従事することで、「技術ヲ練磨」し「学理応用ノ知識」を身に付けることが期待されていたことになる。

（二）遠洋漁業練習生制度と一体化した官立水産講習所の教育

官立水産講習所における遠洋漁業練習生の養成は、練習生の採用こそ「遠洋漁業練習生規程」によっていたけれども、教育の内容等その他一切は官立水産講習所に任されていた。この傾向が一層鮮明になるのは、一九〇四（明治三七）年の「水産講習所伝習規則」の改定（農商務省令第九〇号）以降のことであった。[32]

この規則改定を機に、遠洋漁業練習科は、「練習」の二文字がはずされ遠洋漁業科に名称変更した。入学者についても、従来の「遠洋漁業練習科ノ生徒タルモノハ明治三十一年五月告示第十二号遠洋漁業練習生規程ニヨリ採用シタル遠洋漁業練習生ニ限ル」[33]とされていたものが、「遠洋漁業科ニ於テハ遠洋漁業練習生規程ニヨリ採用セラレタルモノ又ハ本所漁撈科卒業生」[34]とあらためられ、「遠洋漁業練習生規程」に依拠しない生徒の採用が可能となった。

この「水産講習所伝習規則」の改定にあわせて「遠洋漁業練習生規程」（一九〇四（明治三七）年、農商務省告示第九二号）も改定された。改定規程の第一条では、「遠洋漁業練習生ハ水産講習所本科漁撈科卒業生又ハ之ト同等以上ノ学術技能ヲ有スト認ムル者ヨリ選抜採用」すると規定され、遠洋漁業練習生として採用され、官立水産講習所の遠洋漁業科に入学が許されるのは、原則的に官立水産講習所の本科漁撈科卒業生となった。こうして、遠洋漁業練習生制度は、官立水産講習所との関係を深め、そして一体化していった。官立水産講習所本科漁撈科から、遠洋漁業科へと続く六年間の教育によって完成される官立水産講習所の遠洋漁業従事者養成機能がここに内製化されたといえる。

（三）　遠洋漁業科の教育と卒業生の就業動向

「遠洋漁業奨励法」施行以後、遠洋漁業は急速に発達した。遠洋漁業科の教育実態にもそれは反映された（表3-8参照）。一九一一（明治四四）年に遠洋漁業科生徒が乗り組んだ実習船は、半数程度が二〇〇トン前後の鋼船となり、木造帆船などからの大型化が進んでいたことがわかる。同時に動力化も進んでおり、すべての船舶が補助機関を据え付けていた。帆装形態も多様化しており、帆走性能が高く、良好な経済性を発揮するスクーナー型が依然として多用されているものの、ケッチ型やバーク型も用途に応じて活用されはじめているのがわかる。ケッチ型は、大型化が困難である反面、帆走性能が高いため、その機動力を活かして第二田鶴丸や第三田鶴丸のように鮮魚運搬にももちいられるようになっている。[35][36]

なお、ここで得た乗船履歴を活用して、遠洋漁業科の生徒は「在学中船舶職員試験ヲ受ケ海技免状ヲ受領」することが可能となっていた。一九一三（大正二）年現在で、遠洋漁業科に在学している二二名中二一名が海技免状（種別不明）を取得することができていた。[37]

漁船の能力向上にあわせて、トロール漁業の興隆がはじまる。遠洋漁業科生徒が乗り組んだ二一隻の漁船（試験船を含む）のうち、一五隻がビームトロール漁業もしくはオッタートロール漁業をおこなう漁船であったことはそのことをあらわしている。[38][39]

わが国で汽船をもちいたトロール漁業は、一九〇五（明治三八）年に開始されたとされている。その後、鋼船トロール汽船の導入や、政府から遠洋漁業奨励金の下付を受けることで、「トロール漁業者はいずれも相当の成績[40]

表 3-8　1911 年現在の遠洋漁業科生徒乗船実習概要一覧

練習生氏名	乗船船舶					漁猟種別
	船名	総トン数	船質	帆装・機関	船主	
吉田義男	萬生丸	193.28	木	スクーナー型汽船	神戸汽船株式会社	オッタートロール
宮脇伊太朗	信徳丸	215.00	木	スクーナー型汽船	高津柳太郎	オッタートロール
福野久松	音羽丸	197.00	鋼	スクーナー型汽船	内外水産株式会社	オッタートロール
蓑田静夫	若狭丸	53.05	木	補助機関付ケッチ型帆船	若狭漁業株式会社	鰆流網
岩本清太郎	高志丸	94.00	木	スクーナー型帆船	富山県水産試験場	鱈
日比義三	雲鷹丸	448.25	木	補助機関付バーク型帆船	官立水産講習所	鱶，鮪，その他
溝上二州	紀国丸	19.96	木	補助機関付ケッチ型帆船	和歌山県水産試験場	鰹釣，鮪延縄
市川峰吉	水産丸	58.00	木	補助機関付ケッチ型帆船	水産会	ビームトロール
與儀喜宣	凌海丸	40.00	木	補助機関付ケッチ型帆船	台湾総督府	ビームトロール
木下信資	彌生丸	196.00	鋼	スクーナー型汽船	板倉千次郎	オッタートロール
飯尾公壽	第一博多丸	198.00	鋼	スクーナー型汽船	博多汽船株式会社	オッタートロール
谷本坂恵	信徳丸	215.00	鋼	スクーナー型汽船	高津柳太郎	オッタートロール
後藤節藏	第一丸	199.63	鋼	スクーナー型汽船	田村市郎	オッタートロール
古閑義康	第二田鶴丸	41.00	木	補助機関付ケッチ型帆船	古川治朗兵衛	鮮魚運搬
新井藤一郎	第三田鶴丸	40.00	木	補助機関付ケッチ型帆船	古川治朗兵衛	鮮魚運搬
伊藤猪六	恵比寿丸	214.00	鋼	スクーナー型汽船	高橋鐵石	オッタートロール
加藤平吉	信徳丸	215.00	鋼	スクーナー型汽船	高津柳太郎	オッタートロール
柴戸雅一	鶴江丸	215.00	鋼	スクーナー型汽船	汽船漁業株式会社	オッタートロール
木村呈	千鳥丸	79.00	木	補助機関付ケッチ型帆船	澤山清八朗	流網
竹田重雄	恵比寿丸	214.00	鋼	スクーナー型汽船	高橋鐵石	オッタートロール
後藤榮助	第二幸徳丸	202.00	鋼	スクーナー型汽船	東洋汽船株式会社	オッタートロール
木村成松	第一長門丸	87.48	鋼	スクーナー型汽船	小田楳太郎	オッタートロール

註 1）定繋港・船籍港は不明。
註 2）水産講習所『水産講習所一覧』(自明治 43 年 7 月至明治 44 年 6 月)，1911 年，120-121 頁より作成。

をあげ、トロール漁業は急速な発展の機運にめぐまれ[41]」た。

ただ一方で、圧倒的な漁獲効率を誇るトロール漁業は、底生魚族をまさしく「一網打尽」とすることから、各地で沿岸漁民との衝突をまねいていた。沿岸漁民との軋轢が深刻化[42]することを恐れた政府は、一九一〇（明治四三）年には早々と汽船トロール漁業に対する遠洋漁業奨励金の下付を中止する[43]とともに、「汽船「トロール」漁業取締規則」（一九〇九（明治四二）年四月六日、農商務省令第三号）を制定した[44]。

沿岸漁場から締め出されたトロール漁業者は、新たな漁場を沖合・遠洋に求めなければならなくなっていった。遠隔地での操業を余儀なくされたトロール漁船は、大型化・動力化がさらに進むこととなった。そして同時に、大型化・動力化した漁船を運航させることができる有資格者の需要を生み出した。上記のように、遠洋漁業科生がトロール漁船に乗船するようになったことには、こうした日本漁業の展開過程との関連が指摘できる。

なお、一九一三（大正二）年以降の船腹減少にあらわれた汽船トロール漁業の停滞[45]（表3-9参照）は、乱獲による需給バランスの崩壊と、第一次世界大戦の勃発により「海運界未曾有ノ活躍ヲ呈シ船腹不足ヲ来シタル結果船価ノ暴騰トナリ、トロール漁船ノ或モノハ改造セラレテ貨物船トナリ或モノハ交戦国ニ軍事用トシテ売却[46]」されたことを要因としている。

日本のトロール漁船が、掃海艇への改修を前提として主戦場であるヨーロッパ諸国に売却された具体的な動静

表3-9　汽船トロール漁業の勃興

年次	船数（隻）	漁獲高（円）
1905（明治38）年	1	不明
1906（明治39）年	2	不明
1907（明治40）年	3	不明
1908（明治41）年	7	不明
1909（明治42）年	13	不明
1910（明治43）年	18	492,436
1911（明治44）年	73	1,528,655
1912（大正1）年	133	3,832,481
1913（大正2）年	139	4,738,451
1914（大正3）年	131	4,089,109
1915（大正4）年	125	3,899,717
1916（大正5）年	71	3,272,843

註）農商務省水産局『遠洋漁業奨励事業成績』，1918年，6頁より作成。

については、長崎県水産組合連合会『長崎水産時報』（第七六号）[47]が詳しい。参考に、同誌の「トロール船売買の一段落」とする記事を転記する。

欧州交戦諸国に於て掃海船として本邦トロール漁船を買収しつゝある事は大方の既知せるところなるが今日までに英、佛、伊の三国に売却されたるト船隻数は総計三十七隻にして其中伊太利政府に於て買収したる数最も多く合計二十六隻（中略：引用者）売却ト船の価格は伊国政府に於ては商務官ガバザン氏を本邦に特派しロイド会社に嘱託して厳密に船体検査を行ひたる上買価を評定したるが船主側に於ては此の好買人の現はれたるに乗じ幾分売腰を強くしたる為め最後内田氏の清丸の如きは無論噸数も大且つ船体も良なりしにも因れど拾五万円にて売買契約成立し又博多遠洋漁業会社の十二隻も平均一隻の価格拾参万円、割安のものにしても拾万円見当に売行たりと之を当初一隻の価格七万円より八万円（内地渡価格）に比すれば頗る好価格なり、因に博多遠洋漁業会社の十二隻は本月上旬中下関に回航の上全部の引渡を了すべき筈なりしと（傍線：引用者）[48]

同文からは、乱獲による船腹数と資源量とのバランス崩壊に苦しんでいた日本の船主が、掃海艇や輸送船などの船腹の決定的な不足に見舞われた欧州の交戦国に、保有漁船を高値で売り抜ける好機を得ていたことがわかる。

さて、遠洋漁業従事者の養成形態や需要動向が、上述の日本漁業の展開とともに変化していくように、遠洋漁業科卒業生の就業先も変化をみせる。遠洋漁業科（遠洋漁業練習科を含む）を一九〇〇（明治三三）年から一九〇八（明治四一）年までの九年間に卒業した一二三名の就業動向をみると、農商務省や官立水産講習所、大日本水産会といった中央官庁や主要な水産関係機関に技師や技手として就職しており、実際の漁業に従事する者は限られていたことがわかる〔表3-10参照〕。漁船構造や漁撈についての高度な専門知識・技能を有する人材がいまだ不足するなかで、遠洋漁業科卒業生は、当初、この分野の指導者となることが求められた結果であろう。

これに対して、汽船トロール漁業に代表される大規模遠洋漁業が発達する、一九一〇（明治四三）年から一九一三（大正二）年までの四年間に卒業した遠洋漁業科生三〇名の就業動向は、トロール漁船の乗組員（一三名）が最大勢力となった〔表3-11参照〕。トロール漁船の乗組員となる者が増加するのは、汽船トロール漁業の勃興にともなった船腹の増加が関係しているのは明らかであろう。しかし、漁船乗組員とはならず府県水産試験場・水産講習所の職員となる者も五名確認できる。府県水産試験場については、動力漁船の普及と漁場の外延的拡大によって、わが国の漁獲生産量が増大する明治後期からの活動が高く評価されている。

府県水産試験場について二野瓶徳夫は、漁業従事者が「みずからの力で新技術を導入できるほどの主体的条件を持たなかった時代」において、府県水産試験場の「沖合遠洋漁業に関連する漁撈試験」の影響力に着目している[49]。そのうえで、府県水産試験場がこの漁撈試験の「結果を漁業者に速報し、漁夫や船頭の実地教育」をおこなうことで、近代漁業技術を普及させる槓杆的役割を果たしたと指摘した[50]。すなわち、府県水産試験場の研究機能が、近代漁業技術に対応することができる漁業従事者の養成をも同時に担ったと評価しているのである。こうした府県水産試験場の漁撈試験を担った者の一部に、遠洋漁業科卒業生がいたことは注目されてよいのではないだろうか。

表 3-10　遠洋漁業科卒業生の就業動向

卒業年	氏名	就業先	
		1907年現在	1913年現在
1900(明治33)年	黒田九萬男 (旧姓宮澤)	官立水産講習所技手	東北帝国大学農科大学水産科講師
1901(明治34)年	南摩紀麿	帝国水産株式会社取締役技師長	不明
	藤田勘太郎	自家営業	不明
	木村廣三郎	朝鮮《(ママ)》統監府技手	朝鮮総督府農商工部殖産局技手
1902(明治35)年	高原剛太郎	不明	日本遠洋漁業株式会社
	志村次郎	山口県熊毛郡水産巡回教師	東京府大島島庁技手
	石野敬介	金勢丸漁猟長	農商務省技手
	松崎彌市	自家営業	自家営業
	森茂樹	不明	不明
1903(明治36)年	高橋劉二	自家営業	自家営業
	下田杢一	農商務省技手兼官立水産講習所技師	農商務省技師兼官立水産講習所技師
1904(明治37)年	小金丸増次郎	在米	実業
	戸田半平	岩手県宮古水産学校教諭	長崎県水産試験場飛龍丸乗組
1905(明治38)年	前田春水	●韓国釜山水産組合技手	朝鮮江原道江稜郡水産実習所
	松尾秀夫	●秋田県水産試験場技手	岩手県宮古水産学校教諭
	佐藤正孝	トロール漁船第一丸漁猟長	トロール漁業自営
1906(明治39)年	田中仁吉	在米	官立水産講習所嘱託
	黒木圓太	三重県水産試験場技手	宮城県水産試験場技師
1907(明治40)年	筧多記	●静岡県水産試験場技手	大日本水産会
	美代清信	●鹿児島県水産試験場技手	不明
1908(明治41)年	川添友志	不明	死亡
	上枝平五郎	●官立水産講習所助手	大日本水産会漁船設計部技師
	小松重利	●在南米	ラサ島燐礦合資会社

註 1）1900 年から 1902 年の卒業生は，遠洋漁業練習科の卒業生。
註 2）就業先に●がある者は，1909 年現在の就業先。
註 3）水産講習所『水産講習所一覧』(自明治 40 年 7 月至明治 41 年 6 月)，1908 年，90-117 頁，『水産講習所一覧』(自明治 41 年 7 月至明治 42 年 6 月)，1909 年，100-131 頁，『水産講習所一覧』(自大正 2 年 7 月至大正 3 年 6 月)，1914 年，87-88 頁より作成。

表 3-11　遠洋漁業科卒業生の 1913 年現在における就業動向

卒業年	氏名	就業先
1910(明治43)年	林田甚八	高津商店トロール漁業
	国司浩助	トロール漁業
	柳悦多	公海漁業株式会社漁撈長
	長友寛	一年志願兵
	安達誠三	台湾総督府技手凌海丸監督
	秋山實	福岡県水産試験場技手
1911(明治44)年	吉田義男	トロール漁業船第二下関丸船長
	福野久松	防長漁業株式会社防長丸乗組
	木下信資	福島県水産試験場技手
	溝上二州	愛媛県水産試験場技手
	宮脇伊太朗	農商務省所属船速鳥丸船長
1912(大正1)年	谷本坂惠	一年志願兵
	市川峰吉	大敷網漁業
	新井藤一郎	山口県水産試験場技手
	蓑田静夫	一年志願兵
	與儀喜宣	富山県水産講習所技手
	後藤節藏	神戸汽船漁業株式会社トロール漁業
	飯尾公壽	博多汽船漁業株式会社トロール漁業
	日比義三	一年志願兵
	岩本清太郎	不明
1913(大正2)年	渡邊康介	死亡
	加藤平吉	農商務省技手農商務省所属速鳥丸運転士
	武富榮一	トロール漁業船海幸丸船長
	竹田重雄	汽船漁業株式会社トロール漁業
	後藤榮助	トロール漁業船第一長門丸船長
	柴戸雅	トロール漁業船住江丸船長
	伊藤猪六	明治漁業株式会社トロール漁業
	辻知一	明治漁業株式会社トロール漁業
	木村成松	トロール漁業船大正丸船長
	木村呈	トロール漁業船芳洋丸船長

註）水産講習所『水産講習所一覧』(自大正２年７月至大正３年６月)，1914 年，88-89 頁より作成。

第四節　多様化した遠洋漁業従事者の養成形態

（一）現業科における遠洋漁業従事者養成

初期の官立水産講習所現業科は、「当業者又ハ其子弟他水産ノ業ヲ営マントスル者ニ必要ノ技術ヲ伝習スル」ことを目的として、すでに漁業や水産加工業に就業している者を再教育する場として位置づけられていた。「明治三十一年現業科伝習要項」をみると、現業科の設置初年度は一〇名が入学を許可されている。[51]秋田県、宮城県、石川県、京都府、鹿児島県の各府県から選抜された五名に対しては、「缶詰機械ノ組立」、「製缶及封蝋」、「缶詰ノ理論」等が魚貝缶詰法講習として伝習された。青森県、岩手県、茨城県、和歌山県、熊本県の各県から選抜された五名に対しては、「魚油採取法」、「沃度ノ原料性質」等が魚油魚蝋精製法・沃度製造法講習として伝習された。

漁業・水産加工業者ならびにその子弟の再教育機関として、水産製造技術の伝習をおこなおうとしていた現業科に、新たな機能として遠洋漁業従事者養成機能が付加されるのは、一九〇五（明治三八）年の「遠洋漁業練習生規程」の改定（農商務省告示第一二九号）以後のことであった。同規程の改定により、遠洋漁業練習生が「本科生」と「簡易科生」の二つに区分されるようになり、前者の本科生は従来どおり遠洋漁業科生徒として、そして後者の簡易科生は修業年限一年の現業科の遠洋漁業専修生として、官立水産講習所に受け入れられることとなった。簡易科生は、「各種水産学校又ハ地方水産講習所ニ於テ漁撈ニ関スル学科ヲ卒業シタル者」もしくは「一年以上航洋船ニ乗組ミ運航ニ従事シタル者又ハ二年以上沖合ノ漁業ニ従事シタル者」を選抜して採用するとしていた。

受験資格として求められる学歴に、実業学校である水産学校と、「傍系」の教育機関とされる府県水産講習所が併記されている点は、当時の両教育機関の位置づけを探るうえで興味深い。すなわち府県水産講習所が、簡易科生の受験資格という限定された部分についてではあるけれども、人材養成能力において必ずしも水産学校に劣る存在とは見なされていなかった可能性がある。

遠洋漁業練習生規程（一九〇五（明治三八）年、農商務省告示第一一九号）

第一条　遠洋漁業練習生ハ本科生及簡易科生トシ左ノ各号ノ一ニ該当スル者ヨリ選抜採用ス

一　本科生

水産講習所本科漁撈科卒業生又ハ之ト同等以上ノ学術技能ヲ有スト認ムル者

二　簡易科生

一　各種水産学校又ハ地方水産講習所ニ於テ漁撈ニ関スル学科ヲ卒業シタル者

二　一年以上航洋船ニ乗組ミ運航ニ従事シタル者又ハ二年以上沖合ノ漁業ニ従事シタル者

第二条　前条ニ依リ採用セラレタル者ハ本科生ニ在リテハ水産講習所遠洋漁業科、簡易科生ニ在リテハ水産講習所現業科ニ於テ遠洋漁業ニ関スル学術技能ヲ練習セシムルモノトス但シ農商務大臣ニ於テ外国ノ船舶ニ乗組ヲ命シタルトキ又ハ外国ニ派遣ヲ命シタル場合ハ此ノ限ニ在ラス（以下略、傍線：引用者）

この「遠洋漁業練習生規程」の改定は、二つの点で意味をもつものとなっている。一つは、農商務省水産局の技師であった下啓助をして、「漁猟長たり漁猟手たるべき技量を備ふる者多少之れ有りと雖も、要するに漁猟職員は甚だ少人数[52]」であるとの認識を示さざるを得ない状況を反映した、遠洋漁業従事者の養成拡充策としての意味である。そしてもう一つが、従来は接続関係になかった府県水産講習所と官立水産講習所が、「遠洋漁業練習生規程」を介して、接続関係をもつにいたった事実であった。それも、水産学校とならんで府県水産講習所が位置づけられたことは、官立水産講習所が中学校卒業以外の学歴を有する者を受け入れる決断をした事実とともに意味がある。

（二）遠洋漁業従事者養成形態の多様化

現業科の役割は、一九〇五（明治三八）年の「遠洋漁業練習生規程」改定以後も拡大する。一九〇七（明治四〇）年には、「遠洋漁業奨励法施行細則」が改定（農商務省令第一五号）され、新たに「漁業奨励金ヲ受クヘキ遠洋漁猟船ニシテ本船ヲ以テ鯨猟業ヲ為スモノニ在リテハ砲手ノ職務ハ漁猟長又ハ漁猟手ヲシテ之ヲ行ハシムルコトヲ要ス[53]」と規定され、奨励金を受けて操業する捕鯨船の砲手の職務が、漁猟長資格もしくは漁猟手資格を有する者の独占業務となった。これにあわせて、「捕鯨砲手養成ノ必要ヲ認メ現業科生トシテ其授業[54]」が開始された[55]。「短期ニ漁猟員ヲ養成スルノ必要ヲ認メ[56]」て開始された現業科における遠洋漁業従事者養成は、一九〇五（明治三八）年に第一期の六名が養成されたのを皮切りに、一九一〇（明治四三）年の第六期までに計六二名の養成実績を残した[57]。一九〇六（明治三九）年には一一名、一九〇七（明治四〇）年には二七名、一九〇八（明治四一）年には一二名と、短期間に集中して遠洋漁業従事者を養成することで、現業科は当初の目的を達成した（表3-12参照）。

しかしながら、現業科における遠洋漁業練習生簡易科生の養成は、一九〇五（明治三八）年から一九一〇（明治四三）年までの六期で終了した。この要因には、現業科における養成がピークを迎えた一九〇七（明治四〇）年以降、

表3-12 「遠洋漁業練習生規程」に依る採用数

採用年度	本科生	簡易科生
1905(明治38)年	6	6
1906(明治39)年	4	11
1907(明治40)年	6	27
1908(明治41)年	8	12
1909(明治42)年	12	5
1910(明治43)年	9	1
計	45	62

註）農商務省水産局『遠洋漁業奨励事業成績』, 1918年, 11頁より作成。

急速に漁猟職員養成形態の多様化が進んでいたことがあった。

既述したように、一九〇七（明治四〇）年の「府県水産講習所規程」（農商務省令第一一号）第三条により、府県水産講習所には遠洋漁業科の設置が認められ、現業科へと接続することなしに、独自に遠洋漁業従事者の養成をおこなうことが可能となっていた。そればかりか、同じ年の「遠洋漁業奨励法施行細則」（農商務省令第一五号）第三二条で、農商務大臣の認定を受けた府県水産講習所の遠洋漁業科卒業生には、無試験で丙種漁猟長免状が付与される特典までもが与えられるようになっていた。

現業科において漁猟職員を養成する必要性をさらに薄れさせたのは、一九〇九（明治四二）年の「遠洋漁業奨励法」（法律第三七号）であった。この改定で、「主務大臣ハ必要ト認メタル場合ニ於テ漁船船員ノ養成及救済ノ業務ヲ執行スル営利ヲ目的トセサル法人ニ対シ(58)」奨励金を下付することが可能となる条文が加えられた。同時に、「遠洋漁業練習生規程」（一九〇九（明治四二）年、農商務省告示第二三六号）にも手が加えられ、簡易科生は「農商務大臣ノ指定セル講習所、学校、試験場、漁船船員養成所又ハ遠洋漁船ニ於テ遠洋漁業ニ関スル学術、技能ヲ練習(59)」することとされた。すなわち、簡易科生への講習は、官立水産講習所の現業科以外でもおこなえるようになった。

この「遠洋漁業練習生規程」の改定にあわせて、大日本水産会は漁船々員養成所を東京と清水の二カ所（一九一二（大正元）年には長崎支部を加えた三カ所となる）に設け、人材の養成をおこなっている。養成実績は、漁猟職員に限定してみても、一九〇九（明治四二）年の設置から一九一六（大正五）年までの八年間で一〇四六名に達した（表3-13参照）。

農商務省が、以上のような多様化策をとった背景には、府県水産講習所や水産学校、水産試験場などの水産関係機関の整備が各地で進んでいたことがある。府県水産講習所の展開と、遠洋漁業従事者養成形態の多様化との関係は、第四章以降で明らかにする。

(三) 漁猟職員資格の廃止と官立水産講習所

漁猟職員養成形態の多様化策が、上述した大日本水産会の漁船々員養成所の例からもわかるように成果を残したことで、農商務省は漁猟職員養成に関する奨励規模を次第に縮小させる。その端緒は、一九〇九(明治四二)年の「遠洋漁業奨励法」改定(法律第三七号)にすでにみられる。

表3-13 漁船々員養成所における漁猟職員養成数

年次	場所	人数	
1909(明治42)年	東京	71	105
	清水	34	
1910(明治43)年	東京	83	173
	清水	90	
1911(明治44)年	東京	134	143
	清水	9	
1912(大正1)年	東京	120	173
	清水	45	
	長崎	8	
1913(大正2)年	東京	89	174
	長崎	85	
1914(大正3)年	東京	98	121
	長崎	23	
1915(大正4)年	東京	87	
1916(大正5)年	東京	70	
計		1,046	

註) 農商務省水産局『遠洋漁業奨励事業成績』, 1918年, 12頁より作成。

この改定により、漁猟職員奨励金の支出対象から漁猟夫が除外された[60]。より高い専門性が要求される漁猟長ならびに漁猟手の養成には従来どおり奨励金が支出されたものの、奨励対象の大きな部分を占めた漁猟夫に対する奨励を中止したことで、一九〇八(明治四一)年には一万八一三〇円とピークに達していた漁猟職員奨励額が、一九一〇(明治四三)年には四三七七円に減少した[61]。

一九一四（大正三）年の「遠洋漁業奨励法」改定（法律第六号）では、ついに漁猟長と漁猟手に対する奨励金の支出も中止される[62]。そればかりか、「漁猟船ニ命令ヲ以テ定ムル資格ヲ有スル漁猟職員ヲ乗組マシムルコトヲ命スルコトヲ得[63]」との表現で、漁猟長や漁猟手を必ずしも遠洋漁業奨励金の下付を受ける漁船に配乗させることを義務とはしなくした。

結果的に、「遠洋漁業奨励法」にもとづく漁猟職員への奨励金は、一九一四（大正三）年に二六七円が支出されたのが最後となった[64]。一九一八（大正七）年に改定された「遠洋漁業奨励法」（法律第一一号）と「遠洋漁業奨励法施行細則」（農商務省令第九号）からも、漁猟職員に関する規定がすべて削除された。一九〇五（明治三八）年に創出された漁猟職員資格は、ここに一四年の歴史に幕を閉じた。

漁猟職員資格が廃止された一九一八（大正七）年以降も、官立水産講習所の「本科漁撈科卒業生ニシテ三箇年以上船舶ニ乗組タル者ニ対シテハ該船舶ノ種類ニ依リ甲種二等運転士ノ受験資格[65]」が逓信省から認定されており、官立水産講習所は資格付与機関として「高級船員」を養成する教育機関であり続けたことにかわりはなかった。実際、漁猟職員資格制度が廃止された一九一八（大正七）年以降も、官立水産講習所の遠洋漁業科からは船舶職員が誕生しており、資格者養成機関としての役割を果たし続けていた。

しかし、本科漁撈科から遠洋漁業科へ進学する者は、漁猟職員養成への奨励策が縮小していく一九一四（大正三）年頃から徐々に減少していた。一九一四（大正三）年から一九二四（大正一三）年の本科漁撈科卒業生二五二名のうち、遠洋漁業科へと進学した者は四〇名で一五・九％にとどまる（表3-14参照）。一八九九（明治三二）年から一九一三（大正二）年（一九〇〇（明治三三）年、一九〇二（明治三五）年、一九〇四（明治三七）年、一九〇五（明治三八）年、一九一一（明治四四）年、一九一二（大正元）年を除く）までの間の遠洋漁業科進学実績である三六・二％から半減しており、

表 3-14　本科漁撈科卒業後の進路

卒業年	本科漁撈科卒業生数	進学・就業等の内訳																	
		遠洋漁業科	研究科	官立水産講習所教職員	府県水産試験場職員	府県水産講習所職員	農商務省水産局官吏・雇	水産学校教員	水産巡回教師	水産関係公吏・その他公吏	水産関係会社々員	その他・業種不明会社々員	水産・漁業組合等職員	漁業従事者・実業従事者	学生	兵役	死亡	その他	不明
1914(大正3)年	21	5	3	1	2	0	0	0	0	0	3	1	0	2	0	1	0	0	3
1915(大正4)年	30	9	1	0	1	1	1	1	0	1	2	1	0	1	0	4	0	0	7
1916(大正5)年	16	3	1	1	1	0	0	1	0	6	0	0	1	0	0	1	1	0	0
1917(大正6)年	27	2	1	0	2	0	0	1	0	6	5	0	0	2	0	5	1	0	2
1918(大正7)年	20	1	0	1	2	0	1	0	0	3	4	0	0	1	0	6	0	0	1
1919(大正8)年	23	6	0	2	2	0	0	1	0	2	3	2	0	0	0	4	0	0	1
1920(大正9)年	21	4	0	0	3	0	1	0	0	0	10	0	0	1	0	0	0	0	2
1921(大正10)年	27	3	0	1	3	0	3	0	0	2	11	0	0	3	0	0	0	0	1
1922(大正11)年	24	2	0	2	7	0	2	2	0	0	5	0	0	0	1	0	0	0	3
1923(大正12)年	17	0	0	1	1	0	0	1	0	0	4	0	1	0	0	8	0	0	1
1924(大正13)年	26	5	1	1	2	1	0	0	0	2	7	0	0	1	0	5	0	0	1
計	252	40	7	10	26	2	8	7	0	22	54	4	2	11	1	34	2	0	22

註）1914-1915 年の値は『水産講習所一覧』(自大正 4 年 7 月至大正 5 年 6 月)，1917 年，94-95 頁，1916 年の値は『水産講習所一覧』(自大正 6 年 4 月至大正 7 年 3 月)，1918 年，87-88 頁，1917-1918 年の値は『水産講習所一覧』(自大正 7 年 4 月至大正 8 年 3 月)，1919 年，88-89 頁，1919-1920 年の本科漁撈科の値は『水産講習所一覧』(大正 9 年)，1920 年，78-79 頁，1921 年の本科漁撈科の値は『水産講習所一覧』(大正 10 年)，1922 年，82 頁，1922 年の値は『水産講習所一覧』(大正 11 年)，1923 年，79-80 頁，1923 年と 1924 年の値は『水産講習所一覧』(自大正 12 年至大正 13 年)，1924 年，80-81 頁より。

本科漁撈科生徒の意識のなかで遠洋漁業科離れが起っていた（表3-5、表3-14参照）。

同時に、もともと少なかった研究科への進学も三・五％から二一・八％へと減少した。一方で、水産関係会社への就業が二・八％から二一・四％へと急増していることからは、本科漁撈科生徒の意識が、進学志向から就業志向へと転換していたことがわかる。遠洋漁業科への進学を本科生が敬遠した理由は、日本全体の産業構造の近代化を背景とした複合的なものであろうから断定することはできない。しかしながら、遠洋漁業科卒業生の就業動向をより細かくみることで、その要因の一端を考察することはできる。

従来の遠洋漁業科生徒の進路は、〔表3-11〕からも明らかなとおり、トロール漁船の乗組員となる者が多数を占めていた。しかしトロール漁業が、資源問題の顕在化や、比較的小規模な機船底曳網漁業におされ、退潮期をむかえていた一九一四（大正三）年から一九二一（大正一〇）年までの八年間では、船舶職員となった者はわずかに八名にとどまった（表3-15参照）。たしかに、「水産関係会社々員」となった九名から、後に船舶職員となる者がいたことも考えられる。しかし、それを考慮したとしても、船舶職員となる者が減少していたのは明らかである。

すなわちこうした事実からは、遠洋漁業の急速な拡大が一息ついたことで、大型漁船乗組員として活躍できる余地が縮小し、本科生に遠洋漁業科へ進学することをためらわせたとも考えられるのである。また水産関係会社への就業が増加した要因としては、当時の漁業資本の活動範囲が水産加工場の経営や水産物輸出といった加工貿易分野に拡大していたことも、本科生の意識を変化させた要因となった可能性がある。

漁業資本による水産加工分野への投資は、漁猟職員が活躍した露領漁業でも顕著であった。当該分野への就業は、露領漁業が安定的に運営できるようになっていく明治の終わり頃から、本科製造科卒業生を中心にみられるようになる（表3-16参照）。本科製造科でも当初は官庁や府県水産試験場・講習所の職員となる者が多かった。一九一〇（明治四三）年六月現在では、その割合は四一・四％と半数にせまろうとしていた。それが、一九二五（大正一

表 3-15　遠洋漁業科卒業後の進路

卒業年	遠洋漁業科卒業生数	進学・就業等の内訳																
		船舶職員	水産関係会社々員	その他・業種不明会社々員	官立水産講習所教職員	府県水産試験場職員	府県水産講習所職員	農商務省水産局官吏・雇	水産学校教員	水産巡回教師	水産関係公吏・その他公吏	水産・漁業組合等職員	漁業従事者・実業従事者	学生	兵役	死亡	その他	不明
1914(大正3)年	9	2	2	0	0	0	0	0	0	0	0	0	3	0	1	0	0	1
1915(大正4)年	6	0	3	0	0	0	0	0	0	0	1	1	1	0	0	0	0	0
1916(大正5)年	10	4	1	0	0	1	0	0	0	0	0	1	1	0	0	0	0	2
1917(大正6)年	7	1	0	0	0	0	0	0	1	0	0	0	0	0	3	0	1	1
1918(大正7)年	4	1	1	1	0	1	0	0	0	0	0	0	0	0	0	0	0	0
1919(大正8)年	1	0	0	0	0	1	0	0	0	0	0	0	0	0	0	0	0	0
1920(大正9)年	3	0	0	0	0	0	0	0	0	0	0	0	0	0	3	0	0	0
1921(大正10)年	2	0	2	0	0	0	0	0	0	0	0	0	0	0	0	0	0	0
計	42	8	9	1	0	3	0	0	1	0	1	2	5	0	7	0	1	4

註）1914 年の値は『水産講習所一覧』(自大正 3 年 7 月至大正 4 年 6 月)，1915 年，92-93 頁，1915 年の値は『水産講習所一覧』(自大正 4 年 7 月至大正 5 年 6 月)，1916 年，88 頁，1916-1917 年の値は『水産講習所一覧』(自大正 6 年 4 月至大正 7 年 3 月)，1918 年，80 頁，1918-1919 年の値は『水産講習所一覧』(大正 9 年)，1920 年，69 頁，1920-1921 年の値は『水産講習所一覧』(大正 10 年)，1922 年，72 頁より。

四）年六月現在では二三・一％にまで減少した。[66] かわって、会社勤めが一二・五％から三六・七％と三倍に増えた。漁業ならびに水産加工業が利益を出せる産業となったことと、漁業資本の伸張が伝わってくる数字といえる。

なお、遠洋漁業科を卒業した者が、従来どおり、成長が期待される漁業分野へと活躍の場を求める事例ももちろんあった。遠洋漁業の代表格である露領漁業関係はやはりその一つであった。例えば、一九一四（大正三）年卒業の八名のうち二名がそれぞれ函館佐々木商店と北洋漁業株式会社に就職した。一九一五（大正四）年卒業の六名では一名が北洋水産株式会社に、一九一六（大正五）年卒業の一〇名では一名が千島興業株式会社に、一九一八（大正七）年卒業の四名では二名が千島興業株式会社と鈴木商店に勤めた。[67]

表3-16　本科製造科卒業生の露領(北洋)漁業関連への就業(1920年7月現在)

	卒業者数	
1905(明治38)年	17	北洋漁業株式会社：1，輸出食品株式会社：1
1906(明治39)年	18	
1907(明治40)年	16	大北産業株式会社：1
1908(明治41)年	26	北洋漁業株式会社：1，輸出食品株式会社：2
1909(明治42)年	21	北洋漁業株式会社：1，日魯漁業株式会社：1，輸出食品株式会社：1
1910(明治43)年	17	
1911(明治44)年	26	露領沿海州水産組合技師：1，堤商会：1
1912(明治45)年	20	赤坂缶詰製造所(樺太)：1，輸出食品株式会社：1
1913(大正2)年	24	函館缶詰検査所：1，輸出国産株式会社(樺太)：1
1914(大正3)年	14	日魯漁業株式会社：1，輸出食品株式会社：1
1915(大正4)年	19	三井物産株式会社(函館支店)：2，堤商会(函館)：2，輸出国産株式会社(樺太)：1，輸出食品株式会社：1
1916(大正5)年	15	輸出食品株式会社：1
1917(大正6)年	15	輸出食品株式会社：1
1918(大正7)年	20	輸出食品株式会社：1
1919(大正8)年	17	北洋漁業株式会社：4，輸出食品株式会社：2
1920(大正9)年	23	輸出食品株式会社(函館支店)：2，日魯漁業株式会社：2，東洋製罐株式会社(函館出張所)：1

註）水産講習所『水産講習所一覧』(大正9年)，1920年，79-89頁より作成。

函館佐々木商店は、露領水産組合副組長ならびに代議士をつとめた佐々木平次郎が経営した漁業会社(工船漁業や倉庫業などを展開)であり、北洋漁業株式会社は、三菱商事とロシアのデンビー商会の合資会社として、露領での鮭漁と鮭缶詰の製造・輸出をおこなっていた(一九二四(大正一三)年に日魯漁業株式会社に吸収合併)。鈴木商店は神戸の政商で、当時、塩の専売権をもって露領漁業にも食い込もうとしていた。現在の総合商社、双日株式会社の源流にあたる。

表 3-17　遠洋漁業奨励内容一覧(1898 年から 1909 年)

漁猟種別	奨励件数	漁業・造船奨励		漁猟職員奨励	
		漁業(円)	造船(噸)	奨励人数	奨励金額
臘虎・膃肭獣猟	221	136,653	16,604	5,157	53,249
捕鯨	19	42,412	3,794	483	4,865
延縄	134	47,964	5,368	1,992	18,154
立縄	29	30,561	3,337	533	4,464
旋網	2	2,340	258	31	313
漁獲物処理運搬	8	15,570	1,006	0	0
トロール	7	8,411	857	41	419
鰹釣	85	13,811	1,706	1,628	8,691
計	505	297,722	32,930	9,865	90,155

註 1)「延縄」の値は，鱶延縄，鮪延縄，鱈延縄，目抜延縄の総計。「立縄」は，鱈立縄。
註 2) 農商務省水産局『遠洋漁業奨励事業成績』(大正 7 年 2 月)，1918 年，「第二編遠洋漁業奨励ニ関スル統計」の 6-12 頁より作成。

（四）遠洋漁業練習生制度の廃止と官立水産講習所

結果として、官立水産講習所の遠洋漁業従事者養成は、漁猟職員資格制度の隆替と歩みをともにした。漁猟職員資格が廃止される経緯と、官立水産講習所の遠洋漁業科卒業生が船舶職員として活躍することが困難になった背景については、統計から二つの事柄が指摘できる。

一つは、漁猟職員をもっとも必要とした臘虎・膃肭獣猟が、一九〇九（明治四二）年以降、「遠洋漁業奨励法」の奨励対象から削除されたことについてである。「遠洋漁業奨励法」にもとづいて、一八九八（明治三一）年から一九〇九（明治四二）年までの間に、臘虎・膃肭獣猟に従事する漁猟職員への奨励は、延べ人数で全体の五二・三％（五一五七人）、積算奨励金額で五九・一％（五万三二四九円）を占めた（表3-17参照）。これは、ほかの漁猟種別に比して、圧倒的な割合であった。臘虎・膃肭獣猟が奨励対象から削除されたことで、臘虎・膃肭獣猟への新規着業件数の減少と、漁猟

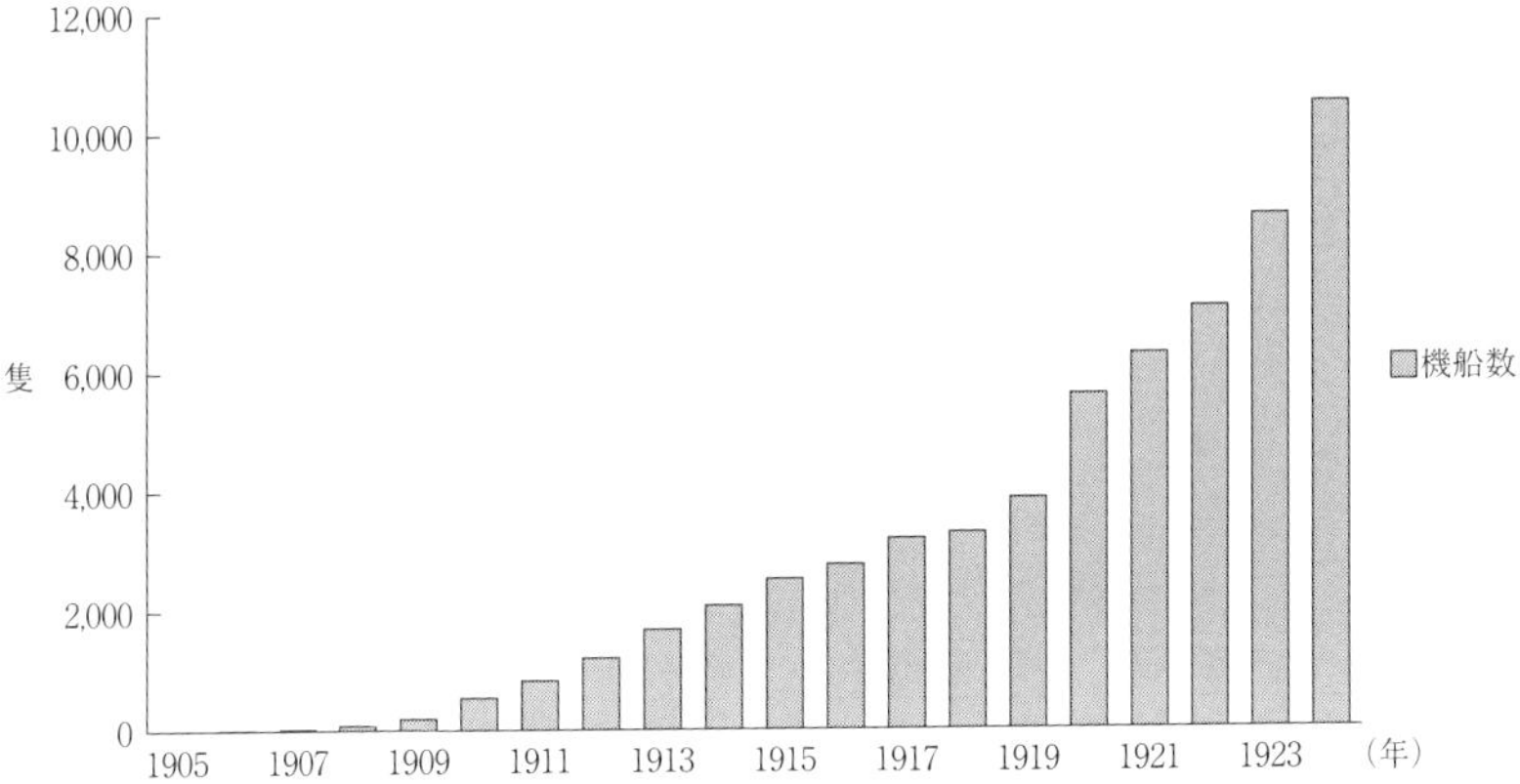

図3-1　近代日本における機船数の増加

職員の需給バランスの悪化が生じたことは容易に想像できる。もちろん、農商務省が一九一四（大正三）年の漁猟職員に対する奨励中止を「漁猟職員増加シ之レカ奨励ノ必要ヲ認メサルニ至[68]」ったためであると認めたように、この当時、漁猟職員養成形態の多様化による資格保持者の増加もみられており、官立水産講習所を卒業した人材への新規需要の減退があった可能性を、資格制度廃止の背景としておさえることができる。

もう一つ、トロール漁船の船腹減少と対照的に、機船の普及にふれないわけにはいかない。明治後期からの二〇年間で、機船が爆発的に増加した（図3-1参照）[69]。これにともなって、大型漁船や漁猟船の乗組員にかわり機船乗組員の需要が増加していた。機船とは、比較的小型の石油発動機付漁船をさす。機船に船舶職員として乗り組むためには、簡易な船舶職員資格である漁船丙種運転士や発動機船三等機関士資格を取得すれば事足り、汽船や大型帆船に乗り組むための「高級船員」資格を保持する必要がなかった[70]。すなわち、長期の乗船履歴を取得要件としない簡易資格保持者は、わざわざ官立水産講習所で養成する必要はなく、府県水産試験場・講習所や大日本水産会漁船々員養成所、さらには農商務省水産局が主催する機船乗組員養成講習会などで養成されるようになっていた。

遠洋漁業練習生制度も、漁猟職員資格と同様、かかる動静のなかでその役目を終えようとしていた。農商務省は、「爾来本規程ニ依リ養成セラレタル漁猟職員多数輩出シ好結果ヲ収メタルカ最早ヤ内地ニ於ケル練習生ニハ手当ヲ補給スルノ必要ヲ認メサルニ至[71]」ったため、一九一五（大正四）年の「遠洋漁業練習生規程」の改定（農商務省告示第二二八号）で、日本国内で教育を受ける練習生の採用を中止し、外国派遣の練習生のみを採用することにした。[72]しかし、外国派遣の練習生は、一九一六（大正五）年、一九一八（大正七）年、一九一九（大正八）年、一九二〇（大正九）年の各年に一名が派遣[73]されたにすぎなかったため、この判断の実質的な意味合いは、遠洋漁業練習生制度の停止であった。

国内練習生の採用中止を決めた一九一五（大正四）年の「遠洋漁業練習生規程」の改定により、官立水産講習所遠洋漁業科の入学資格は、「遠洋漁業練習生規程ニヨリ採用セラレタルモノ又ハ本所漁撈科卒業生[74]」から「本科漁撈科卒業者又ハ之ト同等以上ノ学術技能ヲ有スル者[75]」へとあらためられ、ここに官立水産講習所と遠洋漁業練習生制度との関係は解消された。

その後、一九二二（大正一一）年には、「遠洋漁業練習生規程」そのものが廃止（農商務省告示第二一一号）され、これをもって「遠洋漁業奨励法」によって創出された遠洋漁業練習生制度は、その歴史に幕を閉じた。

第五節　官立水産講習所の府県水産講習所への「教員」供給

（一）　府県水産講習所「教員」の任用形態

これまでに、官立水産講習所の遠洋漁業従事者養成が、研究科生として遠洋漁業練習生を受け入れたことではじまり、その後、府県水産講習所へと拡大していったことを明らかにした。こうした漁猟職員（または船舶職員）養成の先行実施という官立水産講習所の役割に加えて、ここでは、おもに府県水産講習所への「教員」供給の観点から、府県水産講習所に及ぼした官立水産講習所の影響力をみていく。

府県水産講習所には、一八九八（明治三一）年の勅令三四八号によって、「職員」として「所長」、「技師」、「技手」、「書記」のそれぞれの配置が規定された。加えて、少なくない府県水産講習所には「助手」の配置が確認できる。「助手」も、「所長」や「技師」、「技手」などと同じく、府県水産講習所の教育活動を担っていた。

本節で「教員」とした場合、これら府県水産講習所の「職員」のうち、「技師」と「技手」をさす言葉としてもちいる。[76]「教員」に「助手」を含めなかったのは、専門学校程度の官立水産講習所を卒業した者は、判任文官への無試験任用が「文官任用令」（一八九九（明治三二）年、勅令第六一号）第三条で認められていたことを理由とする。すなわち、「府県郡農事試験場水産試験場農事講習所水産講習所職員並農事巡回教師林業巡回教師水産巡回教師ノ名称待遇任免及官等等級配当ノ件」（一八九八（明治三一）年、勅令三四八号）で、官立水産講習所卒業生が府県水産講習所に勤めた場合、判任文官である「技手」の職位がスタートラインとして約束されていたため、本節では「助手」を除外することにした。

府県郡農事試験場水産試験場農事講習所水産講習所職員並農事巡回教師林業巡回教師水産巡回教師ノ名称待遇任免及官等等級配当ノ件（一八九八（明治三一）年、勅令三四八号）

第三条　府県郡農事講習所水産講習所ノ職員左ノ如シ

所長

技師
技手
書記

第四条　府県郡農事試験場水産試験場農事講習所及水産講習所ハ技師二名以上ヲ置クコトヲ得ス
所長ハ技師又ハ技手ヲ以テ之ニ充ツ郡費ヲ以テ設立スル講習所ハ技師ハ奏任文官ト同一ノ待遇ヲ受ク
府県郡農事試験場水産試験場農事講習所及水産講習所ノ技手書記並農事巡回教師林業巡回教師及水産巡回教師ハ判任文官ト同一ノ待遇ヲ受ク但シ府県税又ハ地方税支弁ノ俸給ヲ受クル巡回教師ハ特ニ奏任文官ト同一ノ待遇ヲ受クルコトアルヘシ（傍線：引用者）

ところで、官立水産講習所が有した府県水産講習所への「教員」供給機能を把握することは容易ではない。後に明らかにすることではあるけれども、当時の技師や技手は、一カ所（一つの府県水産講習所）に一定期間就業するのではなく、比較的短期間のうちにほかの府県水産講習所や府県水産試験場に異動することがめずらしくなかった。府県水産講習所側の資料でも、職員の学歴や職歴を明らかにしているものがすべてではない。そのため、官立水産講習所の卒業生が、府県水産講習所の「教員」に占める割合などを把握することは簡単ではない。

そこで本節では、全国の府県水産講習所の「技師」（前任が府県水産講習所での技師である場合を含む）のうち、国立公文書館が所蔵する各年度の『任免裁可書』から、職と氏名が明らかとなっている技師に注目する。そして、官立水産講習所もしくは前身の水産伝習所の卒業生であるかどうかを、官立水産講習所（水産伝習所）関係資料から確認する。技師は、府県水産講習所の所長など、責任ある立場や職にあったことから、官立水産講習所の影響力を把握する一つの指標になると考えたためである。

『任免裁可書』によって、勤務先の府県水産講習所と技師の氏名が明らかにできるのには理由がある。奏任文官である技師は、内閣総理大臣の奏薦にもとづき勅裁（天皇の裁可印を必要とする）を経て任免（任命と免官）されたことから、『任免裁可書』に職と氏名が記載された。

（二）　府県水産講習所「技師」の学歴と経歴

それでは、『任免裁可書』に従って、府県水産講習所の「技師」（府県水産講習所で技手や技師を経験した者を含む）一六名の事例について、任免年、職名・職位、氏名、学歴、経歴を明らかにする。経歴では、おもに初任（官立水産講習所もしくは水産伝習所を卒業直後に就いた職）と前任（府県水産講習所の技師になる直前の職）に注目したけれども、その他の経歴を明らかにできる場合は、「経歴概要」として付記した。その方法としては、『任免裁可書』に記載されている技師名を頼りに、各年度の『水産講習所一覧』ならびに『大日本水産会水産伝習所報告』の卒業生欄を調査した。

ただし『水産講習所一覧』は、「自明治三一年四月至明治三二年三月」分から「自大正一二年至大正一三年」分でしか卒業生の就業先を記載していないため、これ以降については追跡できない。加えて、『水産講習所一覧』の「自明治三五年四月至明治三六年三月」、「自明治三八年七月至明治三九年六月」、「自明治四四年七月至大正元年六月」、「自大正元年七月至大正二年六月」、「自大正一一年至大正一二年」の各資料は、管見のかぎりこれを欠くため、この間の動向は明らかにできない。また、「経歴概要」として記した年次は、『水産講習所一覧』の就業動向調査年、もしくは印行年に依拠していることをあらかじめ断っておく。そのため、必ずしも異動年をあらわしているわけではない。分析結果は、以下のとおりとなる。

〈事例①〉[77]　一八九八（明治三一）年　石川県水産講習所　所長技師　緒方千代治

学歴：水産伝習所卒業（一八九〇（明治二三）年二月）

初任：農商務省技手

前任：不明

〈事例②〉[78]　一九〇二（明治三五）年　石川県水産講習所　技師　土居茂樹

学歴：水産伝習所卒業（一八九一（明治二四）年七月）

初任：高知県技手

前任：不明

〈事例③〉[79]　一九〇三（明治三六）年　石川県水産講習所　技師　平野茂吉

学歴：水産伝習所製造科卒業（一九〇〇（明治三三）年三月）

初任：不明

前任：石川県水産講習所技手

〈事例④〉[80]　一九〇四（明治三七）年　茨城県水産講習所　技師　松村政俊

学歴：不明

初任：不明

前任：茨城県水産試験場技師（着任後も兼務）

〈事例⑤[81]〉一九〇四（明治三七）年　富山県水産講習所　所長技師　樫谷政鶴
学歴：水産伝習所卒業（一八九一（明治二四）年二月）
初任：北海道尋常師範学校水産科
前任：富山県水産講習所所長技手

〈事例⑥[82]〉一九〇四（明治三七）年　京都府水産講習所　技師　牛窪其三男
学歴：水産伝習所卒業（一八九四（明治二七）年七月）
初任：京都府水産巡回教師
前任：京都府水産講習所技手

〈事例⑦[83]〉一九〇五（明治三八）年　富山県水産講習所　技師　高椋栄吉
学歴：水産伝習所製造科卒業（一八九六（明治二九）年八月）
初任：不明
前任：秋田県水産試験場技師

〈事例⑧[84]〉一九〇六（明治三九）年　京都府水産講習所　技師　後藤義一郎
学歴：水産伝習所卒業（一八九四（明治二七）年七月）

初任：台湾総督府民政局殖産部

前任：京都府水産講習所技手

〈事例⑨[85]〉一九〇七(明治四〇)年　千葉県水産講習所　技師(免職)　松崎正広

学歴：水産伝習所卒業(一八九四(明治二七)年三月)

初任：農商務省水産調査所技手

前任：不明

〈事例⑩[86]〉一九〇八(明治四一)年　和歌山県水産講習所　技師　小浜泰

学歴：水産伝習所製造科卒業(一八九七(明治三〇)年三月)

初任：不明

前任：和歌山県水産試験場技手　兼　和歌山県水産講習所技手

〈事例⑪[87]〉一九〇八(明治四一)年　長崎県水産講習所　技師　田島顕俊

学歴：水産伝習所卒業(一八九〇(明治二三)年二月)

初任：福岡県農事試験場技手

前任：長崎県水産試験場技師(着任後も兼務)

〈事例⑫[88]〉一九一〇(明治四三)年　島根県水産講習所　技師　龜井小市(山口県出身)

学歴：官立水産講習所漁撈科卒業（一八九八（明治三一）年四月）
経歴概要[89]：一八九九（明治三二）年　一年志願兵
一九〇〇（明治三三）年　自家営業
一九〇一（明治三四）年　宮城県牡鹿郡水産学校助教諭
一九〇四（明治三七）年　宮城県牡鹿郡水産学校教諭
一九〇七（明治四〇）年　島根県立水産学校教諭
一九一〇（明治四三）年　島根県水産講習所所長技師　兼　島根県立水産学校校長
一九一三（大正二）年　沖縄県立水産学校校長　兼　教諭　兼　沖縄県水産技師
一九二四（大正一三）年　岩手県立宮古水産学校校長

〈事例⑬[90]〉一九一〇（明治四三）年　京都府水産講習所　技師　柳澤成悌
学歴：水産伝習所製造科卒業（一八九六（明治二九）年八月）
初任：不明
前任：不明

〈事例⑭[91]〉一九一三（大正二）年　福岡県水産試験場　技師　杉浦保吉（埼玉県出身）
学歴：官立水産講習所漁撈科卒業（一九〇六（明治三九）年七月）
経歴概要[92]：一九〇七（明治四〇）年　鹿児島県水産試験場技手
一九一一（明治四四）年　富山県水産講習所技手

一九一四(大正三)年　福岡県水産試験場技師
一九一八(大正七)年　熊本県水産試験場場長
一九二二(大正一一)年　愛知県水産試験場場長技師

〈事例⑮[93]〉一九一七(大正六)年　長崎県水産講習所　技師　大和地由太郎(千葉県出身)

学歴：官立水産講習所製造科卒業(一八九八(明治三一)年四月)

経歴概要[94]：一八九九(明治三二)年　一年志願兵
一九〇〇(明治三三)年　千葉県水産試験場技手
一九〇四(明治三七)年　千葉県水産試験場技手(出征)
一九〇七(明治四〇)年　千葉県水産試験場技手
一九〇九(明治四二)年　福島県水産試験場技手
一九一一(明治四四)年　福岡県水産試験場技手
一九一四(大正三)年　長崎県水産講習所技師　兼　陸軍砲兵中尉
一九一八(大正七)年　徳島県水産試験場場長技師

〈事例⑯[95]〉一九二〇(大正九)年　島根県水産講習所　技師　後藤節藏(大分県出身)

学歴：官立水産講習所本科漁撈科卒業(一九〇九(明治四二)年九月)
官立水産講習所遠洋漁業科卒業(一九一二(大正元)年一〇月)

経歴概要[96]：一九〇九(明治四二)年　官立水産講習所遠洋漁業科進学

一九一一（明治四四）年　官立水産講習所遠洋漁業科在学（第一丸乗組）
一九一二（大正元）年　官立水産講習所遠洋漁業科卒業
一九一四（大正三）年　神戸汽船漁業株式会社（トロール漁業）
一九一五（大正四）年　富山県水産講習所技手
一九一九（大正八）年　島根県水産講習所技手　兼　島根県水産試験場技手
一九二一（大正一〇）年　島根県水産講習所技師　兼　島根県水産試験場技師
一九二二（大正一一）年　島根県水産試験場場長

以上、『任免裁可書』から確認できる技師一六事例では、〈事例④〉を除き、府県水産講習所の運営に深くかかわった「技師」が、官立水産講習所もしくは水産伝習所の卒業生であったことがわかる。

特に、明治年間に府県水産講習所の技師となった者には、水産伝習所の卒業生が多数を占めた。これは、官立水産講習所が誕生してからまだ時間がたっておらず、卒業生が技師の地位にふさわしい経歴を獲得できていなかったことを意味している。官立水産講習所卒業生について明らかにすることができた「経歴概要」をみると、卒業生が府県水産講習所の技師になるまでに一五年から二〇年の時間を必要としていることからも、そのことがわかる。

（三）「教員」の異動と知識・技能の伝播

さらに、「経歴概要」からは、農商務省管轄の府県水産講習所の「教員」と、文部省管轄の水産学校や水産補習学校の教諭とが、両立し得ない職ではなく、むしろ連絡する関係にあったことがわかる。

〈事例⑫〉の一八九八(明治三一)年に官立水産講習所の漁撈科を卒業した龜井小市は、宮城県と島根県の水産学校教諭を歴任したあと、島根県立水産学校の校長と島根県水産講習所の所長技師を兼任した。島根県を離れたあとも、沖縄県立水産学校、岩手県立宮古水産学校の校長を歴任した。

水産補習学校から府県水産講習所への改組や、府県水産講習所から水産学校への改組といった、管轄官庁をまたいだ水産教育機関の改組・再編がめずらしいことではなかったことや、水産教育機関で教育職に就くことができる専門性を有した人材が、官立水産講習所卒業生以外に多くなかったことが背景にある。

そしてそうであったがゆえに、官立水産講習所は「実業学校教員養成規程」(一九〇二(明治三五)年、文部省令第九号)第一条において東京帝国大学農科大学や東京高等工業学校などとならんで列記され、官立水産講習所生徒は、卒業後に実業学校で教育職に就くことを条件に、「実業教育国庫補助法」にもとづき一カ月につき六円以内の学資を受けることができるとされていた。すなわち、養成規程の第一条において、「東京帝国大学農科大学本科若ハ実科、東京高等商業学校、東京高等工業学校、東京美術学校、商船学校及水産講習所ノ生徒ニシテ卒業ノ後実業学校ノ教職ニ従事スヘキ者」には「学資ヲ補給スルコトアルヘシ補給スヘキ金額ハ一箇月六円以内トス」と規定されたのであった。[97]

さらに、一九〇七(明治四〇)年の「公立私立実業学校教員資格ニ関スル規程」(文部省令第二八号)の第一条にある「文部大臣ノ指定シタル者」として、同年の文部省告示第二四八号において「農商務省所管水産講習所本科卒業者」が「実業学校ノ教員タルコトヲ得ル者」と規定された。[98] 水産関係ではほかに東北帝国大学の水産学科卒業者が「指定シタル者」とされているのみで、送り出す卒業生の数からみても、官立水産講習所が文部省管轄の水産学校の教員養成機関として果たした役割は見過ごせない水準に達していた。よって〈事例⑫〉のような事例はほかにも散見されることとなる。その一例が、以下の三事例となる。

〈事例⑰[99]〉小石季一（秋田県士族）

一八九九（明治三二）年　官立水産講習所講習科製造科卒業
一九〇〇（明治三三）年　函館魚油会社
一九〇二（明治三五）年　自家営業（缶詰業）
一九〇四（明治三七）年　千葉県鴨川水産補習学校教諭
一九〇七（明治四〇）年　千葉県鴨川水産補習学校校長　兼　教諭
一九一一（明治四四）年　千葉県鴨川水産補習学校校長　兼　教諭（奏任）
一九一四（大正三）年　富山県水産講習所所長技師　兼　富山県技師
一九一八（大正七）年　高知県水産試験場場長技師
一九二三（大正一二）年　愛媛県水産試験場場長技師
一九二四（大正一三）年　長崎県水産試験場場長技師

〈事例⑱[100]〉久保澤董（青森県士族）

一九〇〇（明治三三）年　官立水産講習所本科漁撈科卒業
一九〇二（明治三五）年　官立水産講習所助手
一九〇四（明治三七）年　福井県立小浜水産学校教諭
一九〇五（明治三八）年　三重県南牟婁郡水産巡回教師

一九〇七（明治四〇）年　岡山県水産試験場技手
一九〇九（明治四二）年　島根県立水産学校教諭
一九一〇（明治四三）年　島根県水産講習所技手　兼　島根県立水産学校教諭
一九一一（明治四四）年　三重県志摩郡水産技手
一九一四（大正三）年　北海道水産試験場技手（室蘭駐在所）
一九一六（大正五）年　北海道水産試験場技手（釧路駐在所）
一九一九（大正八）年　輸出国産株式会社（釧路駐在所）
一九二一（大正一〇）年　長崎県南松浦郡役所
一九二二（大正一一）年　長崎県南松浦郡役所技師
一九二四（大正一三）年　熊本県技師

〈事例⑲[101]〉田谷英（石川県平民）

一九〇〇（明治三三）年　官立水産講習所本科漁撈科卒業
一九〇〇（明治三三）年　岩手県立宮古水産学校助教諭
一九〇四（明治三七）年　富山県水産講習所技手
一九〇五（明治三八）年　出征
一九〇七（明治四〇）年　千葉県水産講習所技手
一九一一（明治四四）年　新潟県水産試験場技手
一九二一（大正一〇）年　実業

一八九九（明治三二）年に官立水産講習所の製造科を卒業した小石季一〈事例⑰〉は、水産補習学校の教諭・校長を経て富山県水産講習所の所長技師となった。また、一九〇〇（明治三三）年に官立水産講習所の漁撈科を卒業した久保澤董〈事例⑱〉も、福井県立小浜水産学校と島根県立水産学校の教諭を歴任したのち、島根県水産講習所の技手に就いた。久保澤と同期となる田谷英〈事例⑲〉も、岩手県立宮古水産学校の助教諭を務めたのち、富山県水産講習所と千葉県水産講習所の技手を歴任した。

さて、こうした「教員」の連絡関係のほかにも注目したいことがある。すなわち、〈事例⑯〉として記した後藤節藏の経歴についてである。官立水産講習所の漁撈科を卒業したあと、遠洋漁業科に進学した後藤節藏は、一九一二（大正元）年に同科を卒業し、まず、神戸汽船漁業株式会社にてトロール漁船の乗組員となった。そして、富山県水産講習所の技手となっている。富山県水産講習所については、第六章で詳述するように、遠洋漁業科を軸として教育活動を展開し、多数の遠洋漁業従事者を送り出していた。後藤が富山県水産講習所の技手となったことも、この事実と無関係とは考えられない。

後藤が富山県水産講習所に赴任する少し前となるけれども、富山県水産講習所の教職員について、役職と氏名、そして担当科目のそれぞれが明らかにできる一九一三（大正二）年現在の構成をみると、所長技師以下一一名の教職員（出納吏兼書記一名を除く）によって漁猟長ならびに船舶職員の養成がおこなわれていたことがわかる（表3-18参照）。専門学校程度とされた官立水産講習所の卒業生は、判任文官（府県水産講習所であれば「技手」）への無試験任用が「文官任用令」（一八九九年、勅令第六一号）第三条で認められ、府県水産講習所の助手に就くことはなかったことと、所医が一名いることを勘案すると、官立水産講習所卒業生の存在感が際立つ。

さらに、漁猟職員や船舶職員養成を主導した「漁撈」、「運用」、「航海」、「気象」、「造船」、「実習」の各科目を

表3-18　富山県水産講習所教職員の担当科目と学歴（1913年3月現在）

職名	氏名	担当科目	官立水産講習所 卒業年・卒業学科
所長技師	小石季一	法規	1899年：講習科製造科
技手	杉浦保吉	漁撈，運用	1906年：本科漁撈科
	立川卓逸	製造，理化，植物	1906年：本科製造科
	松野助吉	養殖，動物	1911年：本科養殖科
	高木繁春	航海，気象，造船	1911年：本科漁撈科
助手	大橋新五郎	海技実習	—
	外村善次郎	漁撈並ニ製造実習	—
	土肥政吉	製造実習	—
高志丸船長	藤原徳藏	運用，航海，実習	不明
高志丸漁猟長	與儀喜宣	漁撈，運用，航海，実習	1909年：本科漁撈科 ⇒1912年：遠洋漁業科
所医	高島地作	救急療法	—
出納吏兼書記	西坂初次郎	—	—

註）富山県水産講習所『大正元年度富山県水産講習所報告』，1913年，35頁，および各年度の『官立水産講習所一覧』より作成。

担当した教員は、高志丸船長を除いて、みな官立水産講習所の漁撈科か遠洋漁業科を卒業していた。官立水産講習所ではじめられた漁猟職員の養成機能が、官立水産講習所によって府県水産講習所へと引き継がれたことを証明している。

以上にみた、官立水産講習所の「教員」供給の実態は、官立水産講習所（水産伝習所）の府県水産講習所への影響力を物語るものとして注目できる。同時に、当時の「教員」は、時に文部省管轄の水産学校教諭や校長を歴任するなど、各地を転々とすることで職歴を積み重ね、知識・技能の伝播に貢献しながら、上位の職位へと続く道を歩んでいたことがわかる。

第六節　小　括

一八九七（明治三〇）年に、水産伝習所を引き継いで誕生した官立水産講習所は、一九〇〇（明治三三）

年の「水産講習所伝習規則」制定以降、本科、遠洋漁業練習科（一九〇四（明治三七）年以降、遠洋漁業科）、研究科、現業科の四科からなる水産教育機関として運営を安定化させた。この学科構成は、一九二二（大正一一）年に本科修業年限が四年に延長されるまで大きな変更を受けることはなかった。

この当時、漁業が生産活動の場とする海上は、すでに多国間の利害が衝突する場となっていた。そのなかで、後発の日本の水産業界が存在感を発揮し、勢力を拡大していくためには、外国漁猟船との競争に勝ち抜くことができる知識と技能を兼ね備えた人材の養成が必要となっていた。人材養成のため農商務省は、遠洋漁業練習生制度を創出するのであったが、人材の量的な確保については、十分に満足のいくものとはなっていなかった。

かかる国際情勢のもと、官立水産講習所において遠洋漁業従事者養成の基礎部分を担うようになったのが、本科漁撈科であった。本科漁撈科が遠洋漁業との関係をもちはじめるようになるきっかけは、一九〇五（明治三八）年の「遠洋漁業奨励法施行細則」の改定により、本科漁撈科卒業という学歴が乙種漁猟長免状を取得するための基礎要件に位置づけられたことにあった。さらに、一九〇七（明治四〇）年には、本科漁撈科卒業という学歴は、漁猟職の最上級資格である甲種漁猟長試験や、船舶職員資格である甲種二等運転士試験の受験基礎要件ともなった。

ただし、これら資格を得るためには、本科漁撈科卒業後に一年から三年の乗船履歴を獲得する必要があった。このことが本科漁撈科に遠洋漁業従事者養成機能の基礎部分を担わせることになった。すなわち、本科漁撈科卒業時点で不足する乗船履歴を満たすためには、本科生は上位学科である遠洋漁業科へと進学しなければならない状況がつくられた。このため本科漁撈科卒業生は、遠洋漁業科へと進学する傾向を急速に強めていった。こうして本科漁撈科から遠洋漁業科へと続く遠洋漁業従事者養成機能が確立した。

遠洋漁業従事者養成機能は、養成機会の多様化をはかろうとする農商務省の政策により、府県水産講習所などへと広がっていった。このため結果的に、漁猟職員および船舶職員養成の先行実施という役割を官立水産講習所が担うことになった。

さらに、府県水産講習所との関係で官立水産講習所をみる場合、「教員」供給機能も見過ごすことができない。官立水産講習所は、府県水産講習所の「教員」として技師や技手となる者を多数送り出すことで、漁猟職員養成といった府県水産講習所の活動に影響力を有していた。これは、官立水産講習所と府県水産講習所との教育活動を体系的にとらえるには、農商務省の遠洋漁業奨励策の展開とともに、政策伝搬の担い手でもあった「教員」の養成実態をとらえることが有効であることを意味していた。

遠洋漁業従事者の養成をおこなった官立水産講習所からは、当初こそ膃虎・膃肭獣猟やトロール漁業の興隆と共鳴することで多数の遠洋漁業従事者が送り出された。ところが、こうした状況は長く続かなかった。その要因としては、遠洋漁業科への進学率の急落にあらわれた、本科漁撈科卒業生の進学志向から就職志向への転換があった。卒業生の進路に影響を与えたのは、漁猟職員資格の廃止と産業構造の変化であった。

一九〇五(明治三八)年に創出された漁猟職員資格が一九一八(大正七)年をもってその役目を終えた背景には、もっとも漁猟職員を必要とした膃虎・膃肭獣猟への「遠洋漁業奨励法」にもとづく奨励の中止と、猟獲そのものへの規制があった。考えられる要因は、こればかりではなかった。トロール漁業への規制強化や、機船の普及もあった。

つまり、官立水産講習所における遠洋漁業従事者養成は、産業構造の変容に直接影響を受ける職業資格と二人三脚の関係で実施されていたことから、資格が有効に機能する漁猟種類の隆替と歩みをともにしなければならなかったといえる。ただし、遠洋漁業従事者養成機能を引き継いだ一部の府県水産講習所では、この機能を継続的に発揮することで、自らの存在感を発揮し続けることができた。それについては、第五章および第六章でみていきたい。

註

（1）一八九八年、農商務省訓令第四〇号「水産講習所処務規程」第一条。なお、同規定においては「伝習試験ノ一部」に加えて「庶務掛ヲ置ク」ことが示された。
（2）同上、第二条、第三条。
（3）一八九八年、農商務省告示第三号「水産講習所伝習生規程」第二条、第三条。
（4）同上、第六条。
（5）一八九八年、農商務省告示第一六号「水産講習所伝習生規程」第三条、第四条。
（6）一八九九年、勅令第二八号「中学校令」第一一条においては、「他ノ法令中尋常中学校トアルハ本令施行ノ日ヨリ当然中学校ト看做ス」とされた。
（7）一九〇〇年の「水産講習所伝習規則」（農商務省告示第七号）の第一二条には、「年齢二十年以上三十五年以下ニシテ二箇年以上水産ノ業ニ従事シタル者若クハ其ノ子弟ニシテ品行方正身体強健在学中家事ノ係累ナキ者」とされている。
（8）一九〇〇年、農商務省告示第九五号「水産講習所伝習規則」第四条。
（9）同上規則改定では、「遠洋漁業練習科ノ生徒タルモノハ明治三十一年五月告示第十一号遠洋漁業練習生規程ニヨリ採用シタル遠洋漁業練習生ニ限ル」（第四条）とされ、また「遠洋漁業練習科ノ学科課程ハ航海学其他遠洋漁業ニ必要ナル学科ヲ授ケ尚ホ造船学ノ大要ヲ教ク」（第七条）ものとされた。
（10）一九二二年、農商務省令第一号「水産講習所講習規則」第四条。
（11）一八九七年、勅令二七五号「商船学校官制」第二条。
（12）一八九七年、勅令第四七号「水産講習所官制」第三条および、一八九八年、勅令第二八九号「水産講習所官制」第三条。
（13）片山房吉『大日本水産史』農業と水産社、一九三七年、二三一頁。
（14）一九〇三年、勅令第二三六号「水産講習所官制」第三条により、「技師又ハ教授」より所長が選任されることとなったため、初代専任所長に松原新之助が任命された。東京水産大学『東京水産大学七十年史』、一九六一年、六五頁は、専任所長がおかれるようになったことで、「自主的運用が円滑に行われ、その後の発展の一段階を画した」と評した。

(15) 一九〇〇年、農商務省告示第七号「水産講習所伝習規則」第一二条において、本科入学定員は、「募集ノ際之ヲ定メ」るとされたため、規則上は規定されていない。六五名(漁撈科二五名、製造科二五名、養殖科一五名)というのは、一九〇八年の実績にもとづいた数となっている。水産講習所「水産講習所入学志願者ニ対スル注意」、一九一一年より。

(16) 水産講習所『水産講習所一覧』(明治三三年度)、一九〇一年、一一頁。

(17) 一九〇〇年に制定された官立水産講習所内部規程「実習規程」第一条。前掲、『水産講習所一覧』(明治三三年度)、四一頁。

(18) 一九〇五年、農商務省令第一一号「遠洋漁業奨励法施行細則」第三〇条。

(19) 一九〇七年、農商務省令第一五号「遠洋漁業奨励法施行細則」第三〇条。

(20) 前掲、『東京水産大学七十年史』、三二五頁。

(21) 一九〇五年、法律第六九号「船舶職員法」附則第一号表。

(22) 前掲、「水産講習所入学志願者ニ対スル注意」卒業者欄。

(23) 官立水産講習所の本科漁撈科は、遠洋漁業練習科への接続によってのみ遠洋漁業従事者養成の基礎機関として位置づいたわけではなかった。鹿児島県では、一九〇七年に県独自の「遠洋漁業練習生」を二名県費にて養成したが、そのうち一名は官立水産講習所の漁撈科卒業生から採用されており、多様な進路の基礎部分を占めるにいたっている。大日本水産会『大日本水産会報』(第二九七号)、一九〇七年、三三頁。

(24) 一八九八年、農商務省告示第一六号「水産講習所伝習生規程」第四条。

(25) 一八九八年、水産講習所内規「研究科細則」第一条。前掲、『水産講習所一覧』(自明治三一年四月至明治三二年三月)、七三頁。

(26) 前掲、「研究科細則」第二条、第三条。前掲、『水産講習所一覧』(自明治三一年四月至明治三二年三月)、七三—七四頁。

(27) 水産講習所『水産講習所一覧』(自明治三二年四月至明治三三年三月)、一九〇〇年、四九—五〇頁。

(28) 一九〇〇年、水産講習所内規「遠洋漁業練習科実習規程」第一条。前掲、『水産講習所一覧』(自明治三二年四月至明治三三年三月)、五一頁。

(29) 「遠洋漁業練習科規程」の第八条には、「最終ノ学年ニ於テハ自己ノ研究シタル事項ニ就キ論文ヲ提出スベシ」との規定もみられる。

(30) 前掲、『水産講習所一覧』(自明治三一年四月至明治三三年三月)、五一—五三頁。なお同時に、「遠洋漁業練習心得」が制定されており、実習に臨む心構えなどが細かく示された。例えば第二条では、「実習ハ総テ監督者ノ指導ニ従ヒ品行ヲ慎ミ本所ノ体面ヲ汚損スベキ行為アルベカラズ」と規定している。また第六条では、「実習中報酬手当ノ類ヲ贈与セントスルモノアルトキハ其事由ヲ所長ニ具申シ認可ヲ得ルニアラザレバ之ヲ受領スルヲ得ズ」と規定し、公私の別を明弁することを求めた。

(31) 二本以上の帆柱を立て、それぞれに縦帆を展開する帆船をスクーナー型という。縦帆船のため、横帆船に比して逆風時の帆走性能が高い。一般に操縦が容易で、少数の乗員で運用することができるため、一〇〇トン程度の二檣形式船は急速に普及していた。良好な経済性を有したことから、帆船時代の末期には、四檣スクーナーなどの大型船も建造された。

(32) 一九〇四年、農商務省令第九〇号「水産講習所伝習規則」第二条。

(33) 一九〇〇年、農商務省令第九四号「水産講習所伝習規則」第四条。

(34) 一九〇四年、農商務省令第九〇号「水産講習所伝習規則」第九条。

(35) ケッチ型帆船とは、二本の帆柱を有する帆船で、縦帆を装着し、後部の帆柱は前部の帆柱に比して低くなっているのが特徴といえる。

(36) バーク型帆船とは、三本以上の帆柱を有し、最後部の帆柱を除いて横帆を装着する。最後部の帆柱には縦帆を装着する。一般的に大型帆船の帆装形式とされる。現在、独立行政法人航海訓練所が保有している練習船日本丸と海王丸もこのバーク型帆船である。

(37) 水産講習所『水産講習所一覧』(自大正二年七月至大正三年六月)、一九一四年、三三頁。

(38) ビームトロールとは、大型の桁網を意味する。引き網の口に桁枠を取り付け、網口の幅をたもつ仕掛けが為されている。

(39) オッタートロールとは、ビームトロールから改良されたもので、網口の幅をオッターボード(網口開口板)による水抵抗でたもつ仕掛けが為されている。

(40) 山口和雄編『現代日本産業発達史』(XIX 水産)交詢社出版局、一九六五年、一七二頁。創業者は、一九〇五年に木造トロール汽船海光丸一五二トンを建造した島根県の奥田亀造であるとされている。

(41) 同上、一七三頁。

(42) 例えば、長崎県水産組合連合会『長崎水産時報』(第一五号)、一九一一年、一四頁においては、「トロール船の横暴」と題して、「従来トロール業は一に沿岸の魚利を涸らし漁場荒廃の基なりとして一部当事者より喧しき反対を蒙むれるものなる(中略：引用者）近時取締の緩なるを奇貨とし横暴者漸く現はれ盛に禁漁区域に侵入して魚群を掃蕩駆逐し去るもの多く甚たしきは他の漁者が敷設せる漁具類を切断若しくは曳去り損害をかくること一再ならざるより非難攻撃の声愈々高く」なっていると伝えている。

(43) 一九一〇年、勅令第四一七号。

(44) 一九〇九年の「汽船「トロール」漁業取締規則」第五条により、トロール汽船が操業を禁止されることとなった区域は、同年の農商務省告示第一三四号で規定された。禁止区域は全国で一七区域となり、三陸沖等の一部を除いて、本州のほぼすべての沿岸が指定された。

(45) 二野瓶徳夫は、船腹が減少した要因を、「トロール漁船の激増によって漁獲物の供給が過剰となり、需要がそれに伴わなくなった」こと、そして「経済全般の不況が加わって魚価が低落し、トロール漁業の経営状況」が悪化したことを指摘した。二野瓶徳夫『日本漁業近代史』平凡社、一九九九年、二一五頁。

(46) 農商務省水産局『遠洋漁業奨励事業成績』（大正七年二月）、一九一八年、六頁。

(47) 長崎県水産組合連合会『長崎水産時報』（第七六号）、一九一六年。

(48) 同上、五四―五五頁。

(49) 二野瓶徳夫『明治漁業開拓史』平凡社、一九八一年、一六九―一七〇頁。

(50) 前掲、『日本漁業近代史』、一〇八頁。

(51) 前掲、『水産講習所一覧』（自明治三一年四月至明治三二年三月）、七九―八一頁。

(52) 『東海新聞』、一九〇六年六月二二日付。同紙には、当時農商務省水産局の技師を務めていた下啓助（後に官立水産講習所長）の「遠洋漁業の現況に就て」と題する談話が掲載されている。

(53) 一九〇七年、農商務省令第一五号「遠洋漁業奨励法施行細則」第三条。

(54) 水産講習所『水産講習所一覧』（自明治三九年七月至明治四〇年六月）、一九〇七年、五頁。

(55) 一九〇七年の農商務省令第一五号「遠洋漁業奨励法施行細則」では、漁猟職員資格のなかでもっとも基礎となる資格を漁猟手資格としていた。漁猟手試験の受験資格は、同規程第三〇条において、「二箇年以上航洋船ニ乗組ミ内一箇年以上遠洋漁猟船ニ乗組ミ漁猟ニ従事シ又ハ四箇年以上沖合漁業ニ従事」することを条件としていた。すなわち、現業科生徒が捕鯨船砲手職に就くためには、上記の乗船履歴を現業科入学以前もしくは入学後の実習で得るか、卒業後に乗船履歴を得るかのどちらかの手順をふむ必要があった。

(56) 前掲、『遠洋漁業奨励事業成績』(大正七年二月)、一一頁。
(57) 農林省水産局『遠洋漁業奨励成績』(大正一五年三月)、一九二六年、四八―四九頁。
(58) 一九〇九年、法律第三七号「遠洋漁業奨励法」第一一条。
(59) 一九〇九年、農商務省告示第三三六号「遠洋漁業練習生規程」第二条。
(60) 一九〇九年、法律第三七号「遠洋漁業奨励法」第四条。
(61) 農林省水産局『遠洋漁業奨励成績』(昭和二年九月)、一九二七年、九七頁。
(62) 一九一四年、法律第六号「遠洋漁業奨励法」第四条。
(63) 同上。
(64) 前掲、『遠洋漁業奨励成績』(昭和二年九月)、九七頁。
(65) 水産講習所『水産講習所一覧』(大正九年)、一九二〇年、二頁。
(66) 水産講習所『水産講習所一覧』(自明治四二年七月至明治四三年六月)、一九一五年、一六八頁および、水産講習所『水産講習所一覧』(大正一四年)、一九二五年、一一四頁。
(67) 一九二〇年七月現在。前掲、『水産講習所一覧』(大正九年)、六八―六九頁。
(68) 前掲、『遠洋漁業奨励成績』(昭和二年九月)、四二頁。
(69) 一九一二年の機船数については、農林省水産局『動力付漁船ニ関スル統計』(大正一五年一二月)、一九二七年、「発動機附漁船数増加趨勢」より概算値を算出した。その他については、前掲、『遠洋漁業奨励成績』(大正一五年三月)、三〇―三二頁より数値を得ることで図を作成した。
(70) 一九〇五年、逓信省令第二〇号「船舶職員法施行細則」第三八条で、「明治三十八年法律第六十九号施行ノ際現在スル発動機船ハ明治三十八年十月一日ヨリ船舶職員法ニ依リテ職員ヲ乗組マシムヘシ」とされ、一九〇五年以降、機船にも「船舶職員法」(一九〇五年、法律第六九号)にもとづく船舶職員の乗船が義務づけられた。
(71) 前掲、『遠洋漁業奨励事業成績』(大正七年二月)、一一頁。
(72) 一九一五年、農商務省告示第二二八号「遠洋漁業練習生規程」第二条では、官立水産講習所本科卒業生もしくは同等以上の学術技能を有する者を練習生に採用したうえ、「之ヲ外国ニ派遣シ遠洋漁業ニ関スル学術技能ヲ練習」させるとしている。

(73) 前掲、『遠洋漁業奨励成績』(大正一五年三月)、四八―四九頁。
(74) 一九〇四年、農商務省告示第九〇号「水産講習所伝習規則」第九条。
(75) 一九一六年、農商務省告示第一七〇号「水産講習所伝習規則」第八条。
(76) 水産試験機能をも有した府県水産講習所において、「教員」の名称は、水産学校のように「教諭」や「助教諭」とはされていなかった。
(77) 国立公文書館所蔵『任免裁可書』(明治三一年、任免巻八、[請求番号]本館 2A-018-00・任 B00171100)。大日本水産会水産伝習所『大日本水産会水産伝習所報告』、一八九七年、五五頁。
(78) 国立公文書館所蔵『任免裁可書』(明治三五年、任免巻一七、[請求番号]本館 2A-018-00・任 B00302100)。同上、『大日本水産会水産伝習所報告』、五七頁。
(79) 国立公文書館所蔵『任免裁可書』(明治三六年、任免巻二、[請求番号]本館 2A-018-00・任 B00323100)。同上、『大日本水産会水産伝習所報告』、六八頁。
(80) 国立公文書館所蔵『任免裁可書』(明治三七年、任免巻八、[請求番号]本館 2A-019-00・任 B00360100)。
(81) 国立公文書館所蔵『任免裁可書』(明治三七年、任免巻一一、[請求番号]本館 2A-019-00・任 B00408100)。前掲、『大日本水産会水産伝習所報告』、五六頁。
(82) 国立公文書館所蔵『任免裁可書』(明治三七年、任免巻一八、[請求番号]本館 2A-019-00・任 B00380100)。同上、『大日本水産会水産伝習所報告』、六二頁。
(83) 国立公文書館所蔵『任免裁可書』(明治三八年、任免巻一一、[請求番号]本館 2A-019-00・任 B00408100)。同上、『大日本水産会水産伝習所報告』、六六頁。
(84) 国立公文書館所蔵『任免裁可書』(明治三九年、任免巻三〇、[請求番号]本館 2A-019-00・任 B00452100)。同上、『大日本水産会水産伝習所報告』、六三頁。
(85) 国立公文書館所蔵『任免裁可書』(明治四〇年、任免巻九、[請求番号]本館 2A-019-00・任 B00467100)。同上、『大日本水産会水産伝習所報告』、六一頁。
(86) 国立公文書館所蔵『任免裁可書』(明治四三年、任免巻一一、[請求番号]本館 2A-019-00・任 B00537100)。同上、『大日本水産会水産伝習所報告』、六九頁。

(87)　国立公文書館所蔵『任免裁可書』(明治四一年、任免巻二一、[請求番号]本館 2A-019-00・任 B00515100)。同上、『大日本水産会水産伝習所報告』、五五頁。

(88)　国立公文書館所蔵『任免裁可書』(明治四三年、任免巻一一、[請求番号]本館 2A-019-00・任 B00571100)。水産講習所『水産講習所一覧』(自明治三一年四月至明治三二年三月)、一八九九年、九二頁。

(89)　同上、『水産講習所一覧』(自明治三一年四月至明治三二年三月)、九二頁。水産講習所『水産講習所一覧』(自明治三二年四月至明治三三年三月)、一九〇〇年、一〇一頁。水産講習所『水産講習所一覧』(自明治三四年四月至明治三五年三月)、一九〇二年、一一〇頁。水産講習所『水産講習所一覧』(自明治三六年七月至明治三七年六月)、一九〇四年、七五頁。水産講習所『水産講習所一覧』(自明治三七年七月至明治三八年六月)、一九〇五年、七六頁。水産講習所『水産講習所一覧』(自明治三九年七月至明治四〇年六月)、一九〇七年、八一頁。水産講習所『水産講習所一覧』(自明治四〇年七月至明治四一年六月)、一九〇八年、九〇頁。水産講習所『水産講習所一覧』(自明治四一年七月至明治四二年六月)、一九〇九年、一〇〇頁。水産講習所『水産講習所一覧』(自明治四二年七月至明治四三年六月)、一九一〇年、一〇三頁。水産講習所『水産講習所一覧』(自明治四三年七月至明治四四年六月)、一九一一年、一二一頁。水産講習所『水産講習所一覧』(自大正二年七月至大正三年六月)、一九一四年、八九頁。水産講習所『水産講習所一覧』(自大正三年七月至大正四年六月)、一九一五年、九三頁。水産講習所『水産講習所一覧』(自大正四年七月至大正五年六月)、一九一六年、八八頁。水産講習所『水産講習所一覧』(自大正六年四月至大正七年三月)、一九一八年、八一頁。水産講習所『水産講習所一覧』(自大正七年四月至大正八年三月)、一九一九年、八一頁。前掲、『水産講習所一覧』(大正九年)、七〇頁。水産講習所『水産講習所一覧』(大正一〇年)、一九二一年、七二頁。水産講習所『水産講習所一覧』(大正一一年)、一九二三年、六九頁。水産講習所『水産講習所一覧』(自大正一二年至大正一三年)、一九二四年、六九頁。

(90)　国立公文書館所蔵『任免裁可書』(明治四三年、任免巻一五、[請求番号]本館 2A-019-00・任 B00575100)。前掲、『大日本水産会水産伝習所報告』、六七頁。

(91)　国立公文書館所蔵『任免裁可書』(大正二年、任免巻八、[請求番号]本館 2A-019-00・任 B00639100)。前掲、『水産講習所一覧』(自明治三九年七月至明治四〇年六月)、八八頁。

(92)　前掲、『水産講習所一覧』(自明治三九年七月至明治四〇年六月)、八八頁。前掲、『水産講習所一覧』(自明治四〇年七月至明治四一年六月)、九七頁。前掲、『水産講習所一覧』(自明治四一年七月至明治四二年六月)、一〇八頁。前掲、『水産講習所一覧』(自明治四二年七月至明治四三年六月)、一一一頁。前掲、『水産講習所一覧』(自明治四三年七月至明治四四年六月)、一二四頁。前掲、『水産講習所一覧』(自大正二年七月至大正三年六月)、九二頁。前掲、『水産講習所一覧』(自大正三年七月至大正四年六月)、九五頁。前掲、『水産講習所一覧』(自大正四年七月至大正五年六月)、九一頁。前掲、『水産講習所一覧』(自大正六年四月至大正七年三月)、八三頁。前掲、『水産講習所一覧』(自大正七年四月至大正八年三月)、八三頁。前掲、『水産講習所一覧』(大正九年)、七二頁。前掲、『水産講習所一覧』(大正一〇年)、七五頁。前掲、『水産講習所一覧』(大正一一年)、七二頁。前掲、『水産講習所一覧』(自大正一二年至大正一三年)、七二頁。

(93) 国立公文書館所蔵『任免裁可書』(大正六年、任免巻一七、[請求番号]本館 2A-019-00・任 B00813100)。前掲、『水産講習所一覧』(自明治三一年四月至明治三二年三月)、九三頁。

(94) 前掲、『水産講習所一覧』(自明治三一年四月至明治三二年三月)、九三頁。前掲、『水産講習所一覧』(自明治三二年四月至明治三三年三月)、一〇三頁。前掲、『水産講習所一覧』(自明治三三年四月至明治三四年三月)、一〇九頁。前掲、『水産講習所一覧』(自明治三四年四月至明治三五年三月)、一一五頁。前掲、『水産講習所一覧』(自明治三六年七月至明治三七年六月)、八〇頁。前掲、『水産講習所一覧』(自明治三七年七月至明治三八年六月)、八三頁。前掲、『水産講習所一覧』(自明治三九年七月至明治四〇年六月)、九〇頁。前掲、『水産講習所一覧』(自明治四〇年七月至明治四一年六月)、一〇〇頁。前掲、『水産講習所一覧』(自明治四一年七月至明治四二年六月)、一一二頁。前掲、『水産講習所一覧』(自明治四二年七月至明治四三年六月)、一一六頁。前掲、『水産講習所一覧』(自明治四三年七月至明治四四年六月)、一二六頁。前掲、『水産講習所一覧』(自大正二年七月至大正三年六月)、九六頁。前掲、『水産講習所一覧』(自大正三年七月至大正四年六月)、一〇〇頁。前掲、『水産講習所一覧』(自大正四年七月至大正五年六月)、九六頁。前掲、『水産講習所一覧』(自大正六年四月至大正七年三月)、八九頁。前掲、『水産講習所一覧』(自大正七年四月至大正八年三月)、九〇頁。前掲、『水産講習所一覧』(大正九年)、八〇頁。前掲、『水産講習所一覧』(大正一〇年)、八三頁。前掲、『水産講習所一覧』(大正一一年)、八〇頁。前掲、『水産講習所一覧』(自大正一二年至大正一三年)、八二頁。

(95) 国立公文書館所蔵『任免裁可書』(大正九年、任免巻九、[請求番号]本館 2A-019-00・任 B00918100)。前掲、『水産講習所一覧』(自大正二年七月至大正三年六月)、八九頁。

(96) 前掲、『水産講習所一覧』(自明治四二年七月至明治四三年六月)、一一四頁。前掲、『水産講習所一覧』(自明治四三年七月至明治四四年六月)、一二五頁。前掲、『水産講習所一覧』(自大正二年七月至大正三年六月)、八九頁。前掲、『水産講習所一覧』(自大正三年七月至大正四年六月)、九二頁。前掲、『水産講習所一覧』(自大正四年七月至大正五年六月)、八七頁。前掲、『水産講習所一覧』(自大正六年四月至大正七年三月)、七九頁。前掲、『水産講習所一覧』(自大正七年四月至大正八年三月)、七九頁。前掲、『水産講習所一覧』(大正九年)、六九頁。前掲、『水産講習所一覧』(大正一〇年)、七〇頁。前掲、『水産講習所一覧』(大正一一年)、七三頁。前掲、『水産講習所一覧』(自大正一二年至大正一三年)、七三頁。

(97) ただし、「学資ノ補給ヲ受ケタル年限ニ一箇年ヲ加ヘタル期間文部大臣ノ指定ニ依リ実業学校ノ教職ニ従事スヘキ義務ヲ有」(第二条)した。

(98) また「実業学校ノ予科ノ学科目ヲ担任スル教員及甲種程度ノ実業学校ヨリ低度ノ実業学校ノ教員タルコトヲ得ル者」として、「農商務省所管水産講習所委託水産教員養成科卒業者」が指定されている。

(99) 前掲、『水産講習所一覧』(自明治三二年四月至明治三三年三月)、一〇三頁。前掲、『水産講習所一覧』(自明治三三年四月至明治三四年三月)、一一〇頁。前掲、『水産講習所一覧』(自明治三四年四月至明治三五年三月)、一一六頁。前掲、『水産講習所一覧』(自明治三六年七月至明治三七年六月)、八二頁。前掲、『水産講習所一覧』(自明治三七年七月至明治三八年六月)、八五頁。前掲、『水産講習所一覧』(自明治三九年七月至明治四〇年六月)、九二頁。前掲、『水産講習所一覧』(自明治四〇年七月至明治四一年六月)、一〇二頁。前掲、『水産講習所一覧』(自明治四一年七月至明治四二年六月)、一一四頁。前掲、『水産講習所一覧』(自明治四二年七月至明治四三年六月)、一一八頁。前掲、『水産講習所一覧』(自明治四三年七月至明治四四年六月)、一二七頁。前掲、『水産講習所一覧』(自大正二年七月至大正三年六月)、九六頁。前掲、『水産講習所一覧』(自大正三年七月至大正四年六月)、一〇〇頁。前掲、『水産講習所一覧』(自大正四年七月至大正五年六月)、九六頁。前掲、『水産講習所一覧』(自大正六年四月至大正七年三月)、九〇頁。前掲、『水産講習所一覧』(自大正七年四月至大正八年三月)、九一頁。前掲、『水産講習所一覧』(大正九年)、八〇頁。前掲、『水産講習所一覧』(大正一〇年)、八三頁。前掲、『水産講習所一覧』(大正一一年)、八一頁。前掲、『水産講習所一覧』(自大正一二年至大正一三年)、八二頁。

(100) 前掲、『水産講習所一覧』(自明治三三年四月至明治三四年三月)、一〇七頁。前掲、『水産講習所一覧』(自明治三四年四月至明治三五年三月)、一一二頁。前掲、『水産講習所一覧』(自明治三六年七月至明治三七年六月)、七六頁。前掲、『水産講習所一覧』(自明治三七年七月至明治三八年六月)、七八頁。前掲、『水産講習所一覧』(自明治三九年七月至明治四〇年六月)、八三頁。前掲、『水産講習所一覧』(自明治四〇年七月至明治四一年六月)、九二頁。前掲、『水産講習所一覧』(自明治四一年七月至明治四二年六月)、一〇二頁。前掲、『水産講習所一覧』(自明治四二年七月至明治四三年六月)、一〇六頁。前掲、『水産講習所一覧』(自明治四三年七月至明治四四年六月)、一一二頁。前掲、『水産講習所一覧』(自大正二年七月至大正三年六月)、九〇頁。前掲、『水産講習所一覧』(自大正三年七月至大正四年六月)、九四頁。前掲、『水産講習所一覧』(自大正四年七月至大正五年六月)、八九頁。前掲、『水産講習所一覧』(自大正六年四月至大正七年三月)、八一頁。前掲、『水産講習所一覧』(自大正七年四月至大正八年三月)、八一頁。前掲、『水産講習所一覧』(大正九年)、七〇頁。前掲、『水産講習所一覧』(大正一〇年)、七三頁。前掲、『水産講習所一覧』(大正一一年)、七〇頁。前掲、『水産講習所一覧』(自大正一二年至大正一三年)、七〇頁。

(101) 前掲、『水産講習所一覧』(自明治三三年四月至明治三四年三月)、一〇七頁。前掲、『水産講習所一覧』(自明治三四年四月至明治三五年三月)、一一三頁。前掲、『水産講習所一覧』(自明治三六年七月至明治三七年六月)、七七頁。前掲、『水産講習所一覧』(自明治三七年七月至明治三八年六月)、七八頁。前掲、『水産講習所一覧』(自明治三九年七月至明治四〇年六月)、八三頁。前掲、『水産講習所一覧』(自明治四〇年七月至明治四一年六月)、九二頁。前掲、『水産講習所一覧』(自明治四一年七月至明治四二年六月)、一〇二頁。前掲、『水産講習所一覧』(自明治四二年七月至明治四三年六月)、一〇六頁。前掲、『水産講習所一覧』(自明治四三年七月至明治四四年六月)、一一二頁。前掲、『水産講習所一覧』(自大正二年七月至大正三年六月)、九〇頁。前掲、『水産講習所一覧』(自大正三年七月至大正四年六月)、九四頁。前掲、『水産講習所一覧』(自大正四年七月至大正五年六月)、八九頁。前掲、『水産講習所一覧』(自大正六年四月至大正七年三月)、八一頁。前掲、『水産講習所一覧』(自大正七年四月至大正八年三月)、八一頁。前掲、『水産講習所一覧』(大正九年)、七〇頁。前掲、『水産講習所一覧』(大正一〇年)、七三頁。前掲、『水産講習所一覧』(大正一一年)、七〇頁。前掲、『水産講習所一覧』(自大正一二年至大正一三年)、七〇頁。

第四章　資格者養成機能を保持し続けた長崎県の水産教育

第一節　長崎県における漁業者養成と遠洋漁業奨励策

（一）　長崎県水産試験場の開設

一九〇〇（明治三三）年五月、西彼杵郡深堀村に設立された長崎県水産試験場は、一八九九（明治三二）年の「府県水産試験場規程」（農商務省令第二二号）に依拠した試験・研究機関として、県水産業の振興に資することが期待されていた。

当時、府県水産試験場が担う試験研究の範囲は、農商務省水産局より「水産試験場ニ於テ施行スル事業ノ範囲及方針（本局提出）」として、次のとおり指導された。

（前略：引用者）本省ニ於テハ産業ノ根底トナルヘキ未知ノ事項ヲ攻究シテ以テ之ヲ府県ニ伝ヘ府県ハ之カ応用ヲ実験シ以テ其得失ヲ詳ニシ直接ニ当業者啓発ノ任ニ膺ラシメ互ニ相俟ツテ其効ヲ収メラレンコトヲ請フ

本省ト府県トノ業務ノ範囲

一、本省ニ於テハ主トシテ研究的ノ調査試験ヲナシ府県水産試験場ノ実施スヘキ事業ノ要因トナル事項

二、本省ニ於テハ利害ノ関係数府県以上ニ関連シ調査試験ノ成績自ラ一般ニ影響スヘキ性質ノ事項

三、府県水産試験場ニ於テハ応用的試験ヲ為スノ方針ヲ執リ其業務ハ主トシテ管内ノ当業者ニ直接ノ関係アル重要ノ事項

四、府県水産試験場ニ於テハ管内当業者ノ技術的能力ヲ養成スル事項（傍線：引用者）(1)

ここからは、農商務省が、府県水産試験場を、「本省」で得られた水産学研究の先端成果を応用し、その得失を水産業者に伝達する媒体に位置づけていたことが読み取れる。そしてそのことで、生産技術や水産業者の能力を向上させようとしていたことがわかる。

長崎県水産試験場の試験研究は、こうした農商務省の方針もあり、「管内ノ当業者ニ直接ノ関係アル」事項が選ばれた。一九〇一（明治三四）年度の試験内容をみると、漁撈部が「鰤鰹沖取網試験」、「鰮沖取網改良試験」、「棒受網試験」、「鰮巾着網試験」、製造部が「鯖節製造試験」、「海參《イリコ》製造試験」、「海苔製造試験」、「干鮑製造試験」、「鰮搾粕製造試験」、養殖部が「海鼠《ナマコ》放養試験」、調査部が「対州沿海鮑調査」をおこなっている(2)。

ここで注目したいのは、製造部がおこなった海參・干鮑の製造試験と、養殖部がおこなった海鼠の放養試験である。この時期すでに、水産物の輸出はわが国の貴重な外貨獲得手段となっており、鮑と海鼠（海參：乾燥海鼠）も、清国や英国の統治下にあった香港への輸出品目となっていた(3)。そのため長崎県では、鮑の「濫獲を厳禁し大

に保護を加へて増殖を図り重要輸出品の声価を維持するに努め」るとともに、大半が清国に輸出された海鼠についても「鮑と同じく十分保護繁殖を図り向後一層発展を図ることを刻下最も緊要なる問題」と位置づけた。(4)すなわち、一九〇一（明治三四）年度になされた試験研究は、当時の長崎県の水産事情を端的に反映したものであった。

こうした試験研究の成果を、管内「当業者ニ伝習」(5)することで、「技術的能力ヲ養成」しようとする機運も徐々に盛りあがっていった。一九〇二（明治三五）年に開催された「講話」がその端緒となった。試験場職員が県内の各郡を巡回しておこなわれた「講話」は、「沿海村民ノ水産志想ヲ喚起シ斯業ノ振起勃興ヲ期スル」(6)ことを目的としていた。その内容は、「水産業ノ定義」にはじまり、「本邦近海ノ潮流」や「漁具ノ類別」といった基本事項から、発展・拡大が期待された「遠洋漁業」や「人工養殖法」などの題目も取りあげられた。(7)

（二）「長崎県水産試験場水産講習規程」の制定

長崎県水産試験場は、「講話」の経験をふまえて漁業者の養成を本格化させる。一九〇四（明治三七）年には、「長崎県水産試験場水産講習規程」（長崎県告示第二六五号）が制定され、「水産ニ関スル技術及簡易ナル学理」(8)の伝達を目的とする水産講習を開始した。

同規程にもとづいておこなわれる講習は、修業期間三カ月以内で、定員は二五名以内とされた。入学資格は、長崎県に本籍がある、高等小学校第二学年以上の課程を終えた一六歳以上の男子で、彼らは、「漁撈」、「製造」、「養殖」の三つの講習科目から一科につき専修するとされた。(9)さらに、長崎県各地から生徒を受け入れるために、寄宿舎を整備したうえで、寄宿生には食費として一カ月に四円五〇銭を支給することも規定した。(10)

講習の目的規定に「簡易ナル学理」を教授することが明記されたことで、「講話」活動との違いはよりはっきりとした。従来開催されてきた「講話」は、新しい知識の伝達を主目的としており、漁業者や水産加工業者が自ら、漁撈技術や水産製造技術の開発や改良に積極的に取り組むことを意識したものとはいいがたかった。これに対して、新たな水産講習が、「簡易ナル学理」の教授までおこなおうとしたことは、学理を基礎とした県内水産業の振興に貢献できる人材の養成をはかろうとしていたことを意味するものであり、従来の「講話」活動とは異なる人材養成体制が模索されようとしていたことがわかる。

この水産講習規程にもとづいて開催された第一回講習では、三八名の志願者から一五名が選抜され、缶詰製造が指導された(11)。缶詰製造が指導された理由は、缶詰が「軍糧及航海ノ食糧トシテ欠クヘカラサルカ故ニ近来其需用著シク増加セシニ伴ヒ非常ノ発達(12)」が予想されるためとしている。また、「今後外国輸出缶詰ノ実ヲ挙クルハ戦後ノ急務ニシテ斯業界ニ大ニ奨励ヲ要スヘキ(13)」ことも認識されていた。日露戦争を契機とする缶詰の需要拡大がこの講習の背景にはあったのである。

日露戦争とのかかわりで缶詰講習がなされたことは、第一回の講習修業証書授与式で時の長崎県知事、荒川義太郎が述べた「告諭」からもわかる。

> 茲ニ本日ヲトシ本県水産試験場缶詰製造講習生修業証書授与式ヲ挙ク今ヤ我カ水産物ハ出征軍隊ノ食糧トシテ戦地ニ供給セラル、ノ秋ニ当リ諸子カ其業ヲ卒ヘテ親シク缶詰製造ニ従事シ以テ軍国ニ貢献スル所アラントスルハ本官ノ深ク満足スル所ナリ希クハ将来益々斯業ノ発達ヲ計リ特リ軍国ノ急需ニ応スルノミナラス本県ノ特産トシテ廣ク販路ヲ中外ニ開キ以テ地方産業ノ興隆ヲ致サンコトヲ
>
> 明治三十七年八月十七日
>
> 長崎県知事従四位勲三等　荒川義太郎（傍線：引用者）(14)

荒川は、「今ヤ我カ水産物ハ出征軍隊ノ食糧トシテ戦地ニ供給」されており、修了生が缶詰製造に従事して、「軍国ニ貢献スル所アラントスルハ本官ノ深ク満足スル所ナリ」と喜んでみせた。そして今後ますます缶詰製造業を成長させ、「軍国ノ急需ニ応スル」とともに、長崎県の特産品として販路を開拓することで「地方産業ノ興隆」につなげたいと望みを語った。

さて、缶詰製造講習において「簡易ナル学理」として教授する事柄は、「教授要項」として掲げられており、「缶詰総論」や「空缶製法」、「調理法」などから構成された「水産物製造大意」と、「水者製法」や「調味製法」などから構成された「各論」、それに「実習」を加えた三つに大別されていた。(15) しかし開設当初は、「缶詰ノ法タル精細ナル注意ト巧妙ナル熟練ヲ要シ短日月ノ間ニ学技両全ノ良技術者ヲ養成スルコト至難ナルカ故ニ本場ニ於テ専ラ実習ヲ旨トシ原料ノ欠乏等其余暇ニ於テ缶詰製造上ノ諸要項ヲ極メテ平易ニ教授」していたのが実態であった。(16)

講習を受けた生徒は、「缶詰起業上ノ設計ヲ編製」する「卒業論文」を提出して課程を終え、結果一二名の卒業生が長崎県内の缶詰製造所(対馬厳原江口缶詰所二名、五島福江石本缶詰所三名、西彼杵郡瀬戸村尾崎缶詰所一名、平戸缶詰所二名、対馬大船越安増缶詰所二名、壱岐郡渡良村両家缶詰所二名)へ就職した。(17)

第一回生の良好な成績と缶詰製造「技術者ノ不足」を反映してか、第二回講習では、「応募者六拾有余名ノ多キニ至ルヲ以テ本場ニ於テ之カ入場試験ヲ為スヲ止メ各郡市長ニ前例ニ倣ヒ履歴書ニヨリ選抜ヲ依頼」して、結果六四名の志願者から一〇名にしぼって受け入れた。(18)

二カ月間の講習を終えた第二回生一〇名は、長崎県内はもとより海を渡り就業する者もいた。その具体的な動向は、韓国釜山共同缶詰会社二名(さらに二名が入社交渉中)、長崎県濱田缶詰所三名、熊本県玉名郡長須缶詰所二名、自家営業二名となっていた(19)。

ただし、こうした缶詰製造講習は、あくまで「水産ニ関スル技術及簡易ナル学理」を伝達しようとしたものであり、長崎県の水産業を牽引することが可能となる、高度な知識や学理を教授しようとはしていなかった。その証左としては、次に示す長崎県の人材養成策の展開が指摘できる。

長崎県は、長崎県水産試験場に講習機能を付与する一方、県の水産業開発を牽引できる高度な知識・技能を獲得した人材の必要性を認め、確保に乗り出す。その具体策は、一九〇七(明治四〇)年一月、「水産講習生学資補給規程」(長崎県令第一三号)としてまとめられた(20)。

水産講習生学資補給規程(一九〇七(明治四〇)年、長崎県令第一三号)

第一条　本県在籍者ニシテ農商務省水産講習所本科又ハ福井県立小浜水産学校本科ノ入学許可ヲ得タル者ニ就キ選抜シ本規程ニ依リ学資及旅費ヲ補給ス

第五条　補給定額左ノ如シ

旅費　入学並卒業帰郷旅費ハ実費ヲ支給ス但各拾五円以内トス

学資

農商務省水産講習所本科在学生月額　第一年生七円拾参銭／第二年生五円五拾六銭／第三年生六円五拾六銭

福井県立小浜水産学校本科在学生月額　各年ヲ通シ四円

補給スヘキ学資ハ入学ノ月ヨリ之ヲ支給シ満二ヵ年ヲ以テ止ム(傍線：引用者)

同規程は、「本県在籍者ニシテ農商務省水産講習所本科又ハ福井県立小浜水産学校本科ノ入学許可ヲ得タル者ニ就キ選抜シ本規程ニ依リ学資及旅費ヲ補給ス」[21]として、官立水産講習所と福井県立小浜水産学校に生徒を送り出す環境を整えることで、県内水産業にとって有為となる人材の確保を目指した。

官立水産講習所は、第三章で詳述したように、近代日本の水産界に対して指導的役割を果たした教育・試験機関であり、その卒業生は、水産関連の官界や業界の重要な部分を占めるにいたる[22]。また、福井県立小浜水産学校は、一八九五（明治二八）年に開設した福井県簡易農学校分校が、一八九九（明治三二）年に「農業学校規定ニ基キ（中略：引用者）乙種程度ノ組織ニ改メ独立」[23]して誕生した、黎明期の水産教育を支えた水産学校の一つであった。

小浜水産学校は、一九〇二（明治三五）年に甲種実業学校に昇格したことで、その卒業生は同年の文部省告示第一九三号[24]によって、「文官任用令」[25]にもとづき判任官[26]への無試験での任用が認められた。文部省告示第一九三号は、小浜水産学校が文部大臣から中学校程度と認定されたことを意味するとともに、同校の卒業生が府県水産試験場の技手などの公吏として職に就くことを可能にした。その後、小浜水産学校には全国から入学志願者が押し寄せ、学校規模は拡大していった。その少なくない者たちは旧士族階層であり、彼らは卒業後に公吏や漁業資本に職を求めた[27]。長崎県出身者が小浜水産学校で学ぶ事例もみられ、一九〇五（明治三八）年一〇月現在、「長崎県士族」一名の在籍が確認できる[28]。

なお、「水産講習生学資補給規程」による補助を受け、両校に入学した生徒に関する詳細は明らかにすることができない。しかし、県立水産学校はもちろん、府県水産講習所すら有していなかった長崎県にとって、高度な知識・技能を有する人材を一定の規模で確保するには、他県の協力が必要であったことは事実であろう[29]。

日本の漁業者は、豊かな漁場を求めて朝鮮半島周辺に漁場を求めるようになっていた。すなわちそれは、西日本を中心とする漁民に開放された「朝鮮通漁」の本格展開であり、一八九〇(明治二三)年一月締約の「日本朝鮮両国通漁規則」(勅令無号、官報一九五六号掲載)はその流れを確かなものにしていた。通漁規則は、当該漁業の秩序維持をはかり、さらなる発達をうながすものとなっていた。

さらに一九〇〇(明治三三)年には、「朝鮮海通漁組合連合会規約」が制定され、韓国釜山港に本部を設ける朝鮮海通漁組合連合会が結成された。同会は政府から補助金を交付され、通漁者の監督や漁具・漁船の改良等の事業をおこなう組織であった。政府の庇護のもと朝鮮半島周辺の漁業が開発・奨励されたことで、各府県も「競って自県の通漁業者を保護助長し、県ごとの組合設置を指導[30]」するようになる。朝鮮海峡(対馬海峡西水道)が眼前に広がる長崎県にとっても、こうした動静は、朝鮮半島近海への出漁気運を高める契機となった。

(三) 長崎県の遠洋漁業奨励策

この時期、長崎県は独自の遠洋漁業奨励策として、朝鮮半島近海への出漁に補助金を支出している。一九〇三(明治三六)年の「遠洋漁船費補助規程」(長崎県令第一三号)の制定に続き、一九〇七(明治四〇)年には、「遠洋漁業奨励規程」(長崎県令第一七号)を制定し、遠洋漁船の新造だけでなく、出漁期間が三カ月以上となる「韓国沿海ニ於ケル鮟鱇網漁業」をなす者に対しても、操業する漁船一隻につき一五円以内で奨励金を下付した[31]。そして、長崎県内では長崎県遠洋漁業団が組織され、「韓海」等、「遠洋」への出漁がみられるようになった[32]。

遠洋漁業奨励規程(一九〇七(明治四〇)年、長崎県令第一七号)

第一条　本県在籍者ニシテ県内ニ住居スル漁業者又ハ組合規約ヲ設ケ知事ノ許可ヲ受ケタル団体ニシテ遠洋漁業ヲ為ス者ニ対シ毎年度予算ノ定ムル所ニ依リ奨励金ヲ下付ス
第二条　奨励金ヲ下付スヘキ漁業ノ種類及奨励金ノ標準左ノ如シ
一　漁業ノ種類
韓国沿海ニ於ケル鮟鱇網漁業
但参ヶ月以上出漁ヲ為スヲ要ス
二　奨励金ノ標準
鮟鱇網漁業ヲ為ス者　壱艘ニ付金拾五円以内
肩幅六尺以上ノ鮟鱇網漁船ヲ新造スル者　壱艘ニ付金五拾円以内

遠洋漁業志向が強まっていったことは、長崎県水産試験場の活動にも影響を与えた。同水産試験場は、「近時社会ノ趨勢ハ一般遠洋開拓ノ気運ニ向ヒ進デ富ヲ萬里ノ波濤ニ求メントスルニ在ルヲ以テ本県ハ沿岸便利ノ増進ヲ図ルト共ニ又遠洋ニ於ケル漁業ヲ振起シ他県ト対比スベキハ最モ必要ナル事[33]」として、遠洋漁業の開発が沿岸漁業や水産加工業の改良とならんで重要となっていることをはっきりと認識し、既述した「鯖節製造試験」や「干鮑製造試験」などの水産製造試験に加えて、遠洋に目を向けた漁撈試験をおこなった。

その一つとして、長崎県水産試験場では、鮪漁業の改良試験を実施している。鮪漁業に焦点をあてた理由は、「去来不定ノ鮪ニ対スル漁法タルヤ其沿岸ニ来遊スルヲ俟テ始テ漁獲スル装置ノ大敷網ヲ唯一ノ武器トスルハ適当ノ漁法ト謂フヘカラサルヤ論ナシ[34]」として、鮪の来遊を待って漁獲する定置網漁法しかその術がない現状と、沿岸漁業の枠内で鮪漁をおこなう限界とを指摘した。そして、「鮪流《ママ》縄ヲ選ヒ之ヲ以テ鮪漁場ヲ探リ是カ遠洋漁業ノ端緒ヲ開カント[35]」試験を実施した。

以上の遠洋漁業奨励策ならびに遠洋漁業開発の具体化は、初期に構想された人材養成の方向性を、後に変容させる素地となった。

第二節　長崎県水産講習所の成立と遠洋漁業科の位置づけ

（一）　長崎県水産講習所の成立

水産試験場で実施された教育活動は、「長崎県水産試験場水産講習規程」が制定から三年後となる一九〇七（明治四〇）年に改定（長崎県告示第二六五号）されたことで、講習科目の「養殖」が廃止されるとともに、定員を一六名以下にするなど、その規模が縮小された。初期の人材養成は、試行的な位置づけにとどまったといってよい。

長崎県水産試験場の講習活動に対する姿勢が変化していった後景には、同試験場職員の苦悩がみえ隠れする。長崎県水産試験場では、業務の中軸とした試験研究や講習生の指導に加えて、地元漁業者に対する「短期講話」会をも開催していたのだけれど、この「短期講話」会の記録をみると、「三十七年度ハ軍食缶詰及同上監督検査ノ為メ忙殺セラレ余暇ナカリシヲ以テ僅カニ一回ヲ実行」、「三十九年度ニ於テハ専ラ講習ニ力ヲ致シ短期講習（ママ）ヲ為スニ至ラサリシ[36]」と、業務に繁忙を極めた職員の様子がうかがえる。この時期の長崎県水産試験場は、水産業界にも押し寄せた近代化の潮流のなかで期待される役割が大きくなり、多種多様な業務に細かく対応することが困難な状態に陥っていたのであった。

一九〇八（明治四一）年、こうした試験場の状況や、他県の水産教育機関に依存するしかなかった人材養成の実態を改善しようと、長崎県は講習機能を試験場本体から切り離す策をとった。それは、「長崎県水産講習所規程」（長崎県令第五九号）の制定により具現化され、独立した水産教育機関である長崎県水産講習所が誕生することとなった。

長崎県水産講習所規程（一九〇八（明治四一）年、長崎県令第五九号）
第一条　本所ハ水産ニ関スル学理及技術ヲ授ク
第二条　本所ニ漁撈科製造科及遠洋漁業科ヲ置ク
第三条　漁撈科ニ於テハ漁撈ニ関スル学理及技術ヲ授ケ製造科ニ於テハ製造ニ関スル学理及技術ヲ授ケ遠洋漁業科ニ於テハ遠洋漁猟職員養成ヲ目的トシ遠洋漁業ニ関スル学理及技術ヲ授ク（傍線：引用者）

長崎県水産講習所が誕生するにいたった背景を、長崎県水産講習所『昭和元年度長崎県水産講習所事業功程報告』は、次のように回顧している。

本県ハ大小無数ノ島嶼碁布点在シ本土ハ岬出湾入多岐ヲ極メ為メニ沿岸到ル所魚介藻類ノ生棲繁茂ニ適シ殊ニ無尽ノ実庫ト称セラル、尨大ナル支那東海ヲ近クニ控ヘ、海ニ対シ実ニ全国ニ比類ナキ天与ノ恩恵ヲ蒙レリ、故ニ県水産業ノ振否ハ県勢ノ隆替ヲ支配スル重大ナルモノナルニ拘ラズ県民ノ斯業ニ対スル理解極メテ薄ク依而其発展ノ基礎タルベキ人材ノ養成ニ関シテハ福井県立水産学校並ニ農商務省水産講習所ニ年々数名ノ県費生ヲ派セシニ過ギザリシモ時代ノ進運ト斯業ノ発達トハ長ク此姑息ナル方法ノ持続ヲ許サズ漸次県内ニ水産教育機関ヲ設置スベシトノ輿論台頭シ遂ニ明治四十年通常県会ニ於テ予算参千百六十一円ヲ計上シ翌年度ヨリ水産講習所設置ノ件可決セラレタリ（以下略、傍線：引用者）[37]

同文は、長崎県には多くの離島や入り江があり、水産資源豊かな沿岸域に恵まれているだけではなく、「支那東海ヲ近クニ控ヘ、海ニ対シ実ニ全国ニ比類ナキ天与ノ恩恵」を被っているにもかかわらず、県民の水産業に対する理解は浅いと認めている。そして、長崎県が県内の漁業を牽引することができる人材の養成を、学資補給規程にもとづいて官立水産講習所や福井県立小浜水産学校に任せてきたことを「姑息」であったと断じている。そして、県内において水産教育を求める世論の台頭に後押しされ、長崎県水産講習所が設置されたことを記している。

長崎県水産講習所は、一九〇八（明治四一）年九月に、一九〇七（明治四〇）年の「府県水産講習所規程」（農商務省令第一一号）に依拠した水産教育機関として設置された。北松浦郡平戸町の長崎県水産試験場内に併設する形で誕生した同講習所には、修業年限二カ年の漁撈科と遠洋漁業科、そして修業年限一カ年の製造科が設置された。入学資格は、漁撈科および製造科が、一六歳以上で高等小学校卒業程度の学力を有する者、遠洋漁業科が、漁撈科卒業生のうち体格試験に合格した者とされた[38]。第一回の入学志願者は、県内各地より都鄙を問わず集まり、五五名（北松浦郡一九名、長崎市四名、佐世保市一名、対馬下県郡・上県郡三名、壱岐郡二名、南松浦郡二名、西彼杵郡一二名、東彼杵郡二名、南高来郡八名、北高来郡二名）に達した[39]。ここから二五名（漁撈科一〇名、製造科一五名）が入学試験により選抜された[40]。

注目される講習目的は、従来の「水産ニ関スル技術及簡易ナル学理」を講習することから、「水産ニ関スル学理及技術[41]」を授けることにかわった。目的規定中の学理の位置に着目するならば、「簡易ナル」がはずれ、「技術」の前に移されたことがわかる。技能伝習と同様に、学理の教授をも重視することで、「将来斯業ヲ以テ献身的社会ニ立ツベキ誠実ナル有為ノ実業者ヲ養成」[42]しようとした。

こうした目的をもって誕生した長崎県水産講習所の活動は、所長の田島顯俊技師以下一〇名の教職員に支えられた。その内訳は、技師二名（「漁撈法」担当）、技手二名（「造船学」・「機械学」・「航海術」・「漁撈法」・「製造法」担当）、書記一名（「経済」・「簿記」担当）、兼任技手三名（「運用術」・「漁撈法」・「製造法」担当）、嘱託講師一名（「気象」・「数学」担当）、嘱託医師一名の計一〇名であり、所長（技師）や書記までもが教育活動の任に当たった[43]。また、開設にあわせて施設・設備も整備されており、漁撈科の実習に用いる日本型漁船二隻が新造されたほか、製造科の実習にもちいる「製造場」も増築された[44]。

そして実行に移された長崎県水産講習所の教育活動は、水産に関する専門知識の教授を重視したものであった（表4-1、表4-2参照）。確かに、漁撈科では「数学」、製造科では「化学」に一定程度の時数が割かれているけれども、水産に関する「学科」が課程の大部分を占めた。漁撈科は、「漁撈論」に加え、漁船の近代化、漁場の拡大を背景に「漁船論」、「航海術」、「運用術」が教授されている。また製造科は、「食品論」に加え、「塩蔵」や「缶詰」といった多様な水産物の加工製造法が教授されている。

漁撈科、製造科ともに、不定時などとされている「実習」の目的と詳細は、長崎県水産講習所『明治四十二年度長崎県水産講習所事業報告』において、「実地ニ就キ学理ヲ応用シ技術ヲ講習スルノ方針ヲ執レリ漁撈科ニアリテハ遠洋或ハ近海ニ出漁シ漁撈法運用術航海術ノ実習ヲ練磨セシムルニ努メ居レリ製造科ニアリテハ本所ニ於テ原料ノ得難キ時ハ其原料豊富地ニ出張実習セシメ居レリ[45]」と記されている。「遠洋或ハ近海ニ出漁」し、学科で学んだ「漁撈法運用術航海術」を実地で応用するとされた漁撈科では、一九〇九年度の「実習」として、長崎県水産試験場が実施した「関東州沿海トロール漁業試験」や「朝鮮国東方海鯖流網試験」に生徒を参加させた[46]。

表4-1　1909年度漁撈科課程一覧

学科	第1学年		第2学年	
	課程	(週時)	課程	(週時)
漁撈論	魚類ノ習性 漁具構成 使用法	5	魚類ノ習性 漁具構成，使用法 漁具設計	4
漁船論	諸原理及日本型漁船ノ構造	2	西洋型漁船ノ構造	2
航海術	航海用具説明	3	運用術航海術	3
運用術	対数使用法及推測法 船舶ノ種類，結索，編索 静索動索諸帆ノ名称 静索並諸帆取付法 滑車ノ名称種類 絞轆装成法並ニ倍力　他	2	操舵法，適帆法，逆転及順転法 逆帆ヲ回復スル法，荒天運用法 颶風ニ応スル法 入港投錨法，抜錨出帆法 溺死者蘇活法，海上衝突予防法 船貨積載法，万国船舶信号	2
気象学	大意	1	暴風論	1
機械学	漁業用諸器械構造	2	漁業用諸器械構造	2
漁獲物処理法	大意	1	大意	1
数学	算術，代数，幾何	3	代数，幾何	3
簿記	大意	1	大意	1
経済	大意	1	大意	1
実習	漁具構造，運用術	7	漁具構造，運用術	8
出漁	不定時	—	不定時	—
計		28		28

註）長崎県水産講習所『明治四十二年度長崎県水産講習所事業報告』，発行年不明，6-7頁より作成。

なお、遠洋漁業科は、「漁撈之方法」、「運用術」、「航海術」、「造船学大意」、「法規」、「救急法船内衛生」、「実習」の七科目が課程[47]として示されていたけれども、活動の開始は、漁撈科が卒業生を送り出す二年後を待つ必要があったため、講習時数や具体的な講習内容は未定であった。ただ、「修業方法」として大まかな案は示されていた。そこでは、「生徒ハ本所遠洋漁業船ニ乗組マシメ漁撈、運用、航海其他遠洋漁業ニ必要ナル学術及技能ヲ講習[48]」するとされた。

表4-2　1909年度製造科課程一覧

学科	第1学期		第2学期		第3学期	
	課程	(週時)	課程	(週時)	課程	(週時)
食品論	素乾品 塩乾品 煮乾品	6	焼乾品 煮乾品 燻乾品	6	加工品 調味品	5
食塩	大意	2	大意	2	大意	1
塩蔵	塩田各種構造 煎塩法 塩専売法	1	濃厚海水法 天日製塩法 塩専売法	1	塩精製法 焼塩法 塩専売法	1
缶詰	諸器械使用法 製缶大意 製造大意	4	水煮法 油煤法 酢漬法	3	味付法 スープ法	2
寒天	原藻種類 晒白法	1	原藻配合	1	煮熟法 乾燥法	1
魚油	大意	1	大意	1	大意	1
肥料	乾製肥料 圧搾肥料	1	大意	1	大意	1
膠	大意	1	大意	1	大意	1
化学	大意及実験	2	大意及実験	2	大意及実験	1
経済	大意	1	大意	1	大意	1
簿記	大意	2	大意	2	大意	2
算術	大意	1	大意	1	大意	1
実習	当期科目実習	12	当期科目実習	12	当期科目実習	20
出張実習	本所ニ於テ原料 得難キ時ハ原料 地ニ出張実習ス	—	本所ニ於テ原料 得難キ時ハ原料 地ニ出張実習ス	—	本所ニ於テ原料 得難キ時ハ原料 地ニ出張実習ス	—
計		35		34		38

註1）長崎県水産講習所『明治四十二年度長崎県水産講習所事業報告』，発行年不明，7-8頁より作成。

註2）第1学期は「自九月至十二月」，第2学期は「自一月至四月」，第3学期は「自五月至八月」であった。

県の勧業費をもって運営される長崎県水産講習所が、開設当初から遠洋漁業科を設置していたことは、長崎県が独自に遠洋漁業の奨励に乗り出していた事実と無関係であるとは考えられない。朝鮮海峡に隣した長崎県にとって、主要産業である朝鮮通漁の隆替は県勢を左右する重要事項であり、実際、通漁者で組織された長崎県遠洋漁業団の団長、副団長を県内務部長と県水産課長が務め、その成長を後援していた(49)。

(二) 遠洋漁業科の設置とその背景

遠洋漁業の奨励につながる長崎県水産講習所遠洋漁業科の講習目的は、こうして他学科とは異なり、より具体的に「遠洋漁猟職員養成ヲ目的(50)」とすると明文化された。この目的規定が有した意味を読み解くにあたっては、先に記した長崎県が率先した遠洋漁業奨励策はもちろんのこと、第二章において詳述した農商務省の遠洋漁業奨励策との関係にも注意を払わなければならない。農商務省の遠洋漁業奨励策が関係し、相当程度の影響力を有していたことの根拠は、「遠洋漁業奨励法施行細則」の条文にみることができる。

そもそも、「遠洋漁業奨励法施行細則」は、「遠洋漁業奨励法」にもとづいて奨励金を受けるための申請方法や、遠洋漁船の検査・登録方法などを示した法令であったけれども、一九〇五(明治三八)年の改定以降は、遠洋漁船乗組員資格である「漁猟職員」免状を取得する方法を規定するようになった。そして、同施行細則に依拠して、官立水産講習所遠洋漁業科卒業生に対する漁猟長免状の付与がおこなわれ、遠洋漁業奨励策の一環として遠洋漁船乗組員が養成された。

府県水産講習所卒業生に対する資格付与規定は、一九〇七(明治四〇)年改定の「遠洋漁業奨励法施行細則」(農商務省令第一五号)ではじめて規定された。その第三一条では、「農商務大臣ハ充当ト認ムル道府県水産講習所遠洋漁業科ノ卒業証書ヲ有スル者ニ対シ試験ヲ用ヰスシテ丙種漁猟長免状ヲ交付スルコトヲ得」として、農商務大臣の認定を受けた府県水産講習所の遠洋漁業科卒業生に対して、無試験で丙種漁猟長免状を付与することを可能にした。長崎県水産講習所の遠洋漁業科は、まさにこうした政府の遠洋漁業奨励策に県が対応したものであった。

一九〇七（明治四〇）年の「遠洋漁業奨励法施行細則」が、府県水産講習所遠洋漁業科の卒業生に、無試験で丙種漁猟長免状の付与を可能としたことは、資格付与機能を遠洋漁業を奨励する水産政策とのかかわりから各地に展開していた府県水産講習所に拡大したことを意味した。そのため、一九〇七（明治四〇）年の「遠洋漁業奨励法施行細則」の改定は、漁業従事者養成の量的拡大に貢献するものであったと評価することができる。

（三）　漁撈科卒業生の就業動向

ところが、長崎県水産講習所の遠洋漁業科は、設置されてから入学有資格者とした漁撈科の第一回生が卒業する一九一〇（明治四三）年までの二年間、実際の活動をおこなうことはなかったし、漁撈科の第一回生が卒業した一九一〇（明治四三）年以降も、遠洋漁業科が入学者を得て活動した形跡は確認できない。

遠洋漁業科が入学者を得ることができなかった一つの要因には、入学者として予定していた漁撈科卒業生の人数と、その就業動向があると考えられる。まず、漁撈科の卒業生数であるけれども、一九一〇（明治四三）年の第一回卒業生は六名、一九一一（明治四四）年の第二回卒業生は五名、一九一二（大正元）年の第三回卒業生は六名となっている。[51] 漁撈科が、毎年一〇名の入学者を受け入れていたことをふまえると、中途退学者が半数近くにのぼっていたことになる。[52] さらに注目したいのは、この第一回から第三回までの漁撈科卒業生一七名の就業動向である〔表4‐3参照〕。

表4-3　第1回から第3回漁撈科卒業生の就業動向一覧（1912年現在）

漁船々員	長崎県水産試験場試験船乗組5名 長崎県水産講習所実習船乗組1名 水産会社トロール漁船乗組1名	7名
陸海軍々人	佐世保鎮守府所属3名 長崎重砲兵大隊所属1名 大村歩兵第四十六連隊所属1名	5名
自家経営者		4名
死亡		1名

註）長崎県水産講習所『大正元年度長崎県水産講習所事業報告』，1912年，24-26頁より作成。

漁撈科卒業生の就業動向は、船舶乗組、陸海軍、自家経営のいずれかに区分することができる。陸海軍の軍人五名が、職業軍人となった者か徴兵によって兵役に就いた者かの判別はできないけれども、この五名を除くと、卒業生の半数となる六名が県の水産試験場や母校の職員として試験船・実習船に乗り組むことができており、生徒が二年間漁撈科で学んだ後に、さらに二年間遠洋漁業科で学ぶ必要性を感じにくくなっていたようである。すなわち、遠洋漁業科が活動しなかった、もしくはできなかった要因としては、そもそも期待したほどの漁撈科卒業生が確保できていなかったことに加えて、こうした比較的良好な就業環境を指摘することができる。

（四）大日本水産会漁船々員養成所の設置と遠洋漁業科の廃止

遠洋漁業科が活動しなかった要因として、漁撈科の卒業生数や就業動向のほかに、一九一二（大正元）年から一九二一（大正一〇）年までの間、長崎県水産講習所内に設置された大日本水産会漁船々員養成所長崎支部の存在も検討したい。

大日本水産会が漁船々員を養成するようになったのは、一九〇九（明治四二）年の「遠洋漁業奨励法」改定（法律第三七号）で、「主務大臣ハ必要ト認メタル場合ニ於テ漁船船員ノ養成及拯済ノ業務ヲ執行スル営利ヲ目的トセサル法人ニ対シ[53]」、遠洋漁業奨励金を交付することが可能となったことを契機としていた。大日本水産会漁船々員養成所は、漁船の動力化を円滑に進めるための人材を、一カ月から二カ月という短期のうちに養成することを目的としており、長崎支部の開設までは、東京本部と静岡県清水支部がその任を負っていた。そして、この二カ所を拠点として全国に講師が派遣され、漁船々員が養成された。[54]

一九一一（明治四四）年度の養成実績は、本部・支部を合わせて、漁猟科一〇三名、機関科二〇六名、船匠科四八名の計三五七名であった。とりわけ漁猟科では、漁猟職員試験ならびに船舶職員試験の合格を目指した講習が実施されていたので、修了生から乙種漁猟長五名（うち一名は丙種運転士試験にも合格）、丙種漁猟長一五名（うち五名は丙種運転士試験にも合格）、甲種一等運転士二名、甲種二等運転士一五名、乙種一等運転士九名、乙種二等運転士一七名、丙種運転士四六名が誕生している。[55]

大日本水産会が、長崎支部を新規に設置したことは、養成能力の拡充策にほかならず、一部を除いて漁船の動力化が遅れていた九州地域を対象とした講習会開催の基点整備の意味合いがあった。機船底曳網漁業の隆盛前夜であったこの大正初期[56]においては、長崎県も漁船動力化が遅れていた県の一つに数えられていた。長崎県の発動機付漁船数は、長崎支部開設の一九一二（大正元）年時点で一三隻（うち三隻は運搬船）にすぎず、静岡県の三五八隻、三重県の二五一隻、茨城県の一五一隻などと比べるまでもない状況にあった。[57]

こうした状況下で活動を開始した長崎支部は、一九一二（大正元）年四月の「大日本水産会漁船々員養成所長崎支部規則」（長崎県告示第二〇六号）に則り設置・運営された。同規則第一条では、設置目的を「漁船職員（乙種又ハ丙種漁猟長、漁猟手、漁船乙種一等又ハ漁船乙種二等運転士、漁船丙種運転士、発動機々関士）及漁猟夫並漁船々匠ニ必要ナル学術ヲ講習スル為メ講習会ヲ開ク」と規定し、「漁猟科」、「機関科」、「船匠科」の三科に区分して九州一円から集まった生徒を対象に講習を実施するとした[58]（表４－４参照）。

見過ごすことができないのは、長崎支部が漁猟科において「乙種又ハ丙種漁猟長」を養成することを可能とし

表 4-4　大日本水産会漁船々員養成所長崎支部の教授課程一覧

漁猟科	遠洋漁業漁具ノ構成及使用法，漁船ノ設備，漁獲物処理法及処理具ノ用法
	航海日誌ノ記載
	航海日誌算法
	羅針自差ノ算法
	檣帆架及帆ノ取扱
	測程具及測深具ノ説明並其ノ用法
	錨，錨鎖其ノ他属具ノ取扱
	汽船又ハ帆船ノ常時及荒天運用法
	航海中船具ノ破損其ノ他不慮ノ事変ニ際スル応急ノ処置
	海上衝突予防法
	万国船舶信号法
機関科	発動機ニ於ケル瓦斯ノ発生点火ノ装置及発動機ノ理解
	発動機ニ属スル諸弁ノ動作燃焼室及吸鍔ノ構造，緩急及反転ノ装置
	石油ノ種別其ノ貯蔵及注入ノ装置
	摩擦部瓦斯発生室，同燃焼室其ノ他ノ動作部ニ対スル注意事項及一般ノ取扱方
船匠科	漁船ノ構造法，製図法，仕様書ノ記載方

註 1）漁猟科の課程については，「志願者ノ程度ニ応シ取捨スルモノトス」との但し書きがある。
註 2）1912 年，長崎県告示第 206 号「大日本水産会漁船々員養成所長崎支部規則」第 10 条より作成。

ており、同規則第一〇条に示された漁猟科の「教授課程」にも、遠洋漁業従事者養成を担う意志が明確に示されていたことである。すなわち、長崎県支部は、長崎県水産講習所の遠洋漁業科が養成しようとした丙種漁猟長だけでなく、その上位資格となる乙種漁猟長をも養成することが可能となっていたのであった。この事実からは、遠洋漁業科と長崎支部の機能が相当程度重複したことが明らかとなり、長崎支部の設置により、遠洋漁業科の存立意義が薄れたとみることができる。

なお漁船々員養成所長崎支部の漁猟職員養成実績は、清水支部のそれと比べてみるとかんばしくなかった。設置初年度は、漁猟科講習生八名、機関科講習生二二名、船匠科講習生二七名の計五七名であり、同じ年度の静岡県清水支部の漁猟科講習生四五名、機関科講習生五六名という実績の前ではやや物足りない印象を与える[59]。ただし、時の長崎県知事安藤謙介は、漁猟科修了生八名のうち四名を出した第二回漁猟科講習会の修了式において、告辞として「近時遠洋漁業の発展に伴ふ西洋型漁船操縦の技術者少きは甚た遺憾」と述べており、遠洋漁業の振興には漁猟職員の充実が必要不可欠であると認識しており、その養成に力を入れていくと表明した[60]。

長崎支部の活動が低調であった要因としては、長崎県において以西底曳網漁業が本格化するのは一九二〇（大正九）年以降[61]であることから、まだこの時期においては、漁場の外延的拡大や漁船の動力化に対応する漁船乗組員の需用が十分に喚起されていなかったことがある。また、漁猟職員をもっとも必要とした膃虎・膃肭獣猟等の海獣猟は、一九〇九（明治四二）年以降、遠洋漁業奨励策の対象外とされたことで、労働力に飽和感が出てきていたこともあった。

こうしたいくつかの要因が重なった結果、長崎県水産講習所の遠洋漁業科は活動を開始する条件を整えることができなかった。はたして遠洋漁業科は、一九一三（大正二）年三月の「長崎県水産講習所規程」の改定（長崎県令第一〇号）により廃止されることとなった。

第三節　長崎県水産講習所の展開と帰結

（一）　長崎県水産講習所の低迷と打開策

一九一一（明治四四）年をもって長崎市に移転していた長崎県水産講習所は、一九一二（大正二）年の「長崎県水産講習所規程」改定により組織改編を実施した。従来の漁撈科と製造科は、「本科」として統合され、そのうちの一科として漁撈科と製造科がおかれた。また、遠洋漁業科の廃止にともなって、新たに短期講習科が設置された。本科は、修業年限を二カ年と定めたため、従来「修業年限短キニ失シ製造一般ノ常識ヲ与フルコト困難」(62)であった製造科も、修業年限が一カ年延長され二カ年となった。また、本科は、高等小学校からの接続が容易となるよう、入学資格を一六歳以上の者から一四歳以上の者へと引き下げた。

高等小学校からの接続を考慮して、入学年齢を引き下げた背景には、長崎県水産講習所がかかえる入学者問題があった。長崎県水産講習所『大正元年度長崎県水産講習所事業報告』には、次のとおりその問題について記されている。

創立ノ当初十六年以上ヲ撰シタル所以ハ卒業後可成直チニ実業ニ従事シ社会ノ要求ニ充テンコトヲ期シタルモ事実ハ之ニ反シ相当資産家ノ子弟ハ高等小学校卒業後ハ高等教育ニ向ツテ進ミ又本所カ最モ希望スル所ノ実業ニ従事セントスル当業者ノ子弟ハ満十六年位ノ年輩ニ達スレハ相当一家ノ生活ヲ助クルニ至レルヲ以テ本所ニ入学セシムルノ時日ヲ惜ミ応募スルモノ少キノ傾向アリ(63)

同文は、長崎県水産講習所が当初入学者として一六歳以上の者を見込んでいたのは、卒業後すぐに社会で活躍することを想定していたためと説明している。しかし実際は、暮らしにゆとりのある階層の子どもは高等小学校卒業後に進学し、また漁業者や水産加工業者の子弟は、一六歳頃となると家業その他に就いて家計を支え、講習所に入所する者を十分に確保できなかったと分析している。

講習所は、この対策として入学年齢を引き下げ、子弟が家計を支えるようになる前に、水産業に関する学理や技能を習得できる場を提供しようとした。漁業者や水産加工業者への配慮はこれだけにとどまらなかった。長崎県水産講習所では、通学費や食費といった学資負担を極力減らそうと、寄宿舎を整備してそこに生徒を収容していたし、生徒には学資の一部として、「長崎県水産講習所生徒学資補給規程」（一九〇九（明治四二）年、長崎県告示第三〇一号）により、県費から月額三円の補助金を交付した。長崎県水産講習所は、こうした策が「高等教育ハ勿論中等教育スラ受ケシメ難キ事情アル父兄ノ子弟多キ」[64]ためとられたものであったと説明している。

一九一三（大正二）年の講習所規程改定では、入学年齢の引き下げと同時に本科定員を六〇名と規定し、従来の入学者実績を上まわる生徒を確保することを目標に掲げ、講習規模の拡大をはかろうとした[65]。さらに、「短期講習科」を開設したことで、講習活動の裾野を広げようとする姿勢もみせた。短期講習科は、一六歳以上の「普通仮名交リ文ヲ綴リ得ル者」を対象に、三カ月間「漁撈、製造、養殖等ニ関スル簡易ナル学理及技術ノ普及ヲ図ルヲ以テ目的ト」していた[66]。

入学資格の変更、講習組織の改編に加えて、学科課程もあらためられた（表４-５、表４-６参照）。漁撈科では、「数学」、「図画」、製造科では、「数学」、「理化学」、「図画」といった基礎科目が水産に関する専門科目と同等程度の時間課せられるようになった。数学や理化学、図画等の科目を重視する学科課程は、実業学校であった文部省管轄の水産学校では一般的であり[67]、この学科課程の改定は、従来の長崎県水産講習所の実学重視の姿勢を弱め、水産学校の教育形態に近づく要素を含んでいた。水産学校への接近は、文部省管轄の水産学校とは異なり府県水産講習所においては必修とされていなかった「修身」が課程中に位置づけられたことからもわかる[68]。

表4-5　1915年度漁撈科学科課程

科目	第1学年		第2学年	
	課程	(年間時数)	課程	(年間時数)
修身	実践道徳ノ要旨	50	実践道徳ノ要旨	29
漁撈学	漁撈総論	150	漁撈各論	116
航海運用術	運用術	100	運用術航海術	58
漁船学	造船学大意	50	木造漁船構造学	29
機械及機関学	機械学大意	100	機関及副漁具	58
漁獲物処理法	漁獲物処理法	50	—	—
動植物学	応用水産動植物学	50	繁殖保護法大意 応用水産動植物学	29
海洋学	応用海洋学	50	応用海洋学	29
気象学	気象学大意	50	気象学大意	29
数学	算術代数	100	算術代数	58
図画	臨書寫生図	100	製図，漁船副漁具	58
簿記	単式	50	複式	29
計		900		522

註1）1913年，長崎県令第10号「長崎県水産講習所規程」第10条，および長崎県水産講習所『大正四年度長崎県水産講習所事業報告』，発行年不明，6-7頁より作成。
註2）同上「長崎県水産講習所規程」第9条で，夏期休業は8月11日から8月31日，冬季休業は12月27日から翌年1月5日までとされた。これによると，1年間では48週にわたり講習が為されたことになる。しかしながら，実際は実習等があり，これより少なくなると考えられる。

（二）本科生の修業動向と長崎県水産講習所の存廃問題

講習規模の拡大を目指した長崎県水産講習所であったけれども、活動の中軸となるはずの本科は、従来からの慢性的な入学者不足を解消できていなかった。本科定員を六〇名として、入学年齢を引き下げた新規程の適用初年度となる一九一三（大正二）年度ですら、入学志願者を二三名（本科漁撈科九名、本科製造科一四名）確保できたにすぎず、その全員を入学させている[70]。

その後も入学者は増えず、一九一三（大正二）年度入学生である第六回生から、一九二〇（大正九）年度入学生であ

表 4-6　1915 年度製造科学科課程

科目	第1学年		第2学年	
	課程	(年間時数)	課程	(年間時数)
修身	実践道徳ノ要旨	43	実践道徳ノ要旨	42
製造学	製造大意 製造総論 製造各論	172	製造各論	210
漁撈学	漁撈大意	43	—	—
機械及機関学	機械学大意	86	機関及機関	84
動植物学	応用水産動植物学	43	応用水産動植物学 繁殖保護法大意	42
理化学	物理化学	129	物理化学	127
数学	算術代数	86	算術代数	84
図画	臨書写生図	86	製図器具，製図機械	84
気象学	気象学大意	43	気象学大意	42
簿記	単式	43	複式	42
計		774		757

註 1）1913 年，長崎県令第 10 号「長崎県水産講習所規程」第 10 条，および長崎県水産講習所『大正四年度長崎県水産講習所事業報告』，発行年不明，7-8 頁より作成。
註 2）表 4-5 の註 2）と同じ。

る第一三回生までの一学年平均の在籍者数（第一学年中に退学した者を除いて算出した第二学年当初の生徒数）は、本科漁撈科が七・八人、本科製造科が一二・三人にとどまった（ただし第八回、第九回生の資料はこれを欠く）[71]。

この新規程が適用された一九一四（大正三）年度（第六回生）から一九二一（大正一〇）年度（第一三回生）までの本科漁撈科および製造科生徒の卒業後の動向は、〔表4-7、表4-8〕のようになっている。この間、漁撈科は計六〇名、製造科は計九〇名の卒業生を出した。製造科は、「水産関係会社々員」が四九名と、半数以上の卒業生が、会社組織において水産業に資する人材となった。これに対して漁撈科では、「漁船々員」が三名、「商船・種別不明漁船々員」が八名、「水産関係会社々員」が六名の計一七名[72]と、製造科に比してその人数および卒

表 4-7　漁撈科卒業生の就業動向一覧

卒業年度	卒業生数	内訳											
		漁船々員（汽船・機船等）	官庁保有船々員（試験船・練習船等）	商船・種別不明船々員	水産関係会社々員（水産製造等）	その他会社々員	水産関係官公庁官公吏（試験場・講習所等）	その他官公庁官公吏	自営者	陸海軍々人	小学校教員	学生	その他・不明
1914（第6回生）	7	1	1	1	0	0	1	0	2	0	1	0	0
1915（第7回生）	12	1	3	1	0	0	1	0	3	2	1	0	0
1916（第8回生）	12	0	2	1	3	0	0	0	1	2	0	1	2
1917（第9回生）	10	0	1	1	0	3	2	0	0	0	0	1	2
1918（第10回生）	4	0	1	1	1	0	0	0	0	0	1	0	0
1919（第11回生）	5	0	0	1	2	0	0	0	2	0	0	0	0
1920（第12回生）	4	1	0	2	0	0	0	0	1	0	0	0	0
1921（第13回生）	6	0	0	0	0	0	0	0	4	0	0	2	0
計	60	3	8	8	6	3	4	0	13	4	3	4	4

註）1915 年および 1916 年の値は長崎県水産講習所『大正四年度長崎県水産講習所事業報告』，1917 年および 1918 年の値は『大正六年度長崎県水産講習所業務功程報告』，1919 年の値は『大正七年度長崎県水産講習所業務功程報告』，1920 年の値は『大正八年度長崎県水産講習所事業務功程告』，1921 年の値は『大正九年大正十年度長崎県水産講習所業務功程報告』，1922 年の値は『大正十一年度長崎県水産講習所業務功程報告』より。

表 4-8　製造科卒業生の就業動向一覧

卒業年度	卒業生数	内訳								
		水産関係会社々員（水産製造等）	その他会社々員	水産関係官公庁官公吏（試験場・講習所等）	その他官公庁官公吏	自営者	陸海軍々人	小学校教員	学生	その他・不明
1914（第6回生）	11	6	0	1	0	4	0	0	0	0
1915（第7回生）	10	6	0	0	1	1	0	2	0	0
1916（第8回生）	12	7	0	1	0	4	0	0	0	0
1917（第9回生）	7	7	0	0	0	0	0	0	0	0
1918（第10回生）	15	9	0	1	0	4	0	1	0	0
1919（第11回生）	13	7	0	2	0	2	0	1	0	1
1920（第12回生）	11	3	2	2	0	3	0	0	1	0
1921（第13回生）	11	4	0	0	0	3	1	0	2	1
計	90	49	2	7	1	21	1	4	3	2

註 1）表 4-7 の註）と同じ。
註 2）水産関係会社々員の区分には，水産組合等の団体職員を含む。

業生に占める割合は少なかった。さらに漁撈科は、一九一九（大正八）年以降、五名前後の卒業生しか送り出せなくなっていたこともわかる。

入学者不足ならびにかかる卒業生の動向が、長崎県水産業の発展を主眼として設置され、県勧業費で運営された長崎県水産講習所を苦境に追いやった。その様子を伝えるのが、水産書院『水産』（第八巻第二〇号）である。同書に収められた「長崎県の講習所に付」と題する記事では、長崎県水産講習所が「其の経費に比し入学希望者少く」、「毎年県会の問題」となっていることが報じられている(73)。

さらに長崎県水産講習所も、自ら『昭和元年度長崎県水産講習所業務功程報告』において、入学年齢の引き下げや学費負担の軽減策を導入するなどの対策をおこなったにもかかわらず、「大正七、八年頃ヨリ応募者数多カラズ又経費ノ関係ニテ毎年県会ニ於テ一問題トナリ其存廃ニ付討議セラレシ事(74)」があったと、慢性的な入学者不足を要因として講習所の存続問題にまで議論が及んでいたことを認めている。

こうして、さらなる対応策をとる必要に迫られた長崎県水産講習所は、一九二一（大正一〇）年に「長崎県水産講習所規程」を改定（長崎県令第三四号）した。そして、本科および短期講習科の二科に加えて、「選科」と「別科」を開設して四科体制とした。選科は、修業期間を三カ月以内として、「本科ノ学科目中必要ナル事項ヲ選修セシム」と定めた(75)。別科は、修業期間を一カ月以内として、「水産ニ関スル公職ニ従事シ若ハ従事セムトスル者ニ対シ水産上必要ナル知識及技能ヲ授ク(76)」とした。すなわち、本科の長期講習が不振を極めるなか、短期履修が可能な講習形態を提示して打開策とした。

「本科ノ学科目中必要ナル事項ヲ選修」するとされた選科であったけれども、実際におこなわれた講習は、「近時発動機付漁船著シク増加セシヲ以テ其操縦運用ノ任ニ当ムヘキ船員養成ノ急務ナルコトヲ認メ(77)」ておこなわれた、漁船丙種運転士と発動機船三等機関士の養成講習であった。

一九一九（大正八）年に、島根県から長崎県へ機船底曳網漁業が伝えられたことで、「近時発動機付漁船著シク増加」し、機船の普及が急速に進んだ(78)。選科が設置された一九二一（大正一〇）年に二四〇隻であった長崎県の「発動機付漁船」数が、一九二六（昭和元）年には七一〇隻、一九三一（昭和六）年には一三二六隻を数え、全国八位の保有数（総トン数は一万八九〇五トンで全国三位）となるまでに急増していく(79)。選科は時宜に見合った設置であり、講習所の存廃問題が大きくなるのを回避する役割を果たすことが期待されていたと想像できる。

また、長崎県水産講習所内に設置されていた大日本水産会漁船々員養成所長崎支部が一九二一（大正一〇）年度をもって廃止されていることから(80)、選科の活動は、実質的にこれを引き継いだものでもあった。選科は一九二八（昭和三）年の「長崎県水産講習所講習所規程」の改定（長崎県令第一八号）により廃止されるものの、その機能はさらに短期講習科が引き継いだ。選科および短期講習科における講習実績（修了者数）は、一九二一（大正一〇）年から一九三一（昭和六）年（ただし、一九二三（大正一二）年、一九二四（大正一三）年、一九二九（昭和四）年を除く）までの間に、累計七〇五名に達した（表4-9参照）。そしてこのなかから、漁船丙種運転士が一二〇名、発動機船三等機関士が二六九名の計三八九名が誕生している[81]。

長崎県水産講習所が選科、そして短期講習科で漁船丙種運転士や発動機船三等機関士の養成をおこなった時期は、「資本制漁業経営の温床[82]」とまで評された「以西底曳網漁業が近海を離れて[83]」いく過渡期にあたる。以西底曳網漁業が近海を離れざるを得なかった理由には、過度な漁獲圧力をかけたことを要因として同時期に深刻となる近海資源の荒廃があった。例えば、長崎県に水揚げされる鯛は、一九二四（大正一三）年において六二万一六一七貫であったのが、一九三四（昭和九）年には二三万二九六貫となり、「年々減少ノ途上ニアリ、大正十三年ニ比スル時ハ其ノ漁獲ノ約三分ノ一ニ過ギズ以テ本漁業衰微ノ跡ヲ窺知スル[84]」ことができる。この変化は、上述した漁船の動力化や漁場の外延的拡大を以西底曳網漁業の操業条件に加え、動力漁船を運行させる有資格者の需用を底堅いものにさせた。

結果として、厳しい運営が続いていた長崎県水産講習所は、以西底曳網漁業の発達を背景としながら、機船乗組員資格の付与をおこなうという側面では一応の成果を残し、長崎県における漁船動力化の進展を支えることとなった。

（三）　長崎県立水産学校への改組

長崎県水産講習所の不振は、同窓会においても「遺憾[85]」とされていた。そのため、長崎県水産講習所同窓会は一九二一（大正一〇）年、県議会に存続の陳情書を提出するとともに、教職員の充実や本科修業年限の三カ年への

表 4-9　選科および短期講習科における漁船々員養成講習一覧

講習期間			講習種別	講習場所	修了者数
1921(大正10)年	6月3日～6月23日	選科	発動機船三等機関士養成科(甲種講習)	南松浦郡富江村	31
	6月3日～6月23日	選科	漁船丙種運転士養成科	南松浦郡富江村	14
	8月10日～8月30日	選科	発動機船三等機関士養成科(乙種講習)	北松浦郡平戸町	34
1922(大正11)年	5月22日～6月10日	選科	発動機船三等機関士養成科	北松浦郡笛吹村	30
	5月22日～6月11日	選科	漁船丙種運転士養成科	北松浦郡笛吹村	35
	7月28日～8月17日	選科	漁船丙種運転士養成科	南松浦郡富江村	18
	7月28日～8月17日	選科	発動機船三等機関士養成科	南松浦郡富江村	28
1925(大正14)年	4月2日～4月15日	選科	発動機船三等機関士養成科(乙種講習)	対馬国厳原町	35
	5月29日～6月17日	選科	漁船丙種運転士養成科	南松浦郡玉之浦村	28
	5月29日～6月17日	選科	発動機船三等機関士養成科(甲種講習)	南松浦郡玉之浦村	37
1926(昭和元)年	5月25日～6月13日	選科	漁船丙種運転士養成科	北松浦郡小値賀村	34
	5月25日～6月13日	選科	発動機船三等機関士養成科	北松浦郡小値賀村	54
	7月11日～7月18日	短期講習科	簡易運用航海術	北松浦郡平戸町	50
	8月15日～9月4日	短期講習科	海技免状受験準備	長崎県水産講習所内	17
1927(昭和2)年	6月7日～6月26日	選科	漁船丙種運転士養成科	南松浦郡玉之浦村	26
	6月7日～6月26日	選科	発動機船三等機関士養成科	南松浦郡玉之浦村	37
	7月11日～7月18日	短期講習科	簡易運用航海術	北松浦郡平村	38
1928(昭和3)年	5月27日～6月16日	短期講習科	発動機船三等機関士養成(内燃機関学)	北松浦郡生月村	31
	8月2日～8月10日	短期講習科	運用航海術	対馬国厳原町	32
1930(昭和5)年	8月21日～9月10日	短期講習科	発動機船三等機関士養成(内燃機関学)	北松浦郡平村	27
	8月21日～9月10日	短期講習科	運用航海術	北松浦郡平村	21
1931(昭和6)年	7月1日～7月21日	短期講習科	発動機船三等機関士養成(内燃機関学)	南松浦郡玉之浦村荒川郷	31
	7月1日～7月21日	短期講習科	沿岸丙種運転士養成(海事法規，運用航海術)	南松浦郡玉之浦村荒川郷	17

註 1）発動機船三等機関士養成科の甲種講習は，試験受験に必要な学科目を教授し，乙種講習では，機関の取扱い方を伝習した。
註 2）1927 年の短期講習科，1928 年，1930 年の養成実績については，修了者数ではなく受講者数。
註 3）1923 年，1924 年，1929 年の養成実績は不明。
註 4）長崎県水産講習所『大正九年大正十年度長崎県水産講習所業務功程報告』，1923 年，「大正十年度長崎県水産講習所業務功程報告」，23-24 頁，『大正十一年度長崎県水産講習所業務功程報告』，1923 年，8-9 頁，『大正十四年度長崎県水産講習所業務功程報告』，1926 年，9-10 頁，『昭和元年度長崎県水産講習所業務功程報告』，1927 年，9-10 頁，『昭和二年度長崎県水産講習所業務功程報告』，1928 年，19-20 頁，『昭和三年度長崎県水産講習所業務報告』，発行年不明，7-8 頁，『昭和五年度長崎県水産講習所業務報告』，1931 年，8-9 頁，『昭和六年度長崎県水産講習所業務報告』，1932 年，8-9 頁より作成。

延長、そして「卒業者には農商務省水産講習所入学試験に応ずる資格を与へおく事」などの実現を要求するようになった[86]。

本所存廃問題に関する同窓会陳情書
本県水産講習所は明治四十一年設立以来茲に星霜十有余年此の間に出せる二百数十名の卒業生は各々県設立の趣旨を體し其の赴く所に従ひ奮励致居候処経費の関係より毎時の県会の一問題となり其の存廃に付議論せらるゝは我等卒業生一同の誠に遺憾とする所に有之候（以下略：引用者）[87]。

同窓会からの要求として、官立水産講習所への入学資格獲得が提示された背景には、長崎県水産講習所が文部省管轄の実業学校ではなかったために被っていた不利益があった。それは一九一一（明治四四）年の「水産講習所伝習規則」改定（農商務省告示第一九九号）により、官立水産講習所本科の入学資格を有する者は、「中学校卒業者、文部省専門学校入学者検定規程ニ依リ試験検定ニ合格シタル者、同規程第八条第一号ノ指定ヲ受ケタル者又ハ府県立水産学校本科卒業者[88]」と規定されたことに起因していた。水産学校の本科卒業生は、官立水産講習所本科への接続が可能となっていたのに対して、官立水産講習所と同じ農商務省の管轄下にあった長崎県水産講習所の卒業生は、府県水産講習所の卒業生であるということから、その入学資格が得られないままとなっていた。したがって、官立水産講習所への入学資格を求めた案は、その後、同窓会などにより展開される水産学校への改組運動の始期に位置づくものといえた。

一九三〇（昭和五）年頃からの長崎県水産業の不振も、水産学校への改組運動に手を貸した。当時の長崎県水産業の苦境を、長崎県水産講習所同窓会誌編集者の言葉をかりて説明するならば、昭和恐慌のあおりを受けた魚価の暴落や漁獲量そのものの減少で、長崎県下においては「各地共一般に各種漁業共不振で漁業者は青色吐息の状態で近来景気の良い話を耳にした事がない、取分け沿岸漁業に至つては行き詰りの状態で悲惨な漁村も少くない[89]」さまに陥っていた。

長崎県水産講習所技師の山田永雄は、この長崎県水産業の凋落を、本県水産業は「この四、五年来三重、千葉二県からは追ひつかれ静岡県からは追ひ越されてしまった、それは静岡県は遠洋漁業に活躍してゐること、漁獲物の処理法の研究が進み且つ養殖を盛んにやつてゐるからで[90]」あると述べて、他県との比較で県内水産業の再建を訴えた。

一九三五(昭和一〇)年三月、入学者不足などの講習所の不振を背景とする同窓会における改組運動や、水産振興策の抜本的な見直しを迫ることになった長崎県水産業の凋落等の要因が重なったことで、ついに「長崎県立水産学校学則」(長崎県令第一〇号)が制定され、二七年間にわたり活動をおこなった長崎県水産講習所は、文部省管轄の長崎県立水産学校へと改組されることとなった[91]。「水産業ニ従事スル者ニ須要ナル知識技能ヲ授ケ兼テ徳性ヲ涵養スルヲ以テ目的ト」した長崎県立水産学校は、修業年限三カ年の本科および、修業期間一カ年以内の専修科の二科からなっていた[92]。

長崎県立水産学校の誕生を、一九三五(昭和一〇)年四月二六日の『長崎新聞』は、「希望に燃ゆる新生の水産校けふ開校式に輝く」と一面で、また、同じ日の『長崎日日新聞』は、「県民待望の水産学校愈よけふ開校式挙行さる」との見出しで伝えた。

第四節　小　括

わが国の漁業は、近代漁業技術の展開をともなった沖合・遠洋漁業の開発[93]により、その発達の度合いを加速させようとしていた。政府は、遠洋漁業のさらなる開発のため、全国に設置されていた府県水産試験場と府県水産講習所を活用する。府県水産試験場では、各種漁撈試験の実施による学理・生産技術の蓄積がおこなわれ、そして府県水産講習所では、遠洋漁業開発の任にあたる人材の確保のため、「遠洋漁業奨励法施行細則」に依拠して遠洋漁船乗組員が養成されようとしていた。

長崎県においても、遠洋漁業への期待が高まるなか、県水産試験場でおこなわれた試行的な人材養成の限界を認め、一九〇八(明治四一)年に長崎県水産講習所の設置にふみ切った。そして、長崎県水産講習所の開設を機に、「遠洋漁猟職員養成ヲ目的」とした遠洋漁業科を設置することで、遠洋漁業の振興に人材供給の面で貢献しようとした。

ところが長崎県水産講習所の遠洋漁業科は、入学資格を有する本科漁撈科卒業生が、講習所入学者の不足で十分確保できなかったことなどから、活動の足跡を残すことなく設置からわずか五年で廃止された。そのため長崎県水産講習所は、「遠洋漁業奨励法」に依拠することで漁猟職員を養成する教育機関としての活動を発展させることはなかった。

一九一三(大正二)年には、遠洋漁業科の廃止や短期講習科の新設などを規定した「長崎県水産講習所規程」を制定し、高等小学校からの接続を考慮するなどの入学者確保の施策をとった。しかし、従来から続く慢性的な本科定員充足率の低迷は解消されることなく、厳しい運営を余儀なくされた。そのため長崎県水産講習所の同窓会は、官立水産講習所への入学資格等の特典が得られる水産学校への改組を望み、一九三五(昭和一〇)年に文部省管轄の実業学校である長崎県立水産学校へと改組されるにいたった。

しかしながら同講習所は、改組までの間、県内各地の漁村において短期講習会を開催し、漁船丙種運転士や発動機船三等機関士を養成することで、長崎県漁業における漁船動力化を推進する力となった。とりわけ、大正期の漁船動力化の流れが、汽船トロール漁業や工船漁業といった大規模資本が経営する遠洋漁業のみならず、機船底曳網漁業といった沿岸漁業・内地沖合漁業にも浸透[94]していくなかで、以西底曳網漁業の拡大と照応しながら、資本制漁業の興隆を労働力の供給で支えたことは注目に値する成果であった。

つまり、長崎県水産講習所の事例からは、資格付与機関として自らを規定することなしに存在感を発揮することが難しかった当時の水産教育機関の苦悩と、資格付与機能を短期講習という形であっても保持し続けることが、教育活動の継続ならびに存在感の維持にとって重要な意味を有していたことが明らかとなった。換言するならば、水産教育機関にとって資格付与機能は「諸刃の剣」であり、資格保持者の需要と供給のバランスが均整しているときは、水産教育機関の必要性を訴える材料となるものの、需給バランスの悪化、もしくは水産教育機関が資格付与機能を放棄した場合、水産教育機関の存立意義すらも脅かす危険をはらんでいたことが明らかとなったといえる。

註

(1) 農商務省水産局『府県水産試験場長水産講習所長水産巡回教師協議会要領』、一九〇〇年、六—七頁。

(2) 長崎県水産試験場『明治三十四年度長崎県水産試験場事業報告』、発行年不明、目次。

（3）　農商務省水産局『水産統計年鑑』、水産書院、一九一〇年、一一九―一一二頁。同書によると、一九〇一年のわが国の輸出総価額は二億五二三四万九五四三円で、そのうち水産物は八七五万二三六二円を占める。さらに水産物輸出総価額のうち、清国が三二〇万一七三三円、香港が三六三万一六五七円を占めており、水産物の大半が清国と香港に輸出されていたことがわかる。
（4）　第二回関西九州府県連合水産共進会長崎県協賛会『長崎県紀要』、一九〇七年、一一一―一一四頁。
（5）　一八九九年、農商務省令第二二号「府県水産試験場規程」第六条。
（6）　長崎県水産試験場『明治三十五年度長崎県水産試験場事業報告』、発行年不明、一〇六頁。
（7）　同上、一〇七―一〇九頁。
（8）　一九〇四年、長崎県告示第二六五号「長崎県水産試験場水産講習規程」第一条。
（9）　同上、第二条、第三条、第五条、第六条。
（10）　同上、第一二条、第一三条。なお、第一一条では「生徒ハ授業料ヲ徴収セス」と定められており、「長崎県水産試験場水産講習所規程」には生徒の負担を軽減する配慮がみられる。
（11）　長崎県水産試験場『明治三十七年度長崎県水産試験場臨時事業報告』、一九〇四年、五頁。
（12）　同上、四頁。
（13）　同上。
（14）　同上、一一頁。
（15）　同上、六―七頁。
（16）　同上、五頁。
（17）　同上、八―一三頁。
（18）　同上、一四―一五頁。
（19）　同上、一九頁。
（20）　一九〇七年に示された学資補給を実施する水産教育機関は、官立水産講習所と福井県立小浜水産学校の本科の二校であったけれども、翌年一九〇八年の「水産講習生学資補給規程」改定（長崎県令第七四号）により、新たに帝国大学農科大学水産学科も学資補給の対象となる水産教育機関に指定された。

(21) 一九〇七年、長崎県令第一三号「水産講習生学資補給規程」第一条。
(22) 北海道大学水産学部七十五年史出版専門委員会『北大水産学部七十五年史』北海道大学水産学部、一九八二年、一五頁および、国立教育研究所『日本近代教育百年史』(第九巻)教育研究振興会、一九七四年、八四〇―八四二頁。
(23) 福井県立水産学校『福井県立小浜水産学校一覧』(自明治三八年至明治四四年)、一九一一年、二頁。
(24) 告示では、「福井県立小浜水産学校　右ハ徴兵令第十三条及文官任用令第三条第三依リ認定ス但シ認定ノ効力ハ別科生及明治三十五年度ニ入学シタル第二学年、第三学年生ニ及ハス」とされた。
(25) 一八九三年、勅令第一八三号。
(26) 判任官は、大権の委任にもとづいて行政官庁において任ずるものであり、俸給の等級によって官等に区分された。判任官の官名には、属、技手、帝国大学助手、文部省管轄学校助教授などがあった。伊藤隆監修、百瀬孝著『昭和戦前期の日本――制度と実態――』吉川弘文館、一九九〇年、九五頁。
(27) 一九〇五年一〇月現在、全在籍者数一〇三名中士族は一九名であり、一八・四%を占めた。明治が終わろうとしていた一九一一年一〇月現在でも、その割合は一二・〇%となっていた。『日本帝国人口静態統計』によると、一九〇三年における士族の割合は四・六%であった。こうした福井県立小浜水産学校に関する詳細は、拙稿「水産業と学歴の近代史――福井県立小浜水産学校における人材養成に注目して――」、漁業経済学会『漁業経済研究』(第五七巻第一号)、二〇一三年、八七―一〇五頁を参照。
(28) 福井県立小浜水産学校『福井県立小浜水産学校一覧』(明治二八―三八年)、一九〇六年、七九―八三頁。
(29) 長崎県には、魚目村立水産学校が設置されていた。文部省が一九一〇年一〇月一日現在でおこなった実業学校調査でその存在が確認できる。なお、一九一六年以降は設置の事実が確認できなくなる。文部省実業学務局『明治四十四年三月全国実業学校ニ関スル諸調査』、一九一一年、三六―三七頁および、文部省専門学務局『大正六年三月全国実業学校ニ関スル諸調査』、一九一七年、四一―四二頁。魚目村立水産学校については、教育実態等の詳細を知る手がかりが少なく、精査することはできていない。
(30) 大日本水産会『大日本水産会百年史』(前編)、一九八二年、六五頁。
(31) 一九〇七年、長崎県令第一七号「遠洋漁業奨励規程」第二条。
(32) 長崎県水産組合連合会『長崎水産時報』(第二号)、一九一〇年、一三頁。同誌では、一九一〇年度において「県費補助を得て韓海へ出漁せる」県下遠洋漁船が二三七艘、そして乗組員が一二〇一名に達したと報告している。
(33) 前掲、『明治三十五年度長崎県水産試験場事業報告』、一頁。
(34) 長崎県水産試験場『明治三十八九年度長崎県水産試験場事業報告』、発行年不明、一頁。
(35) 同上。
(36) 同上、八九頁。
(37) 長崎県水産講習所『昭和元年度長崎県水産講習所業務功程報告』、一九二七年、四二―四三頁。
(38) 一九〇八年、長崎県令第五九号「長崎県水産講習所規程」第一二条。
(39) 長崎県水産講習所『明治四十一年度長崎県水産講習所事業報告』、一九一〇年、二〇―二一頁。
(40) 『東洋日の出新聞』、一九〇八年九月三日付および、『東洋日の出新聞』、一九〇八年九月六日付。
(41) 一九〇八年、長崎県令第五九号「長崎県水産講習所規程」第一条。
(42) 長崎県水産講習所『明治四十二年度長崎県水産講習所事業報告』、発行年不明、九頁。
(43) 前掲、『明治四十一年度長崎県水産講習所事業報告』、一〇―一二頁。なお、所長以下職員の多くは、長崎県水産試験場との兼任であった。長崎県水産講習所は、職員のほか、施設・設備を長崎県水産試験場と共有していたことから、地元新聞では当初「水産試験場附属水産講習所」の名称で報道されることがあった。
(44) 同上、二二頁および、『東洋日の出新聞』、一九〇八年九月一三日付。
(45) 前掲、『明治四十二年度長崎県水産講習所事業報告』、九頁。
(46) 同上。
(47) 一九〇八年、長崎県令第五九号「長崎県水産講習所規程」第九条第一項。
(48) 同上、第九条第二項。
(49) 長崎県水産組合連合会『長崎水産時報』(第二二号)、一九一二年、「長崎県遠洋漁業団報」、一頁。
(50) 一九〇八年、長崎県令第五九号「長崎県水産講習所規程」第三条。
(51) 長崎県水産講習所『大正元年度長崎県水産講習所事業報告』、一九一二年、二四―二五頁。
(52) 一九一三年度の講習生の募集では、「志願者数未だ予定人員に達せざるを以て此際志願者は至急に願出」ることを求めており、生徒募集も順調でなかったことがわかる。長崎県水産組合連合会『長崎水産時報』(第三一号)、一九一三年、三八頁。

(53) 一九〇九年、法律第三七号「遠洋漁業奨励法」第一一条。
(54) ここでの「養成」とは、基礎資格や乗船履歴を有する者に対して再教育をおこない、上位資格への移行を助けるなどの活動を含んでいる。
(55) 大日本水産会『大日本水産会報』(第三五七号)、一九一二年、八〇―八一頁。
(56) 山口和雄編『現代日本産業発達史』(XIX 水産)交詢社出版局、一九六五年、一五四頁。
(57) 農商務省水産局『水産統計年鑑』(大正二年版)、一九一四年、一一一―一一三頁。
(58) 講習については、一九一二年、長崎県告示第二〇六号「大日本水産会漁船々員養成所長崎支部規則」第三条において、「支部内又ハ長崎県下ニ於テ適当ト認メタル場所ヲ撰ミ之ヲ開ク但シ其ノ場所期間、期日並講習生員数ハ随時之ヲ定ム」とされ、講習の規模そのものは規定されていない。入学志願者については、「志望科目ノ実務ニ付相当ノ履歴ヲ有スル年齢満十八歳以上ノ男子」(規則第五条)とされていたため、入学願書として提出を求めた履歴書にも、「海技免状又ハ漁猟職員免状ノ種類」(規則中第二号書式)を記入する欄が設けられている。
(59) 大日本水産会『大日本水産会報』(第三六八号)、一九一三年、七八頁。
(60) 長崎県水産組合連合会『長崎水産時報』(第二八号)、一九一二年、二二頁。
(61) 岩田孝明編『高田萬吉伝』高田萬吉伝刊行会、一九五九年、二四三頁。
(62) 前掲、『大正元年度長崎県水産講習所事業報告』、一頁。
(63) 同上、二頁。
(64) 長崎県水産講習所『大正三年長崎県水産講習所事業報告』、一九一五年、一三―一四頁。
(65) 一九一三年、長崎県令第一〇号「長崎県水産講習所規程」第五条。従来の長崎県水産講習所は、入学定員を規定しないまま漁撈科と製造科の両学科で計二五名ほどを入学させていた。
(66) 同上、第四条、第五条、第一二条。
(67) 例えば、福井県に設置されていた修業年限三年の小浜水産学校(一九一六年現在)をみると、第一学年生徒は、「国語」と「数学」を毎週四時間、「物理化学」を毎週三時間学んでいたのに対して、「漁撈」は毎週二時間、「製造」と「養殖」は毎週一時間学んだにすぎない。第三学年で、「国語」が毎週一時間、「数学」と「物理化学」が毎週三時間、「漁撈」と「製造」が毎週三時間、「養殖」が毎週二時間、「航海運用」が毎週一時間などとなり、ようやく水産に関する専門教科が重視されるように

なる。一九一一年、福井県令第六〇号「福井県立小浜水産学校規則」および、福井県立小浜水産学校『福井県立小浜水産学校一覧』(大正五年一月)、一九一六年、九―一〇頁。

(68) 一九〇七年、農商務省令第一一号「府県水産講習所規程」では、「府県水産講習所ハ数学、物理、化学、動物、植物、気象、地文、図画等ノ補助科目ヲ設クルコトヲ得」(規程第三条)と規定され、「修身」については言及されていない。これに対して、一九〇一年、文部省令第一六号「水産学校規程」では、「修身、実業ニ関スル学科目及実習」(規程第三条)を必修として明示した。

(69) 本科は、修業年限二カ年であったので、毎年度三〇名の生徒を募集したと考えられる。同規程制定から四年後となる一九一七年度の本科生募集に際しては、三〇名を募集していたことが長崎県水産組合連合会『長崎水産時報』(第七九号)、一九一七年、四九頁から明らかとなる。

(70) 長崎県水産講習所『大正二年度長崎県水産講習所事業報告』、一九一四年、二一頁。

(71) 同上および前掲、『大正三年度長崎県水産講習所事業報告』、六―七頁、長崎県水産講習所『大正六年度長崎県水産講習所業務功程報告』、一九一九年、三頁、長崎県水産講習所『大正七年度長崎県水産講習所業務功程報告』、発行年不明、三頁、長崎県水産講習所『大正八年度長崎県水産講習所業務功程報告』、一九二一年、三頁、長崎県水産講習所『大正九年大正十年度長崎県水産講習所業務功程報告』、一九二三年、二一―二三頁(「大正九年度長崎県水産講習所業務功程報告」部分)より算出。

(72) 加えて、卒業生の就業場所の問題もあった。漁撈科では、「漁船々員」および「水産関係会社々員」となった九名中、少なくとも五名が県外の事業所で働いており、漁撈科を卒業して水産関係の職に就いたからといって、必ずしも長崎県の水産業に貢献したわけではなかった。

(73) 水産書院『水産』(第八巻第二〇号)水産社、一九二〇年、三〇頁。

(74) 前掲、『昭和元年度長崎県水産講習所業務功程報告』、四四頁。

(75) 一九二一年、長崎県令第三四号「長崎県水産講習所規程」第二条、第三条。

(76) 同上、第三条。

(77) 前掲、『大正九年大正十年度長崎県水産講習所業務功程報告』、一九二三年、一三頁(「大正十年度長崎県水産講習所業務功程報告」部分)。

(78) 長崎県水産会編『長崎県水産誌』、一九三六年、三〇七頁には、「長崎県ニ於ケル機船底曳網漁業ノ来歴」として、「大正八年ノ秋県下平戸、寺島、網上等各地ニ島根県ヨリ発動漁船四五隻ヅ、来リ同地ヲ根拠トシテ盛ニ操業スル者アル」と記されている。
(79) 農林省水産局『動力附漁船ニ関スル統計』(昭和三年二月)、一九二八年、二―三頁および、『動力附漁船ニ関スル統計』(昭和八年七月)、一九三三年、三頁。
(80) 大日本水産会『水産界』(第四七六号)、一九二二年、四八―四九頁。
(81) 長崎県水産講習所『大正十一年度長崎県水産講習所業務功程報告』、一九二三年、八―九頁、『大正十四年度長崎県水産講習所業務功程報告』、一九二六年、九―一〇頁、『昭和元年度長崎県水産講習所業務功程報告』、一九二七年、九―一〇頁、『昭和二年度長崎県水産講習所業務功程報告』、一九二八年、一九―二〇頁、『昭和三年度長崎県水産講習所業務報告』、発行年不明、七―八頁、『昭和五年度長崎県水産講習所業務報告』、一九三一年、八―九頁、『昭和六年度長崎県水産講習所業務報告』、一九三二年、八―九頁の各報告書において確認できる合格者の積算。
(82) 新川傳助『日本漁業における資本主義の発達』東洋経済新報社、一九五八年、七九頁。
(83) 前掲、『現代日本産業発達史』(XIX 水産)、二六八頁。
(84) 前掲、『長崎県水産誌』、二六四―二六五頁。
(85) 同上、七―九頁。
(86) 長崎県水産講習所同窓会『潮』(第三号)、一九二三年、一三頁。
(87) 長崎県水産講習所同窓会『潮』(第一号)、一九二一年、七頁。
(88) 一九一一年、農商務省告示第一九九号「水産講習所伝習規則」第九条。
(89) 長崎県水産講習所同窓会『潮』(第九号)、一九三三年、一五七頁。
(90) 『長崎新聞』、一九三五年三月一〇日付。
(91) 長崎県立水産学校の設立認可は、一九三五年三月、文部省告示第七六号にて下りた。
(92) 一九三五年、長崎県令第一〇号「長崎県立水産学校学則」第一条、第二条、第三条。
(93) 二野瓶徳夫『日本漁業近代史』平凡社、一九九九年、一五二頁で二野瓶は、機械製綿網の開発と漁船の動力化を基礎条件とする「近代漁業技術の展開」によって、沖合遠洋漁業が急速な展開をみせたことを述べた。
(94) 二野瓶徳夫『明治漁業開拓史』平凡社、一九八一年、二三六頁で二野瓶は、大正期以降、内地沖合漁業が急速に発達したと述べた。さらに、「山口・福岡・長崎などは、以西底曳網漁業の発達につれて、沖合漁業の比重を高くした県であった」としている。また、初期の沖合漁業については、近藤康男『漁業経済概論』東京大学出版会、一九五九年、四一頁が、沿岸漁民の蓄積した資本によって発達したのではなく、一般には「沿岸漁民からの収奪によって資本を得た商人資本を中心」として展開されたことを示した。

郵便はがき

料金受取人払郵便

札幌中央局
承認

5980

差出有効期間
H31年10月31日
まで

0 6 0 - 8 7 8 8

102

札幌市北区北九条西八丁目
北海道大学構内

北海道大学出版会 行

ご氏名 (ふりがな)		年齢 歳	男・女
ご住所	〒		
ご職業	①会社員 ②公務員 ③教職員 ④農林漁業 ⑤自営業 ⑥自由業 ⑦学生 ⑧主婦 ⑨無職 ⑩学校・団体・図書館施設 ⑪その他( )		
お買上書店名	市・町 書店		
ご購読 新聞・雑誌名			

書　名

本書についてのご感想・ご意見

今後の企画についてのご意見

ご購入の動機

1書店でみて　　2新刊案内をみて　　3友人知人の紹介

4書評を読んで　　5新聞広告をみて　　6DMをみて

7ホームページをみて　　8その他（　　　　　　　）

値段・装幀について

A　値　段（安　い　　普　通　　高　い）

B　装　幀（良　い　　普　通　　良くない）

HPを開いております。ご利用下さい。http://www.hup.gr.jp

第五章　「特異な教育機関」に発展した千葉県の府県水産講習所

第一節　千葉県水産試験場における水産講習

(一)　千葉県水産試験場の開設

千葉県水産講習所の起源をたどると、一八九九(明治三二)年五月に夷隅郡勝浦町に設置[1]された千葉県水産試験場にたどりつく。当時の府県水産試験場は、漁業者が「自らの力で新技術を選択できる十分な主体的条件を備え[2]」るにいたっていないなか、漁撈製造等の各種試験を実施し、水産業の「新たな発展を切り開く先導的な役割を[3]」担っていた。

千葉県においても、県内の水産業の振興に各種試験で応じていた。千葉県水産試験場『明治三十二年度千葉県水産試験場報告』(第一巻)[4]に掲載された、「千葉県水産試験場設立ノ趣旨並ニ顛末」には、試験場設置の背景に

表 5-1　東京市場での千葉県産鰹節価格(1896 年現在)

	夏季		秋季	
	最高価格	最低価格	最高価格	最低価格
千葉県産	28	16	24	14
静岡県産	34	21	31	21

註 1) 単位は円。
註 2) 千葉県水産試験場『明治三十二年度千葉県水産試験場報告』(第 1 巻), 1900 年, 4 頁より作成。

表 5-2　千葉県における鰯の加工品(1898 年現在)

	干鰯	搾粕	田作	乾鰯	合計
量目	2,050,983	663,236	125,498	57,631	2,897,348
価額	418,962	229,294	348,885	17,593	1,014,734

註 1) 単位はそれぞれ, 貫(1 貫は 3.75 kg)と円。
註 2) 千葉県水産試験場『明治三十二年度千葉県水産試験場報告』(第 1 巻), 1900 年, 5 頁より作成。

あった千葉県水産業の情勢が細かく記録されている。趣旨では、「本県ハ天与ノ水産国トシテ漁獲高非常ニ多数ナルガ如シト雖モ之ヲ漁民ノ戸口数ニ比シ一人ノ所得ヲ計算セバ実ニ慨歎ニ堪ヘザルモノアリ」として、漁業者の収入を安定させる必要があり、その方途として試験場では、「漁獲物ニ手工ヲ加エ価格ヲ増進セシムル術」、すなわち水産加工業の改良と製品単価の向上を目指す取り組みをすべきとした[5]。

千葉県水産試験場が水産加工業の改良に焦点をあてた理由は、鰹節の品質向上と鰯の販路拡大が喫緊の課題となっていた県下の水産事情があった。一八九六(明治二九)年現在における東京市場での鰹節取引額を、静岡県産と比較してみるとその劣位は明らかであったし、鰯にしても一八九八(明治三一)年現在、その大半が干鰯や搾粕に加工され肥料に供されていたにすぎず、付加価値の高い製品に加工することで、「上流社会ノ食膳ニ上スノ法ヲ講スルハ実ニ目下ノ急務[6]」となっていたのである〔表5-1、表5-2参照〕。

千葉県水産試験場は、水産製造法の改良にのみ尽力していたのではなかった。「製造業ニ力ヲ盡スベキ点ノ多々ナルノミナラズ内湾ニ於ケル養殖事業ハ未ダ僅カニ壷中ニ指ヲ染メタルニ過キズ外海ノ漁業ト雖ドモ多クハ沿岸漁ニシテ未ダ遠ク外洋ニ出デ漁利ヲ千里ノ外ニ制スルノ術ヲ講ズルモノ少シ今ニシテ善後ノ策ヲ講セザレバ空シク水産国ノ名ヲ抱テ却テ収利ハ他府県ニ及ハザルノ悲運ニ遭遇スルノ口ナシトセズ」(傍線：引用者)(7)として、水産製造業のほか、養殖事業や「外海ノ漁業」が未発達の現状を危惧して、このままでは他府県との関係においても「悲運ニ遭遇」するとの危機意識をあらわにした。そして、千葉県水産試験場の設置は、これら諸問題に善後策を講じて、県内の水産業の振興をはかるためのものであったとの認識を示した。

千葉県水産試験場は、調査・試験活動の開始と同時に、「缶詰製造及ヒ鰹節製造ノ短期講習ヲ開キテ地方実業家子弟ノ為メニ斯業教育(8)」を開始した。教育活動は、「実施試験ノ結果殊ニ本県ニ適用シテ著大ノ効果ヲ収メ得ヘキモノ及ヒ本場ニ於テ今日迄研究セル試験成績ノ良好ナルモノヲ撰定シテ(9)」実施されており、まさに試験研究と対をなす活動であった。

(二) 那古第一支場講習部における漁業者養成

千葉県水産試験場の支所として、安房郡那古町に設置された那古第一支場においても、「創立以来試験ノ傍ラ年々短期講習生ヲ養成(10)」していた。一九〇三(明治三六)年四月からは、この那古第一支場に「長期講習部ノ制ヲ設ケ第一支場全部ヲ挙ケテ(11)」講習活動を本格化させた。

那古第一支場講習部には、就業年限二年の講習科と三カ月以内の現業科が置かれ、「水産に関する知識技能の普及発達を図るため(12)」の講習がおこなわれた。講習科が、「水産全般ニ関スル学理及技術ノ講習」をなすものとされたのに対して、現業科は「漁撈製造養殖ノ三科ニ分チ或種目ヲ限リテ之カ技術ヲ授ク」ものと位置づけられた(13)。そのため、講習形態もおのずと異なり、講習科が「生徒ヲ場内ニ収容」して「学理及技術」を教授する一方、現業科では「県下各沿岸十個所以内ニ短期講習所ヲ開設シ実業教師ヲ派遣シ」教育活動を展開した(14)。

表5-3　那古第一支場講習部講習科卒業生の「父兄職業」

	卒業年月	卒業生数	漁業	水産製造	農業	商業	雑業
第1回卒業生	1905(明治38)年3月	11	6	2	1	0	2
第2回卒業生	1906(明治39)年3月	7	2	3	1	0	1
第3回卒業生	1907(明治40)年3月	10	6	5	1	2	1

註）千葉県水産試験場『千葉県水産試験場』(第8巻)，1905年，17-19頁より作成。

講習科の入学資格は、高等小学校第二学年修業以上の学歴を有する者とされただけであったので、一二歳から一七歳までの幅広い年齢層の生徒が千葉県内各地から集まった[15]。初年度となる一九〇三(明治三六)年は一三名(うち一一名が卒業)、一九〇四(明治三七)年は一二名(うち七名が卒業)、一九〇五(明治三八)年は一一名(うち一〇名が卒業)の入学者を得た。

那古第一支場では、ほとんどの生徒が「郷里遠隔セルヲ以テ之ヲ構内寄宿舎ニ収容[16]」されていた。生徒の属性を「父兄職業」から概観すると、大半が「漁業」もしくは「水産製造業」にたずさわる者の子弟であったことがわかる(表5-3参照)。

那古第一支場では、「講習部ノ趣旨タル確実ナル技術ヲ有スル卒業者ヲ出ス」ため、原則として「午前四時間学課午後三時間実習」(ただし、七月中旬から九月上旬までの夏季は「午前七時ヨリ参時間学課ヲ教授シ午後二時間実習」)をおこなった。「学課」が「実習」より一時間長く設定されていた。しかしながら、「天候及海上ノ模様」によっては、「学課」、「実習」のいずれかを延長もしくは短縮していたし、「第一学年生ノ如キハ漕艫操船ヲ熟練セシメ置クノ必要ヨリ毎週月水金ヲ以テ終日実習日ト定メ置キ天候ノ許ス限リ可成出船操業ニ従事[17]」させた。週の三日は、船櫓の扱いや操船の技能を身に付けさせるため、天候の許す限り終日乗船実習にあてていたようである。

第一学年においては重視されていたとはいいがたい「学課」であるけれども、水産関係科目のほかに、「物理」や「化学」、「経営」などが一応は設定されており、技能の習得だけでよいとの理解ではなかった(表5-4参照)。

ことに第二学年の「経営」で、漁村経営経済学等が教授されていることは注目できる。漁業・水産加工業には、自営業者もおり、彼らは自らが加工や出荷の業務のほかに経理や販売管理も担うため、経済・経営の知識は求められていた。なお水産関係科目については、支場長の牧松三郎が「漁撈学」を、製造部主任の関原東太が「製造学」を、養殖主任の前川鯉亀太郎が「養殖学」を担当したことが明らかとなっている[18]。

一九〇五(明治三八)年、那古第一支場では第一回講習科生が卒業することを受けて、「尚履修ノ学業ヲ攻究セントスルモノ、為ニ」[19]研究科が新設された。漁撈と製造に分科された研究科への進学者数・進学率は思いのほか高く、第一回講習科卒業生一一名のうち八名が進学(三名が漁撈研究科、五名が製造研究科)し、その進学率は七二・七%に達した[20]。当時の教育活動に対する生徒の評価が決して低いものではなく、進学への意欲をもてるものであった可能性がある。

表5-4　那古第一支場講習部講習科「学課」課程

科目	第1学年	第2学年
動物	普通動物学総論	普通動物学各論 応用水産動物学
植物	普通植物学総論	普通植物学総論 応用水産植物学
物理	総論力学	流体静力学，音響学
化学	総論非金属元素	非金属元素，金属元素 炭水化物，応用化学
気象	総論，機械論，気圏学	気圏学，陸圏学，水圏学
漁撈	漁撈学総論	―
網漁	網漁総論	網漁総論，網漁各論
釣漁	釣漁総論	釣漁総論，釣漁各論
漁船	日本形漁船構造及製図法	造船学日本形漁船運用術 西洋形漁船構造艤装運用術 航海術
製造	製造学総論 食用品総論，食用品各論	食用品各論 薬用品総論，薬用品各論
養殖	養殖学総論，池中養殖	池中養殖，淡水養殖，鹹水養殖
経営	―	水産経営学 漁村経営経済学概論

註）千葉県水産試験場『千葉県水産試験場』(第8巻)，1905年，3-4頁より作成。

第二回講習科卒業生七名は、卒業と同時に那古第一支場が千葉県水産講習所へと改組されたため、講習所の研究科に進学することとなった。第二回講習科卒業生の千葉県水産講習所研究科への進学者数と進学率を確認すると、卒業生七名中三名が進学し、その割合は四二・九％であったことがわかる。[21]

漁撈研究科ならびに製造研究科の学科課程は、実地における練習を重視していた。一九〇五（明治三八）年から一九〇六（明治三九）年にかけて実施された「研究科出張研究」の詳細は、次のとおりとなる。

漁撈科製造科何レモ場内ニ於テ研究スルヲ得サル事項ハ便宜他ニ出張セシメ以テ之カ資料ヲ供セリ左ニ各科ニ於ケル出張研究ノ概況ヲ掲ク

漁撈科

一、漁撈科生三名ハ明治三十八年七月二十六日ヨリ十五日間安房郡富津村佐瀬捕鯨船ニ乗組ミ 豆（ママ） 南大島ニ出張シ槌鯨猟ノ実地練習ヲナセリ

一、同漁撈科生三名ハ同年十月二十四日ヨリ一箇月間安房郡水産組合ノ事業ニ係ル秋刀魚漁場調査汽船ニ乗組ミ航海練習ヲ為スト共ニ秋刀魚漁業及之カ漁場ニ関スル調査ニ従事セリ

一、同漁撈科生三名ハ同年十二月三日ヨリ二十五日間水産講習所練習船快鷹丸ニ便乗シ豆相及房総沖合ニ航シ秋刀魚流網漁鮪流網漁及鮪延縄漁等ヲ研究シ且西洋形帆船ノ運用並ニ航海ノ術ヲ練習セリ

一、同漁撈科生二名ハ明治三十九年一月一日ヨリ二箇月間鮪延縄漁研究ノタメ房総遠洋漁業株式会社第一房総丸ニ乗組ミ千葉県茨城県沖合ニ於テ之カ漁業ニ従事シ且西洋形漁船ノ運用航海ノ術ヲ研究セリ

一、同漁撈科生一名ハ同年一月十三日ヨリ一箇月間千葉県遠洋漁業株式会社千葉丸ニ乗込ミ千葉茨城ノ沖合ニ航シ鮪延縄漁研究ヲナシ同時ニスクーナー型漁船運用航海ノ技術ヲ研究セリ

製造科

一、製造科生五名ハ明治三十八年十一月二十九日ヨリ二週間各種水産製造研究ノ為メ水産講習所小田原実習場ニ出張シ鮪油漬缶詰蒲鉾半片惣太鰹各種缶詰鰻油漬缶詰柔魚塩辛秋刀魚燻製鯖燻製鰯鰮油漬缶詰等ノ実地研究ヲナシ且小田原魚商組合缶詰工場蒲鉾製造場魚市場等諸般ノ施設ニ就キ実地調査ヲナセリ

一、製造科生五名ハ同年十二月二十三日ヨリ一箇月半二組交替ヲ以テ館山町房総遠洋漁業株式会社ニ出張シ同社製造場ニ於テ鯨油蝋精製ノ実地研究ニ従事セリ（傍線：引用者）(22)

漁撈研究科では、生徒を就業期間の半分程度、遠洋漁船に乗船させ、汽船・西洋形帆船の運用術や捕鯨といった漁猟法を習得させようとしていた。乗り組んだ船舶は、官立水産講習所の初代練習船快鷹丸や、房総遠洋漁業株式会社第一房総丸、千葉県遠洋漁業株式会社千葉丸などの名前があげられている。製造研究科では、官立水産講習所の小田原実習場や、館山町にあった房総遠洋漁業株式会社の水産物加工場などにおいて缶詰や蒲鉾、塩辛、鯨油蝋といった水産加工品の製造に従事させていた。官立水産講習所や遠洋漁業に挑戦していた株式会社と連携し、業界の最先端の動向をふまえた教育活動を展開していたことが明らかになる。

こうした課程を終えた、第一回ならびに第二回講習科卒業生と第一回研究科卒業生の計一五名について、その就業動向をみると、研究科に進学しなかった者の多くが「自宅実業」に従事しているのに対して、漁撈研究科に進学した三名は、全員が実地練習で得た技能を活かして県内外の遠洋漁業に乗り出していた会社（遠洋漁船乗組を含む）に、さらに製造研究科に進学した五名のうち四名が漁業会社や水産試験場に就職した（表５-５参照）。研究科卒業生が「自宅実業」に従事する事例は少なく、研究科へ進学することが、遠洋漁業への就業や、会社組織に就職するルートとなっていたことがわかる。

表5-5　那古第一支場講習部講習科・研究科卒業生の就業動向

卒業学科	原籍	氏名	就業先
第1回講習科	安房郡大海村	土岐音吉	自宅実業(漁業，製造)
	安房郡鴨川村	鈴木到	東京留学
	夷隅郡御宿村	原一郎	実業練習
第2回講習科	長生郡東浪見村	鵜澤榮司	東海漁業会社第三房総丸乗組
	海上郡飯岡町	鈴木平太郎	自宅実業(水産製造業)
	海上郡本銚子町	水谷義治	自宅実業(水産製造業)
	君津郡木更津町	石塚辰雄	自宅実業
第1回漁撈研究科	安房郡富浦村	岡本安太郎	遠洋漁業練習(第一房総丸乗組)
	安房郡富崎村	石井新藏	東海漁業会社勤務
	安房郡富浦村	大古竹松	和歌山県東海漁猟会社長保丸乗組(捕鯨)
第1回製造研究科	安房郡岩井村	小澤謙三	東海漁業会社勤務
	安房郡七浦村	新藤長松	韓国漁業団勤務
	安房郡曦町	鈴木定吉	水産製造業練習(銚子)
	安房郡白濱村	浦邊由松	自宅実業
	安房郡富崎村	小谷幸吉	千葉県水産試験場勤務

註）千葉県水産試験場『千葉県水産試験場』(第8巻)，1905年，21-22頁より作成。

こうした就業動向からは、那古第一支場講習部が千葉県の水産業に貢献するという、発足時の設置目的を概ね達成したことがわかる。さらに研究科を設置したことで、千葉県内のみならず、県外でも活躍できる専門知識や技能を有する人材を養成するきっかけを得ていたことがわかる。なお、那古第一支場の講習科に入学した最後の生徒である第三回生は、第二学年以降、千葉県水産講習所の第一回本科生として編入しているためここでは分析しない。

以上にみた、県内水産業者の子弟を主要な講習対象とした那古第一支場講習部の教育活動は、水産試験場の設立を基礎として県水産業の振興を教育活動により具現化しようとしたものであり、短期間のうちに成果を残した取組みであったと評価することができる。

第二節　千葉県水産講習所の成立と水産教育

（一）「千葉県水産講習所講習規則」の制定

千葉県水産講習所は、一九〇六（明治三九）年、那古第一支場講習部の施設・設備を引き継ぐ形で誕生した。講習所長は、試験場長との兼務とされたけれども、教育機関として試験場から分離・独立することとなった背景については、千葉県水産講習所『明治三十九年度千葉県水産講習所報告』（第一巻）が短い文章で説明している。

当所ハ明治三十九年三月千葉県水産試験場第一支場ノ廃止ト共ニ其全部ヲ継承シタルモノニシテ当所ノ前身タル水産試験場第一支場ニ於テハ明治三十六年四月ヨリ講習部ナルモノヲ設置シ長期及短期ノ講習ニ従事シ爾後継続スルコト三ヶ年ニ及ビシモ明治三十八年ニ至リ名実相添ハザルノ故ヲ以テ水産講習所ニ変更ノ議アリ（以下略、傍線：引用者）(23)

最後のところに、「名実相添ハザルノ故ヲ以テ水産講習所ニ変更ノ議アリ」とあることについては、一九〇五（明治三八）年の第二八回通常千葉県議会における討議をさすものと考えられる。第二八回県議会では、県議会議員の鈴木政次郎が、水産試験場予算を含む勧業費案の問題点について、千葉県知事石原健三に質問していた。

これに対して、石原は、様々答弁するなかで水産振興策にも言及し、講習所の設置について次のように説明した。

水産ノ事ニ就テ少シ御話ヲ致シタイト考ヘマス水産ノ事ハ三十八年度ニ於テハ水産講習所ヲ建テル事ニナツテ居ルガ之レハ従来ノ水産試験場支部ガ房州ニゴザイマス之ハ今日ハ漁業講習生ヲ養成スル所トシテ全ク使ツテ居ルカラシテ寧ロ其ノ実ニ叶フヤウニ名モ水産試験場カラ離シタイト存シマス（傍線：引用者）(24)

すなわち石原は、千葉県水産試験場那古第一支場講習部の改組は、従来の那古第一支場における活動が試験場附属施設とはいえ、実際は講習活動に終始しており、名実が一致していなかったため府県水産講習所として分離させたと説明している。千葉県議会では、分離について目立った反対意見は出されなかったし、分離案が出たこと自体、那古第一支場の活動が順調であったことを反映していた。

分離にあたっては、講習目的や内容等を示した「千葉県水産講習所講習規則」（一九〇六（明治三九）年、千葉県令第一九号）と、職員の配置等に関する細則を規定した「千葉県水産講習所規程」（一九〇六（明治三九）年、千葉県告示第三二号）が制定され(25)、本科、研究科、現業科の三科により組織された千葉県水産講習所が活動を開始した(26)。

千葉県水産講習所の設置目的は、「水産ニ関スル技術及学理ノ講習ヲ為」し、「水産業務ニ適切ナル知識技能ヲ授ケ将来斯業ニ従事シ遺憾ナキヲ期スル(27)」人材を養成することとされた。活動の中心にあった修業年限二年の本科は、高等小学校第二学年以上の課程を終えた一六歳以上の者から、「身体品行学力等ヲ検定」して入学させた。ただ、「千葉県水産講習所講習規則」に依拠して入学した本科生徒は、第二回生として入学した「高等小学校三年修業」の一人を除いて全員が高等小学校を卒業しており、想定していたよりも高い学歴を有した生徒が集まっていた(28)。

本科生徒の属性は、「父兄職業」から若干ではあるもののうかがい知ることができる。一九〇五（明治三八）年に

表5-6　千葉県水産講習所本科生徒の「父兄職業」

	入学年月	在学生数	漁業	水産業	農業	商業	医業	官公吏
第1回本科生	1905(明治38)年4月	10	6	3	1	0	0	0
第2回本科生	1906(明治39)年4月	11	6	3	0	1	1	0
第3回本科生	1907(明治40)年4月	13	2	5	3	2	1	0
第4回本科生	1908(明治41)年4月	15	2	4	6	1	1	1

註 1）「水産業」には，「各種水産物製造鮮魚売買或ハ兼漁業」を含む。
註 2）第 1 回生と第 2 回生については，千葉県水産講習所『明治 39 年度千葉県水産講習所報告』(第 1 巻)，1908 年，45-46 頁より作成。第 3 回生と第 4 回生については，千葉県水産講習所『千葉県水産講習所事蹟』，発行年不明，10-13 頁より作成。

千葉県水産試験場那古第一支場講習部の第三回講習科生徒として入学し、千葉県水産講習所の誕生と同時に本科第二学年に編入した第一回生から第四回生（一九〇八〈明治四一〉年入学）までを概観すると、開設当初は大半が漁業者、もしくは水産加工業者や鮮魚商などの子弟であったものが、次第に農業や商業を仕事とする者の子弟をも受け入れるようになっていったことがわかる（表5-6参照）。その存在が広く認知され、教育活動が水産業界以外にも評価されていったのかもしれない。

（二）　千葉県水産講習所における漁業者養成

本科での講習は「学課」および「実習」に分けられ、原則として「一、二学年共二ヵ年通シテ午前中四時間学課午後三時間実習」[29]がおこなわれるとされていた。しかし那古第一支場のときもそうであったように、実際には講習所の「沿海ハ毎年四五月ノ交ヨリ漸次海上平穏トナリ且水族ノ来遊多ク従テ各種ノ漁業盛ナルニ至リ生徒出漁実習ノ機繁ク製造原料又豊富ナルヲ以テ此期ニ於テハ学課ノ時間ヲ短縮シ漁撈製造養殖共ニ其実習時間ヲ増加」[30]させていた。海が穏やかで魚が来遊する時期は「出漁実習」を増やし、製造実習などで用いる加工原料を調達するなど、柔軟に運用されていたようである。そのため、講習時数は「学課」、「実習」ともに決められていなかった。

表5-7　1906年本科「学課要項」

科目	第1学年	第2学年
漁撈	漁撈論	
網漁	網漁総論，漁具材料論，保存法	網具各論
釣漁	釣漁総論，材料論，保存法	漁具各論
漁船	船舶原理ノ大意	日本形漁船構造，西洋形漁船構造，運用術大意，航海術ノ初歩
製造	水産製造総論，食用品通論，乾製品各論	食用品，乾製品，燻製品，塩蔵品，缶製品，薬用品，沃度
養殖	水産養殖通論，池中養殖法，水族蓄養法	海中養殖法，人工養殖法，繁殖保護法
動物	普通動物学	水産動物学
植物	普通植物学	海藻学
物理	総説，力学，熱学	光学，音響学，磁気及電気学
化学	化学通論，金属元素	金属元素，非金属元素
気象地文	総論，天気学	不定風，海洋学
経営		水産経営，経済学大意

註）千葉県水産講習所『明治三十九年度千葉県水産講習所報告』(第1巻)，1908年，29-31頁より作成。

講習内容を規定した「学課要項」からは、本科「学課」では、各水産関係科目について総論や通論として広範な知識が教授されたことがわかる〔表5-7参照〕。一般に「漁撈」として扱われる[31]「釣漁」と「漁船」が独立した科目とされているのが特徴となっている。また「実習要項」からは、「実習」が「漁撈」、「製造」、「養殖」の三科目に大別され、各種漁法や製造法について具体的な知識・技能を修得させようとしていたことがわかる〔表5-8参照〕。

ただ「養殖」に関しては、十分な学理や応用例の蓄積がなかったため、「漁撈」、「製造」に比べ実習範囲は狭い。この時期、営利事業として成立していた養殖業は、地蒔式の牡蠣養殖や篊建式の海苔養殖などの一部にとどまっていた。発展が期待された魚類養殖などは、この段階においては産業として位置づけられるほどの規模でおこなわれておらず未熟であったため、実習の内容が幅をもつことができなかったこともやむを得ないことではあった。

研究科は、本科卒業者より「更ニ漁撈製造若クハ

表5-8 1906年本科実習要項(第1学年および第2学年)

科目	実習内容	
漁撈	漁船運用	漕艪法，操船法，帆走法
	漁具魚網製作	釣針製作，棒受網編成，秋刀魚流網編成，鰍網編成，網修繕
	各種漁撈	地曳網漁，手繰網漁，棒受網漁，飛魚流網漁，鯵釣漁，鯒釣漁，小鰹釣漁，鯖釣漁，鰹延縄漁
製造	乾製品製造	鰛素乾，鰛開乾，鯵開乾，しらす素乾
	燻製製造	鰹節，鮪節，小鰹節，秋刀魚燻製，鰛燻製
	缶詰製造法	缶詰空缶製造，缶詰検査法，製缶器械修理
	缶詰製造	槌鯨大和煮缶詰，長須鯨大和煮缶詰，鮪照焼缶詰，烏賊大和煮缶詰，石鰻蒲焼缶詰
	その他	魚油蝋燭精製，鯨蝋燭製造，食塩精製法，ワニス製造法，ゼラチン製造
養殖	機器使用法	顕微鏡使用法，顕微鏡実験
	畜養法	海水魚蓄養法，鯉兒飼養法
	その他	活魚運搬法

註）千葉県水産講習所『明治三十九年度千葉県水産講習所報告』(第1巻)，1908年，31-34頁より作成。

養殖ノ一科ニ就キ専攻セントスルモノヲ入学[32]」させた。そして修業年限一年のすべてを「漁撈科ニ在リテハ本所練習船乗組出漁ノ外各地漁業会社西洋形漁船ニ乗込マシメ専ラ沖合漁業及航海術ヲ練習セシメ[33]」た。また「製造科ニアリテハ実業家ニ嘱シ其製造場ニ於テ勉メテ実業的ニ斯業ヲ研究[34]」させた。研究科では、本科の講習を基礎に、実際の「沖合漁業」や水産加工業に従事させることで、より高度な技能を有する即戦力としての人材を養成しようとしていた。なお、研究科養殖科は、一九〇九(明治四二)年三月まで「志願者ナカリシガ[35]」ため未設置であった。やはり養殖業の未発達が影響していると考えて差し支えない。

現業科は、本科、研究科とは異なり所内にて常に開設していた学科ではなかった。そのため、現業科の講習内容、開設場所、期間、募集人数等は規定されておらず、開設のたびに告示された。ただし、入学資格については、一六歳以上の「現ニ水産業ニ従事スル者若シクハ其ノ子弟ニ[36]」限定す

表5-9　現業科講習成績一覧

開催年次	講習内容	開設地	開設期間	入所生数	修了生数	
1906(明治39)年	鰹節製造	長生郡白潟村	6月1日～8月31日	不明	17	54
		海上郡飯岡町	7月1日～9月30日	不明	20	
		海上郡本銚子町	7月1日～9月30日	不明	17	
1907(明治40)年	鰹節製造	長生郡白潟村	6月1日～8月31日	22	21	109
		海上郡飯岡町	7月1日～9月30日	50	35	
		海上郡本銚子町	7月1日～9月30日	61	43	
		海上郡高神村	7月1日～9月30日	20	10	
1908(明治41)年	鰹節製造	安房郡太海村	6月1日～6月31日	30	23	157
		長生郡白潟村	7月1日～9月30日	18	16	
		海上郡飯岡町	7月1日～9月30日	37	33	
		海上郡本銚子町	7月16日～10月15日	48	33	
		海上郡高神村	7月16日～10月15日	19	17	
		山武郡片貝村	8月1日～10月31日	35	35	
	機械編網	安房郡富浦村	9月28日～10月7日	不明	4	9
		安房郡富崎村	9月28日～10月7日	不明	3	
		安房郡白濱村	9月28日～10月7日	不明	2	

註）千葉県水産講習所『明治三十九年度千葉県水産講習所報告』(第1巻)，1908年，49-53頁，『明治四十年度千葉県水産講習所報告』(第2巻)，1908年，55-62頁，『明治四十一年度千葉県水産講習所事蹟』，印行年不明，14-16頁より作成。

ると規定されていた。現業科では、主として「元千葉県水産試験場第一支場講習部ノ講（ママ）事業タリシ鰹節製造講習[37]」がおこなわれた。「鰹節製造講習」は、一九〇六（明治三九）年から一九〇八（明治四一）年までの三年間に、安房郡や長生郡、海上郡などで一三回開催され、三二〇名の修了者が出ている（表5-9参照）。

　鰹節製造講習では、「鰹節製造法大意」、「生切法」、「煮熟法」、「焙乾法」、「削法」、「黴付法」の六科目から一科目以上を修了した者に対して修了証書が授与された[38]。講習を担当したのは、千葉県水産講習所製造主任技手のほか、静岡県焼津町および千葉県安房郡太海村より毎年招聘された実業教師であった[39]。この鰹節製造講習は、毎年開設地を増設するとともに、開催ごとに修了者数も五〇名前後の増加をみており、千葉県水産講習所の講習活動が広く水産加工業者に支持され、受け入れられていったことがわかる。

多くの者が講習に参加したことには、鰹節生産が千葉県水産業において干鰯生産などとともに重要な位置を占めていたことと、全国的な鰹節生産の動向が変化していたことがあった。

明治初期、千葉県の鰹節生産量は、宮城県、高知県等とならび上位に位置していた(40)。しかし、明治中頃になると、千葉県の鰹節生産が停滞するなか、宮城、高知のほか、静岡、鹿児島等の各県が鰹節生産量を増加させ、相対的に鰹節生産における千葉県の地位が低下した。内閣統計局『日本帝国統計年鑑』によると、一九〇一(明治三四)年の千葉県の鰹節生産量は、一二四万五八一四貫で全国一位となっている。その価額は六一万七八五八円であり、一貫あたりになおすと約二円五一銭となっていた。ところが、一九〇六(明治三九)年には生産量が一三万六四一八貫と全国六位にまで低下し、価額も二九万七〇四四円と一貫あたり約二円一八銭に落ち込んだ(41)。当時、千葉県の鰹節生産は生産量の停滞のみならず、一貫あたりの価額も低迷するようになり、増産と品質向上の二要件の解決が求められるようになっていたのであった。常設ではなかった現業科から、わずか三年間で三二〇名もの修了者が出たことは、現業科がかかる困難に直面した鰹節業者から支持を獲得していたとみて差し支えない。

一九〇八(明治四一)年に三カ所で開催された「機械編網講習」は、「編網賃銀ノ騰貴ヲ来シ当業者何レモ之レニ苦辛中タルヲ以テ甚ダ時機ニ適シタルモノト(42)」して開催されたものであった。講習の具体的な内容については、「三重県中村兄弟商会ノ製作ニ係ル編網機ヲ用ヰ(43)」て実施されたとあり、編網機が漁村に普及するようになるなかで「最も普及台数が多かった(44)」三重式が取りあげられたのは自然なことであった。漁船とともに漁網は漁獲効率を決定的に左右する漁具であり、優れた漁網なくして漁業の発展はなかった。そしてそうであるがゆえに、漁業者は安価で高性能な漁網の大量供給を待ち望んだし、それをチャンスととらえる大阪撚糸株式会社や三重紡績株式会社などが漁具開発に参入した。折しも綿紡績業界が輸入綿糸に対抗できる高番手綿糸の生産を軌道に乗せてきており、三重式などの編網機の開発とあいまって良質な漁網の大量供給が可能になりつつあった。

なお三重式編網機は、一九〇〇(明治三三)年に四日市町の西口利平が特許をとった編網機で、小型でかつ安価であったことが特徴であった。そのため各漁村に編網機を普及させるのに大きく貢献した。講習で用いられた「三重県中村兄弟商会ノ製作」した編網機とは、この西口が設立した三重製網所(後の三重製網合資会社)の支配人を務めた中村隆三(後に中村兄弟商会を設立)が三重式をもとに改良を加えた中村式編網機であった。(45)

第三節　千葉県水産講習所における遠洋漁業従事者養成の開始

(一)　教育組織の改編と遠洋漁業科の設置

一九〇九(明治四二)年三月、「千葉県水産講習所講習規則」が改定(千葉県令第二八号)される。(46)これにより、鰹節製造講習を実施し、千葉県の水産業の特質に即した教育活動を展開していた現業科は廃止され、新たに遠洋漁業科が設置された。同時に、千葉県水産試験場の場長が講習所の所長を兼務していた状態から、専任の所長がおかれるようにあらためられた。

専任所長の配置と遠洋漁業科の新設については、一九〇八(明治四一)年の第三一回通常千葉県会で帆足内務部長が「明治四二年度勧業費予算案」に関連させて説明している。行政側の視点から千葉県水産講習所の存在をとらえている答弁となっているため、関係箇所を抜粋する。

水産講習所費是ハ従来所長ハ水産試験場長ガ兼テ居リマシタガ何分兼務デハ充分ノ教授監督等モ出来マセヌカラ今回ハ水産講習所長：：（ママ）専門ノ所長ヲ置クコトニシタノデアリマス水産講習所ノ独立ト云フト如何ニモ大袈裟デアリマスガ唯単ニ所長ヲ置クコトニシタニ外ナラヌノデアリマス其外従来実習ニ使ツテ居リマシタ船デアリマスガ其船ハ非常ニ不完全デアリマシテ且余程毀ンデ居リマスカラ遠洋ニハ到底出テ実習スルコトハ出来マセヌカラ新タニ実習船ヲ造ラネバナリマセヌ然ルニ其船ヲ造リマスルノハ在来ノ実習船ヲ造ルヨリモ石油発動機ヲ備付ケマシタ所ノ完全ナル漁船ヲ造ツテ遣リタイ考デアリマシテ其新造費ヲ臨時費ニ見積ツテ居リマス是ガ出来マスル結果トシテ経常費ニ多少増加ヲ見タ次第デアリマス其外遠洋漁業科ヲ新タニ設ケマシテ実習ヲ致サセマスル是等ノ費用ヲ見積リマシタ為メ弐千余円ヲ増額致シマシタノデアリマス（傍線：引用者）(47)

行政の視点からみると、専任の所長がおかれていなかった千葉県水産講習所は、「千葉県水産講習所講習規則」の制定以後も、千葉県水産試験場から完全に独立していないとの認識を受けていたことが記されている。ただし、「水産講習所ノ独立ト云フト如何ニモ大袈裟」であるとし、専任の所長を配置するからといって、千葉県水産講習所がまったくの別機関となるとの認識も示されていなかった。これについては、一般に予算の膨張を嫌う議会向けの答弁ともとれるけれど、真意のほどは不明である。

ここで確かなことは、遠洋漁業科を新設したことで千葉県が多額の予算を計上しなければならなかったことである。内務部長のいうように、これまで実習にもちいていた船は「非常ニ不完全」なおかつ「余程毀ンデ」いるため「遠洋ニハ到底出テ実習スルコトハ出来」なかったので、千葉県は「石油発動機ヲ備付ケマシタ所ノ完全ナル漁船ヲ」新造しなければならなかったし、遠洋漁業実習にかかわる予算も付けなければならなかった。

千葉県が多額の予算措置を講じなければならない遠洋漁業科を設置したことは、漁業分野の振興に期待をかける行政側の姿勢を読みとることができる。事実、一九〇九（明治四二）年度の勧業費予算の配分案をみると、水産試験場費として一万六三二八円、水産講習所費として八五六七円が計上されていた[48]。これは、千葉県勧業費予算のそれぞれ一九・四％と一〇・二％を占めるにいたっていた[49]。

千葉県水産講習所が、水産加工業にたずさわる者から支持を得ていた現業科を廃止してまで、そして多額の追加予算を計上してまで、遠洋漁業科を設置した理由は記録から確認することはできない。ただ当時の遠洋漁業は、成長著しい有望産業と見なされていたことは事実であり、千葉県では明治の中頃にはすでに「遠洋漁業」に熱い眼差しを向ける者が声をあげていた。

国立国会図書館が所蔵する『遠洋漁業創始之義請願[50]』からは、千葉県士族であった木村茂のほか、正木保三郎、鈴木太郎吉、岡崎延久、岩瀬武司らが、政府に対して国費をもって遠洋漁業開発をおこなうよう促している。『遠洋漁業創始之義請願』には、千葉県にとって遠洋漁業を振起する利点が詳しく記されている。以下、一部を抜粋する。

（前略：引用者）漁民ノ戸口ハ年々歳々増殖シ随テ捕法漸ク苛酷ニ渉リ為メニ水族ノ減耗ヲ致シ頻年不漁ノ歎声ヲ発セサルハナシ若シ此ノ如クニシテ止マスンハ数年ニシテ沿海漁村ハ挙ケテ維持ニ堪ヘス漁民ハ流離顛沛スルニ至ラン是盖シ漁民カ其業ニ勉メサルニ由テ然ルニアラス現ニ我カ千葉県下ノ如キハ従来鮪延縄釣漁業ヲ為ス為メ厳冬冱寒ノ候二三十里内外ノ海上ニ出漁シ往々猛風激浪ニ遭ヒ船ヲ覆没シ身ハ溺死シ其漁民ノ配偶ハ寡婦トナルモノ少カラサルヲ以テ世人鮪釣船ヲ目シテ後家船ト綽号スルニ至レリ斯ル不祥ナル綽号ヲ得

ル迄モ仍ホ其業ヲ勉メ而シテ終ニ不漁ノ歎ヲ発セサルヲ得サル所以ノモノハ尚是ヨリ以上ノ遠海ニ好漁場ヲ捜リ以テ出漁スルニ堪ユヘキ程ノ船舶ナク仮令之ヲ作ラントスルモ其資力ニ堪ヘサルニ依テ然ルナリ故ニ今若シ遠洋出漁ニ堪ユヘキ堅牢ナル船舶アラシメハ我千葉県下ノ漁民ハ之ニ乗シテ遠洋漁業ヲ為スノ勇敢ナル気象《ママ》ニ於テハ決シテ他ニ譲ル者ニ非ス若夫レ之ニ熟スルニ至ラハ巨多ノ利益ヲ旧来未タ嘗テ出漁セサリシ所ノ海中ヨリ収メシコト必セリ果シテ然ラハ今日遠洋漁業ヲ創始スルハ一般国利上ヨリ見ルモ止ムヘカラサル所ナリ（以下略、傍線：引用者）[51]

請願は、千葉県の漁業が就業者の増加で水産資源の減耗が著しく、漁村は深刻な不漁によって疲弊していると、その窮状を訴えるものとなっている。そして、こうした状況が漁業者に無理な操業を強いており、鮪の延縄漁業では厳冬下でも出漁しなければならないことで多くの漁業者を死にいたらしめているとする。「漁民ノ配偶ハ寡婦トナルモノ少カラサルヲ以テ世人鮪釣船ヲ目シテ後家船ト綽号スルニ至レリ」と悲哀をまじえて表現したのも、好漁場の開拓と堅牢な遠洋漁船の開発を進め、遠洋漁業を奨励することが千葉県漁業の閉塞感を解決する鍵になるだろうことを、精一杯訴えるためだったと思われる。

さて、新たに設置された遠洋漁業科は、入学資格を本科卒業としていた。その本科入学資格は、遠洋漁業科の設置を機に、高等小学校第二学年以上の課程を終えた一六歳以上の者から、尋常小学校卒業の一六歳以上の者へとあらためられた[52]。

本科の講習は「学課」および「実課」（これまでの「実習」に相当）に分けられたものの、学課にいたっては往々にして天候季節に左右され、特に漁期においては「学課ノ教授ヲ廃止シ休日或ハ夜間ニ関セズ[53]」実課がおこなわれた。よって「学課」、「実課」ともに、従来どおり毎週の講習時数が規定されないままであった。講習内容にも大きな変化はなく、「学課」中の「養殖」において「養鯉採卵孵化法」が、そして「経営」において「産業組合法」や「漁村経営」等が新たに講習されたことが目立った変化であった[54]。一九〇〇（明治三三）年制定の「産業組合法」（法律第三四号）について教授されたことについては、近代化のなかで急激に膨張した資本主義体制を安定的に維持することが課題となっていた時代背景や、漁業組合の権限や役割の拡大が期待されていた時代背景を指摘することができよう[55]。

研究科はこれまでと同様、本科卒業者を実際の漁業や水産加工業に従事させることで、即戦力となる人材を養成した。一九〇六（明治三九）年の研究科開設以来、未設置となっていた研究科養殖科も、一九〇九（明治四二）年に二名の入学者を得てはじめて設置され、「本所附属湊川養魚池工事着手以来同所番舎ニアリテ専ラ造池法[56]」の研究をおこなった。同時期には、全国の府県水産試験場で淡水・鹹水それぞれの養殖試験が本格的に実施される[57]ようになっており、この頃になってようやく魚類養殖に関する教育活動をおこなう、学術的および産業的な素地が形成されはじめたといえよう。

（二）　遠洋漁業科の教育

遠洋漁業科に対する期待は大きかった。安房郡は遠洋漁業従事者養成の支援を郡会で決議し、同郡出身の遠洋漁業科生に月額五円の学資補助をおこなうとした[58]。遠洋漁業科は、その設置目的を「千葉県水産講習所講習規則」に追記された「遠洋漁業科規程」により、「遠洋漁業奨励法ニ依リ漁猟職員ヲ養成スル[59]」こととした。注目すべきは、その設置目的を「遠洋漁業奨励法」に依拠して「漁猟職員」を養成すると明記したことにある。そのため、遠洋漁業科の入学資格には、規程の第五条に一九〇七（明治四〇）年の「漁猟職員試験科目標準規程」（農商務省告示第一八二号）の漁猟職員体格標準に適合した者との条件が付されていた。

遠洋漁業科規程（一九〇九（明治四二）年、千葉県令第二八号）

第一条 遠洋漁業科ハ遠洋漁業奨励法ニ依リ漁猟員ヲ養成スルヲ目的トシ当初六ヶ月間ハ必要ナル学科ヲ習得セシメ其ノ修了後ハ遠洋漁船ニ乗組ミ之カ技術ヲ実地ニ練習セシム

第二条 遠洋漁業科修業期間ハ本所本科卒業生ニ在リテハ二ヶ年トシ其ノ他ハ三ヶ年トス但シ修業期限ハ時宜ニ依リ之ヲ伸縮スルコトアルへシ

第三条 遠洋漁業科生徒ハ毎年之ヲ募集シ其ノ期日及員数ハ其ノ都度之ヲ告示ス

第五条 遠洋漁業科入学志願者ハ左ノ一ニ該当スル者ニシテ明治四十年七月三十一日改正農商務省漁猟職員試験科目標準規程漁猟職員体格標準ニ適合スル者ニ限ル

一 本所本科卒業生

一 年齢十八年以上ニシテ尋常小学校卒業若ハ之ト同等以上ノ学力ヲ有シ嘗テ四ヶ年以上沖合漁業ニ従事シタル経歴ヲ有スル者

第六条 遠洋漁業科入学志願者ハ惣テ試験ヲ行ヒ入学ヲ許可ス但シ本所本科卒業生ニ在テハ試験ヲ要セス之ヲ許可ス（傍線：引用者）

こうして、「遠洋漁業奨励法」に依拠して遠洋漁業従事者を養成する教育機関が千葉県に誕生した。遠洋漁業科の入学資格は、「漁猟職員試験科目標準規程」に適合すると同時に、千葉県水産講習所の本科を卒業している者、もしくは一八歳以上の尋常小学校卒業と同等以上の学力を有し四年以上「沖合漁業」に従事した者とされた。

修業年限は、本科卒業生は二年間、その他の者は三年間とされた。

この修業期間がそうであったように、遠洋漁業科においては、本科卒業生が優遇された。入学試験に関しても、本科卒業生は無試験で入学が許可された。第一回の遠洋漁業科入学者五名のうち三名が本科からの進学者であり、残りの二名が「一般志願者ヨリ採用」された者であった(60)。

遠洋漁業科の講習は、「当初六ヶ月間ハ必要ナル学科ヲ習得セシメ其ノ修了後ハ遠洋漁船ニ乗込ミ之カ技術ヲ実地ニ練習セシム(61)」とされた。すなわち、本科卒業者は一年半、その他の者は二年半の期間、実地にて遠洋漁業に従事する課程とされた。当初六カ月間の講習は、「学課」と「実課」に分けられ、「学課」では「針路ノ改正」、「海図ノ用法」、「縦帆船ノ運用法」、「漁具構成及漁法」、「平面航法」、そして、「実課」では「漁具製作」、「船具製作」、「小鰹釣漁」、「鯖釣漁」、「サンマ流網漁」、「縦帆船ノ運用」が講習された(62)。

ただ、本科からの進学者とそうでない者との間に基礎学力の差がみられたため、「学科ニ就テハ之ヲ区別シテ教授シ実課ハ合併講習ヲ(63)」をほどこした。一方、「実課」と実地での「練習」の実態は、千葉県水産講習所『千葉県水産講習所一覧』が病気や事故が発生しないかぎりは練習船小鷹丸での流網漁業や延縄漁業などの「漁業練習」を実施していたと記している。講習の中心に位置づけられた実地での遠洋漁業への従事に耐えうる技能を短期間に集中して教授していたことがわかる。

常ニ練習船小鷹丸ニ乗込マシメ病気其他事故ノ外上陸ヲ為サシメス以テ運用航海ノ技術ヲ練磨セシメ漁業練習トシテ豆相及ビ房総沖合ニ於テ鰹釣漁業鯖釣漁業鮪流網漁業鮪延縄漁業及ビ秋刀魚流シ網漁業ニ従事セシメ尚ホ進ンデ各自ノ希望ト本所ノ適当ト認ムル遠洋漁業船ニ依嘱シ専ラ実際的遠洋漁業ノ状況ヲ研究セシムルコト、ナセリ(傍線：引用者)(64)

遠洋漁業科の活動には、教育条件の整備が必要であり、千葉県水産講習所では、一九一〇（明治四三）年二月、国庫より一〇〇〇円の補助を受け、上述の「漁業練習」にも用いられた石油発動機関据付遠洋漁業練習船「小鷹丸」（総トン数二一トンのケッチ型帆船）を新造した。新造した遠洋漁業練習船を運用するためには、有資格者を乗船させなければならず、丙種運転士船長と三等機関士機関長の二名を雇用することで対応した(65)。

ところで、遠洋漁業科の設置目的が「遠洋漁業奨励法ニ依リ漁猟職員ヲ養成スル」こととされ、「遠洋漁業奨励法」との関係が明示されたことには、一九〇七（明治四〇）年の「遠洋漁業奨励法施行細則」（農商務省令第一五号）の改定が関係しているのは明白であった。すでに何度も詳述したように、同細則では、「道府県水産講習所遠洋漁業科卒業証書ヲ有シ二箇年以上遠洋漁猟船ニ乗組ミ漁猟ニ従事」すれば丙種漁猟長試験の受験資格を与えると定めるとともに、「農商務大臣ハ充当ト認ムル道府県水産講習所遠洋漁業科ノ卒業証書ヲ有スル者ニ対シ試験ヲ用イスシテ丙種漁猟長免状ヲ交付スルコトヲ得」としていた。

千葉県水産講習所は、遠洋漁業科を設置した翌年となる一九一〇（明治四三）年六月に、農商務大臣より丙種漁猟長免状を発給することが可能な教育機関に認定され、遠洋漁業科卒業生には無試験で丙種漁猟長免状を付与していた。認定の事実は、『千葉県報』にも彙報として次のように掲載された。

〇資格認定
本月一日本県水産講習所遠洋漁業科卒業生ニ対シ農商務大臣ハ遠洋漁業奨励法施行細則第二十五条第二項ニ依リ試験ヲ用キズ丙種漁猟長免状ヲ受クヘキ資格アル者ト認定セリ(66)

表5-10　1913年以降の遠洋漁業科「学課」

課目	教授要項
造船学大意	総論，噸数計算法，復原法，船体ノ動揺，船体ノ受クル抵抗，帆走及汽走
航海術	天測推測法大意
漁船運用	衝突予防法，漁船ノ常時及荒天運用法
漁具構成	各種漁具構成
漁撈法	鮪延縄漁業，鮪・秋刀魚流網漁業，鰹・鱈釣漁業，汽船トロール漁業，汽船流網漁業，汽船延縄漁業，帆船トロール漁業，帆船流網漁業，帆船延縄漁業，漁獲物処理法
船舶法規	船舶法，船舶職員法，船員法，其外関係法規
救急療法	救急療法

註）千葉県水産講習所『千葉県水産講習所報告』（大正2年），1914年，5頁より作成。

第四節　千葉県立安房水産学校への発展的解消

（一）千葉県水産講習所から千葉県水産試験場へ

千葉県水産講習所は、一九一三（大正二）年三月、「千葉県水産講習所講習規則」にかわる「千葉県水産講習所規則」（千葉県令第二七号）の制定を受け、設立の母体であり分離後は別機関としてあつかわれていた千葉県水産試験場を逆に統合する。二カ所の設置による経費増大が統合へと舵を切らせた。これにともない千葉県水産講習所は、「府県水産講習所規程ニ依リ漁撈、製造、養殖等ニ必要ナル技術及簡易ナル学理ノ講習ヲ為スヲ目的」としつつ、「水産ニ関スル巡回講話試験又ハ調査ヲ行フ」ことを目的規定に加えた(67)。そして、漁撈、製造、養殖の三部をおき、さらに「各部ニ本科、別科ノ外漁撈部ニ遠洋漁業科、製造部及養殖部ニ各研究科」をおいた(68)。

新規則では、就業期間が三カ月の別科を新設するなどの組織形態の見直しと同時に、講習の期間も見直され、本科と遠洋漁業科は、修業期間が二年から一年へと短縮された(69)。これによって、従来の遠洋漁業科生は四年間をかけて養成されていたのに対して、この規則制定以降は、遠洋漁業従事者を最短二年で速成的に養成することが目指された。

一九一三(大正二)年現在の遠洋漁業科では、「学課」として「造船学大意」、「航海術」、「漁船運用」、「漁具構成」、「漁撈法」、「船舶法規」、「救急療法」が教授された(表5-10参照)。「学課」においてこれらの七種が教授されたことは、先にふれた「漁猟職員試験科目標準規程」と関係している。すなわち同規程では、丙種漁猟長免状の上位資格にあたる甲種および乙種漁猟長「学術試験」科目に、「漁猟」、「航海術」、「漁船運用」、「造船大意」、「海洋学」、「法規」、「救急療法」の七種を指定しており、千葉県水産講習所遠洋漁業科の学科課程はこの規程に対応していた。「学課」のなかの「漁撈法」では、漁船の大型化を背景に、トロール漁業や流網漁業、延縄漁業の各種帆船・汽船漁業に関する講習がおこなわれるようになった。「実習」では、「学課」において「漁撈法」や「航海術」、「漁船運用」として講習された内容に応じた教育がおこなわれた(表5-11参照)。

表5-11 1913年以降の遠洋漁業科「実習」・「出張実習」

実習区分	実習内容
実習	鮪延縄漁業，鮪・秋刀魚流網漁業，鰹釣漁業， 汽船トロール漁業，汽船流網漁業，汽船延縄漁業， 帆船トロール漁業，帆船流網漁業，帆船延縄漁業， 漁船操縦，航海術 漁具船具製作並修繕 信号法 漁場観測
出張実習	農商務省水産講習所実習船雲鷹丸乗船 汽船延縄及流網漁業実習ノ為メ第一防長丸乗船 鱈漁業実習ノ為メ北水丸乗船オコツク海方面ニ出漁

註）千葉県水産講習所『千葉県水産講習所報告』(大正2年)，1914年，5-7頁より作成。

旧規則によって入学した最後の遠洋漁業科生は、引き続き一年間講習を継続することとなっていたため、一九一三(大正二)年も三名が実地実習(「出張実習」)に赴いていった。それぞれの実習先と実習状況は、「農商務省水産講習所実習船雲鷹丸ニ乗船セルモノ一名」、「汽船延縄及流網漁業実習ノ為メ第一防長丸ニ乗船セルモノ一名」、「鱈漁業実習

表5-12　千葉県水産講習所卒業生数一覧

卒業年	本科	研究科			遠洋漁業科
		漁撈	製造	養殖	
1905(明治38)年	11	—	—	—	—
1906(明治39)年	7	3	5	0	—
1907(明治40)年	11	2	1	0	—
1908(明治41)年	10	2	4	0	—
1909(明治42)年	13	1	6	0	—
1910(明治43)年	14	0	3	2	—
1911(明治44)年	13	0	5	3	3
計	79	8	24	5	3

註1）1905年および1906年の卒業生は，千葉県水産試験場那古第一支場講習部の卒業生。
註2）千葉県水産講習所『千葉県水産講習所一覧』，1911年，58頁より作成。

ノ為メ北水丸ニ乗船「オコツク」海方面ニ出漁シ十月下旬帰港下船直チニ鮪延縄漁業実習ノ為メ大成丸ニ転乗セルモノ一名」[70]と報告されている。

大きく衣がえをして活動規模を縮小させた千葉県水産講習所であったけれども、その背景としては必ずしも順調とはいえなくなっていた講習所の様子が指摘できる。例えば、定員を三〇名としていた本科であったけれども、送り出すことができた卒業生は、一九〇七（明治四〇）年が一一名、一九〇八（明治四一）年が一〇名、一九〇九（明治四二）年が一三名、一九一〇（明治四三）年が一四名、一九一一（明治四四）年が一三名と、いずれの年も良好な成績とはいえない状況が続いていた（表5-12参照）。入学者不足もしくは中途退学者の存在があったと考えられる。また本科卒業生の就業状況は、半数が「自家営業」に就く者で占められており、遠洋漁業科へ進学して国策産業として奨励されていた遠洋漁業に就業する者は決して多くなかった（表5-13参照）。

新規則では、本科の修業年限を短縮し、生徒募集をより円滑にしようと試みられた[71]けれども、新規則の制定以降も、千葉県水産講習所の成績はふるわなかった。一九一三（大正二）年は本科新入生を七名しか迎えられなかった[72]。そればかりか、水産試験場を統合したことが波紋を広げており、次第に「試験業務の重要性が叫ばれ試

表5-13 千葉県水産講習所卒業生修業先一覧(1911年現在)

		水産講習所助手	本所助手	郡水産技手	府県水産組合	帝室林野管理局孵化場	会社技術員	自家営業	遠洋漁業船乗組	遠洋漁業科在学	研究科在学	兵役	学校教員	死亡	計
本科		1	3	1	1	2	11	35	4	4	10	3	1	3	79
研究科	漁撈	0	0	0	0	0	0	3	3	0	0	0	0	2	8
	製造	0	1	0	0	1	8	9	0	0	0	3	1	1	24
	養殖	0	1	1	1	0	0	2	0	0	0	0	0	0	5
遠洋漁業科		0	0	0	0	0	1	1	1	0	0	0	0	0	3

註1) 就業先の「水産講習所助手」については，府県水産講習所ではなく官立水産講習所の助手をさすと思われるが詳細は不明。
註2) 千葉県水産講習所『千葉県水産講習所一覧』，1911年，60-61頁より作成。

験場独立の要望が強く(73)」なっていった。

水産試験場の再設置が検討されるようになると、講習所と試験場の併置は経費の観点より困難(74)との結論が示され、必ずしも十分な養成実績を残せていなかった水産講習所を廃止し、試験場を復活させることになった。こうして、一一年間にわたり講習活動をおこなってきた千葉県水産講習所は、入学者不足という内的要因と、水産試験機能の強化を求める外的要因とによって、一九一七(大正六)年三月に廃止されることになった(75)。

(二) 漁猟職員養成機関から船舶職員養成機関へ

一九一七(大正六)年四月に再設置された千葉県水産試験場においても、水産教育の必要性は認めており、水産業者への指導普及活動として各種講習会を開催した(表5-14参照)。講習会は、一九一八(大正七)年から一九二二(大正一一)年までの五年間で五一回開催され、受講者数は一二四九名、そして修了者数は一〇一〇名に達した。

このうち、千葉県水産講習所遠洋漁業科が担っていた漁猟職員

表 5-14　千葉県水産試験場短期講習内容一覧

年度	講習内容	開設地	講習期間	入場生数	修了生数
1918（大正7）年	和布製造	安房郡太海村	4月12日より15日間	45	40
		夷隅郡浪花村	4月28日より12日間	16	13
	鰹節製造	安房郡江見村	7月1日より3ヶ月間	36	22
		夷隅郡豊濱村	5月1日より3ヶ月間	32	32
		濱上郡本銚子町	7月1日より3ヶ月間	59	42
		濱上郡高神村	7月1日より3ヶ月間	24	24
	缶詰製造	市原郡八幡町	7月1日より15日間	8	7
		本場内	12月1日より20日間	6	6
	造船術	本場内	8月5日より8月25日	14	13
	石油発動機運用法	夷隅郡勝浦町	1月16日より2月4日	21	16
		山武郡片貝村	2月7日より2月26日	70	31
1919（大正8）年	和布製造	安房郡曦町	4月15日より10日間	31	25
		安房郡天津町	4月25日より10日間	26	15
		夷隅郡勝浦町	5月5日より10日間	23	17
	発動機三等機関士受験要項	夷隅郡勝浦町	5月11日より6月1日	76	71
	鰹節製造	夷隅郡豊濱村	5月1日より3ヶ月間	21	21
		安房郡江見村	7月1日より3ヶ月間	31	27
		海上郡本銚子町	7月1日より3ヶ月間	25	16
		海上郡高神村	7月1日より3ヶ月間	22	22
	缶詰製造	東葛飾郡浦安町	10月16日より15日間	21	17
		本場内	12月1日より20日間	16	14
	発動機関運用法	山武郡片貝村	11月16日より11月30日	不明	11
1920（大正9）年	和布製造	安房郡白濱村	4月20日より4月29日	22	17
		夷隅郡清海村	5月3日より5月17日	21	13
	石油発動機運用法	本場内	5月15日より6月4日	71	68
		山武郡片貝村	2月10日より2月24日	23	7
	漁船運用法	本場内	5月15日より6月4日	24	24
	鰹節製造	夷隅郡豊濱村	6月1日より9月30日	17	14
	缶詰製造	海上郡飯岡町	6月16日より6月30日	21	14
		本場内	12月1日より12月20日	10	7
1921（大正10）年	石油発動機運用法	海上郡本銚子町	4月10日より4月29日	54	26
	漁船丙種運転士	海上郡本銚子町	4月10日より5月9日	59	40
	和布製造	安房郡富崎村	4月19日より4月28日	21	15
		夷隅郡豊濱村	5月3日より5月14日	20	13
	漁船々長	本場内	10月1日より12月26日	13	13
	蒲鉾製造	海上郡本銚子町	10月19日より11月2日	19	10
		夷隅郡勝浦町	11月4日より11月18日	15	5
	缶詰製造	長生郡東浪見村	12月12日より12月23日	13	5
		本場内	2月6日より2月25日	3	2
1922（大正11）年	和布製造	安房郡尾岬村	4月6日から4月15日	19	11
		夷隅郡勝浦町	4月21日より4月30日	13	13
	鰹節製造	夷隅郡勝浦町	5月1日より7月31日	17	17
		海上郡本銚子町	6月10日より9月31日	20	10
		安房郡天津町	8月1日より9月30日	29	23
		安房郡江見村	8月1日より10月31日	18	17
	缶詰製造	安房郡天津町	6月15日より6月29日	18	16
		山武郡片貝村	12月1日より12月10日	29	19
	漁船々長	海上郡本銚子町	9月15日より10月31日	不明	20
	発動機々関士	本場内	11月16日より11月20日	不明	45
	竹輪蒲鉾製造	海上郡本銚子町	2月2日より2月13日	23	11
		安房郡千倉町	2月17日より2月28日	14	13

註 1）開催地の「本場内」とは，千葉県水産試験場内を意味する。

註 2）千葉県水産試験場『大正七年度千葉県水産試験場報告』，1920 年，40-60 頁，『大正八年千葉県水産試験場報告』，1922 年，56-76 頁，『大正九年度千葉県水産試験場報告』，1922 年，48-68 頁，『大正十年度千葉県水産試験場報告』，1923 年，51-87 頁，『大正十一年千葉県水産試験場報告』，1924 年，91-111 頁より作成。

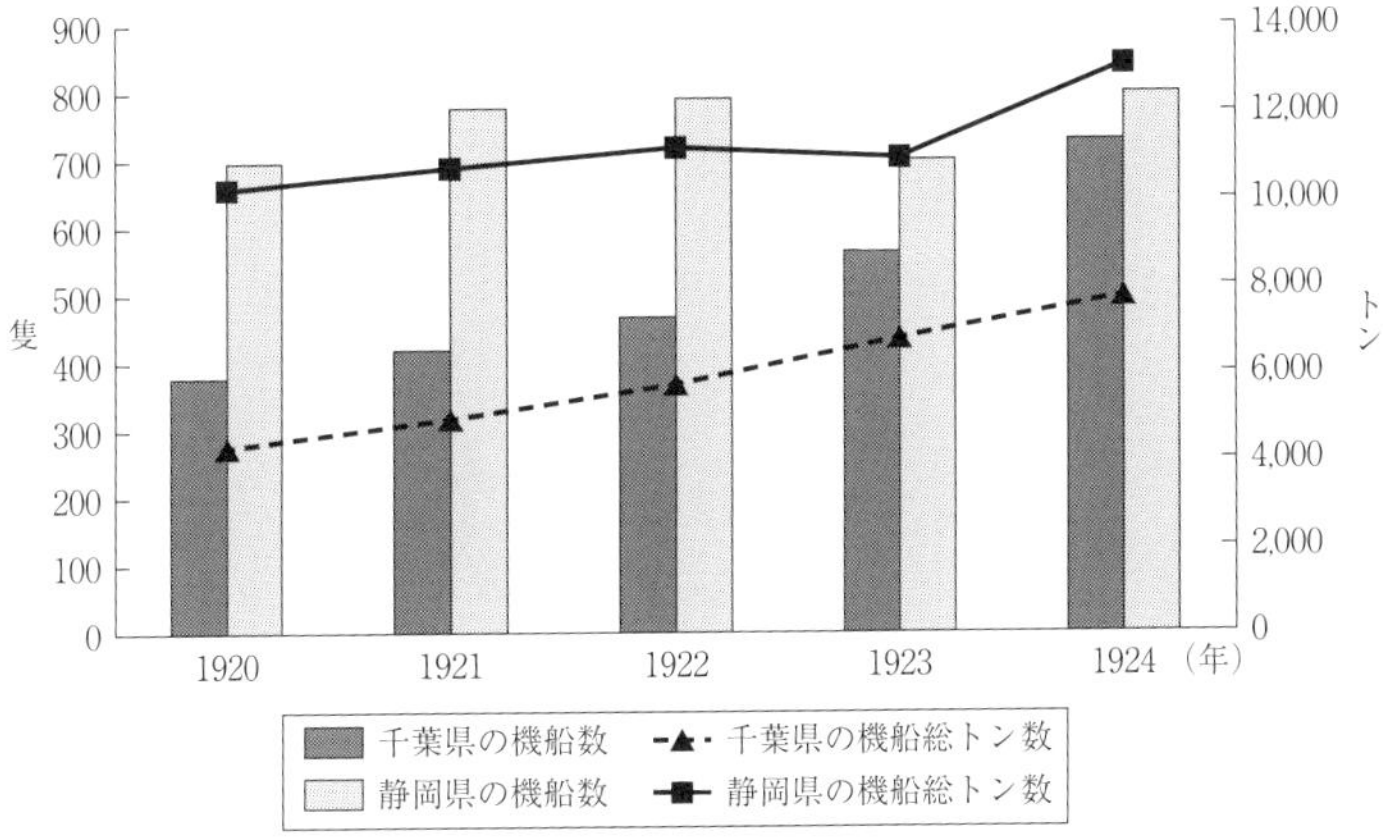

図5-1 千葉県と静岡県の機船統計

の養成は、船舶職員の養成へと形をかえて継続されていた。漁猟職員資格は、一九一八(大正七)年改定の「遠洋漁業奨励法」(法律第一一号)により廃止されていたためであった。

船舶職員養成の必要が認められた要因には、大正後期の千葉県において発動機付漁船(機船)が急増し、保有する船腹数で長らく日本一の座を守ってきた静岡県の地位を脅かすまでになっていたことが指摘できる(図5-1参照)[76]。千葉県にあった機船の総トン数は静岡県の半分程度にとどまっており、比較的小型の機船が船腹数の増加を牽引していたといえるものの、船腹数の増加に比例して船舶職員需要が盛りあがっていたことは想像がつく。

船舶職員養成関係の講習会を受講した者の多くが、講習修了後、船舶職員試験を受験した。一九二〇(大正九)年の船舶職員養成実績は、石油発動機運用法講習を修了した者のうち六七名が発動機船三等機関士試験を受験して五四名が合格しており、相応の成果を残していたといえる[77]。さらに同年、「近時大型漁船ノ建造増加スルニ拘ラズ優秀ノ船長乏シク殊ニ海技免状ノ所持者僅少ニシテ漁船運転上支障尠カラズト認メ優良ナル漁船々員養成ノ目的ヲ以テ」実施された漁船運用法講習では、修了者二四名のうち二一名が漁船丙種運転士試験に、そして残りの三名が小型丙種運転士試験に合格して良好な成績をおさめた(78)。

千葉県水産試験場の船舶職員養成活動は、その後も安定した養成実績を残す。一九二一(大正一〇)年では、石油発動機運用法講習を修了した二六名に、前年度修了の三名を加えた二九名が発動機船三等機関士試験を受験し、二二名が合格したのに加えて、漁船丙種運転士講習修了生からも三四名が漁船丙種運転士試験に合格(三九名が受験)した(79)。続く一九二二(大正一一)年の漁船々長講習と発動機々関士講習の修了者は、それぞれ漁船丙種運転士試験と発動機船三等機関士試験を受験し全員が合格している(80)。

一連の船舶職員養成講習のなかでも特に注目したいのが、一九二一(大正一〇)年一〇月一日からおおよそ三カ月間にわたり開催された「漁船々長講習」である。その講習実態が千葉県水産試験場『大正十年度千葉県水産試験場報告』に記されている。講習の目的は、次のように述べられている。

近時遠洋漁業ノ発達ニ伴ヒ漁船ノ躰型増大ト漁場ノ拡張トハ愈々熟練ナル技術ト学理的頭脳ヲ有スル優良ナル船長ヲ必要トスル趨勢ニアルヲ以テ短期講習ニ依リテ是レカ養成ニ勉メタケレドモ尚時運ニ適応セザルヲ認メ本年度ヨリ長期ニ渡リ講習シ初期ノ目的ヲ達セント欲シ本講習ヲ開始セリ(傍線：引用者)(81)

同文は、漁船の大型化や漁場の遠洋への拡大を要因として、千葉県水産講習所廃止以来の短期講習での船舶職員養成の限界を認めたものとなっている。そして、「長期ニ渡リ講習」することによって、時勢に対応することができる「優良」な遠洋漁業従事者の養成をおこなうことに方針転換をはかったと記している。

「漁船々長講習」での教育は、乗船実習だけではなく試験場内での座学にも毎週三二時間を割いた。そこには、遠洋漁業を意識した「漁獲物処理」法ばかりか、「修身」までもが含まれていた(表5-15参照)。こうした講習会が

表 5-15　千葉県水産試験場漁船々長講習

科目	担当講師	毎週時数
修身	中村場長	2
漁船運用	松田技手	8
漁船構造術	満井嘱託講師（工学士） 松田技手	3
航海術	佐々木技手	7
漁撈論	佐々木技手	2
漁獲物処理	大島技師	1
海洋学	松田技手	2
気象学	蜜田嘱託講師	2
法規	中村場長 松田技手	4
救急療法	岡本嘱託講師（医学士）	1

註）千葉県水産試験場『大正十年度千葉県水産試験場報告』, 1923 年, 52 頁より作成。

開催されたことは、教育機関としての千葉県水産講習所を廃止したことの弊害がこの時期になって表出してきたことを意味していた。

（三）水産学校拡充を求めた水産学校長会議

千葉県水産試験場で、船舶職員養成を目的とする講習会が開催された大正中期は、全国で急激な漁船の動力化が進展した。千葉県でも房総沖鰹漁が漁場の外延的拡大をともない発達したため、既述したように漁船の動力化が急速に進んでいた。

千葉県水産試験場も認めるように、水産講習所の廃止以降、千葉県においては漁船の動力化に対応できる船舶職員養成は、良好な成績を残していたものの、短期講習として断続的にしかおこなうことができなくなっていた。漁場の外延化をともなった漁業の発達や動力漁船の急増は、その弊害を露呈させるきっかけとなり、船舶職員養成機関の整備を千葉県の克服しなければならない課題に位置づけた。それは府県水産講習所の復活、もしくは県立水産学校の設立を要求する運動へと発展し、県知事に請願されるまでに拡大した(82)。

折しもこの時期、全国の水産学校長をはじめとして、水産教育振興策の必要性が各方面から訴えられるようになる(83)。一九一九（大正八）年一〇月に開催された全国水産学校長会議では、文部省からの諮問事項に対して具体的な答申が出され、水産学校の増設とそれをうながす国庫補助金の増額、さらには甲種程度の水産学校に遠洋漁業科を設置し、船舶職員資格の付与で優遇することなどが求められた。同会議での議論を大日本水産会『水産界』（第四四七号）が報じている。一部を摘要すると次のようになる。

予報の如く全国水産学校長会議は去月七月より十日迄文部省に於て開催、山﨑実業学務局長、上原事務官、藤田北海道大学水産専門部教授列席の上、各種事項に就き逐次審議し終了を告げたり。

諮問事項

一、水産教育をして一層普及発達せしむるに適切なる方法如何。

答申　一、水産学校の増設拡張を図ること

（中略：引用者）

六、卒業生待遇の改善に努め其の発展を図ること

二、遠洋漁業の発達に資する為め教授上改善を要すべき事項如何。

答申　一、甲種水産学校卒業後二年以内の程度を以て遠洋漁業科を設置し航海運用に関する学科を尚一層深く究はめしめ適当なる船舶を備へて専ら練習せしむること

二、遠洋漁業科に甲板部、機関部を設け機関部においては石油発動機船機関士を養成すること

（中略：引用者）

四、遠洋漁業科甲板部卒業者には無試験にて漁船丙種運転士免状を機関部卒業者には同じく発動機船三等機関士免状を与へ且つ二等機関士の受験資格を与ふること

五、現在の甲種及乙種水産学校本科生に関しては遠洋実習を為さしめ一層遠洋漁業に関する思

想の涵養に努むること

附帯事項として左記各項の実現を希望す。

一、実業学校令其他の法規中水産学校の独立を認むること

（中略：引用者）

五、水産学校は設備其の他に多額の経費を要するが故に特に国庫補助の増額せられ度きこと

六、甲種水産学校の卒業生をして低度の水産学校教員たる資格を認められたきこと（傍線：引用者）(84)

文部省が、「遠洋漁業の発達に資する為め教授上改善を要すべき事項如何」との諮問項目を設け、遠洋漁業の開発に水産学校を活用する方策を探っていたことは注目できる。産業振興を主務としない文部省が、遠洋漁業の発達に関心をよせていたことは、それだけ水産業界や水産関係団体からの要求が大きかったことをうかがわせる。これに対する答申では、遠洋漁業科の設置を推進し、さらにその卒業生には船舶職員資格の無試験付与を約束することで、水産学校に衆望を集めようとする意見が出た。学歴と職業資格の一体化は特効薬とみなされていたのであろう。

時をほぼ同じくして、圧力団体として水産振興策を国政に主張していた大日本水産会も、水産学校長会議と同様に水産学校の拡充を求める運動を展開する。大日本水産会の「主張」として、一九二〇（大正九）年の大日本水産会『水産界』（第四六六号）に掲載された「中等実業教育に於ける水産教育の振興を望む」とする論説がそれにあたる。危殆に瀕した現状をアピールするためか、仰々しい文章となっているものの、水産業は他産業に比して開発余地が多いにもかかわらず、水産学校の設置数・生徒数が不足しており、これを解消し水産学校を拡充するためには「実業教育国庫補助法」による積極的な支援や、水産科教員の養成などが必要となっていることを主張す

る内容となっている。

（前略：引用者）実業学校に入るものは中学に入り難き劣等者が、若くは志を抱いて資に窮するものか、然らざれば短年月に其業を卒へて職を得んとするものに過ぎざるが如し。就中水産学校の如きは其数も極めて少く生徒も甚だ僅少なるが、水産業者の人口今や二百萬を算するに至り、且つ四面環海の我邦に於て他の産業に比して将来発展の余地最も多き水産業が、如斯教育の発展せざるは頗る遺憾とすべき所也。故に水産に関する高等教育機関は姑く之を惜くも、中等程度の水産学校は邦家将来の為め必ず之を隆盛ならしめざるべからず（中略：引用者）。

一、水産振興を必要とする地方は勿論水産業の最も発達せる地方を擇び水産学校を設けしむる事勧誘すること就中現在水産学校の設けある地方、東北其他の水産業尚発達せざる所あるが、東海、中国、四国、九州等の枢要の地に完全なる水産学校を設けられたき事。

二、水産教育に関する規程及学科目等は水産専門の学者又は経験あるものに託し充分の研究を為して之を定められ度きこと。

三、水産教育に要する図書の編纂刊行及び標本器機等の製作を奨励すること。

四、水産教育に従事すべき教員を養成すること（傍線：引用者）。[85]

ただ、こうした水産学校の普及を目指す動きがあった一方で、農商務省管轄の府県水産講習所は、国策としての遠洋漁業奨励策に位置づけられた明治期ほどの注目を浴びることはなくなっていた。[86] そればかりか、一九一八（大正七）年の帝国議会衆議院委員会において成果を残していないとの理由から、一元的に「国立」に移管する案が提議され、制度そのものが抜本的な見直しの対象となっていた(87)。

(四) 船舶職員養成機能を強化した千葉県立安房水産学校

水産学校の普及に関する議論が盛りあがるなか、千葉県は府県水産講習所の再設置ではなく水産学校を設置することを決めた。一九二二(大正一一)年八月に、千葉県水産試験場の建物を借用して開設された千葉県立農業水産学校水産部(88)を、一九二三(大正一二)年四月に千葉県立安房水産学校へと発展させた(89)。安房水産学校は、専検指定を受けることができる甲種水産学校として誕生しており、官立水産講習所への接続のほか、各種優遇を受けることが可能であった(90)。

「千葉県立安房水産学校学則」(一九二三(大正一二)年、千葉県令第一三号)の制定を受けて活動を開始した千葉県立安房水産学校は、当初、千葉県水産試験場内に設置され、初代校長は水産試験場の場長を務めていた笹子治が兼務した。千葉県立安房水産学校には、就業年限五年の水産科と漁撈科がおかれた。

一九二五(大正一四)年には「千葉県立安房水産学校学則」が改定(千葉県令第一三号)され、「須要ナル知識技能ヲ授ケ兼テ徳性ノ涵養(91)」を目指していた同校に、新たに修業年限が七年にもなる遠洋漁業科が設置された(92)。「全国水産学校中にはその例がない(93)」と評された修業年限七年の遠洋漁業科では、第一学年から第三学年までの間、「国語及漢文」や「数学」、「地歴及歴史」、「英語」といった科目に重点をおいた教育をほどこした。第四学年から第五学年になると「漁撈」や「航海及運用」の水産関係科目に重点が移るようになり、第六学年、第七学年では、これら水産関係科目で得た知識をもとに「帆船汽船乗組実習」に赴いた(表5-16参照)。この「帆船汽船乗船実習」が実地訓練の形式をとっていたため、遠洋漁業科の第六学年生と第七学年生は、「一箇月参円」の

表 5-16　千葉県立安房水産学校遠洋漁業科学科課程(毎週教授時数一覧)

学科目	第1学年	第2学年	第3学年	第4学年	第5学年	第6学年	第7学年
修身	1	1	1	1	1	1	1
国語及漢文	8	8	6	3	2	—	—
数学	4	4	6	3	3	—	—
地歴及歴史	4	4	2	—	—	—	—
博物	2	2	2	—	—	—	—
水産動植物	—	—	—	2	—	—	—
物理	—	—	2	2	1	—	—
化学	—	—	2	2	—	—	—
図画	2	2	1	—	—	—	—
英語	6	6	5	2	2	—	—
体操	3	3	2	2	2	—	—
水産通論	—	—	1	—	—	—	—
法制経済	—	—	—	1	2	1	1
漁撈	—	—	—	4	3	2	4
水産製造	—	—	—	1	—	—	—
造船	—	—	—	1	1	1	—
機関	—	—	—	1	1	1	—
気象及海洋	—	—	—	1	1	1	1
航海及運用	—	—	—	4	10	5	5
水産衛生	—	—	—	—	1	—	—
商業及簿記	—	—	—	1	—	—	—
実験及実習	—	—	—	無定時	無定時	無定時	無定時
合計	30	30	30	31	30	12	12

註）1925 年，千葉県令第 23 号「千葉県立安房水産学校学則」第 7 条より作成。

授業料を免除された[94]。

就業年限を七年としたことで、千葉県立安房水産学校遠洋漁業科の卒業生は、船舶職員試験に必要な乗船履歴を十分に得ることができた。そこで、小樽水産学校を除くほかの水産学校や、水産学校の普及で冷遇されるようになる府県水産講習所では得られなかった船舶職員資格が付与されることとなった。

すなわち、一九三〇（昭和五）年五月の逓信省告示第一一八四号で定められた「船舶職員法第五条第二項ニ依リ学術試験ニ合格スト認ムル者及其ノ者ニ授与スベキ海技免状」に関する件において、「北海道庁立小樽水産学校、宮城県水産学校、千葉県立安房水産学校、新潟県立能生水産学校、静岡県立焼津水産学校本科、三重県立志摩水産学校若ハ島根県立商船水産学校水産科ノ漁撈科又ハ富山県水産講習所ノ遠洋漁業科卒業者、沿岸乙種二等運転士免状又ハ乗船履歴ニ従ヒ沿岸丙種運転士免状[95]」とされる一方、「北海道庁立小樽水産学校ノ練習科又ハ千葉県立安房水産学校ノ遠洋漁業科卒業者、漁船乙種一等運転士免状又ハ乗船履歴ニ従ヒ沿岸丙種運転士免状[96]」とされ、千葉県立安房水産学校の遠洋漁業科は、北海道庁立小樽水産学校の練習科とならんで、学術試験免除で上位の船舶職員資格を得る機会に恵まれた。

また、逓信省告示第一二八五号でも、「船舶職員試験規程第十条ニ依リ試験ヲ受クルコトヲ得ル者、其ノ試験ノ種類及同規程第二十条第三項ニ依リ筆記試験ヲ免除スベキ場合」として、先の水産学校の漁撈科卒業生と「富山県水産講習所ノ遠洋漁業科ノ卒業者、乙種二等運転士試験[97]」とされた一方、「北海道庁立小樽水産学校ノ練習科又ハ千葉県立安房水産学校ノ遠洋漁業科ノ卒業者、乙種一等運転士試験以下ノ試験[98]」とされ、ここでもやはり千葉県立安房水産学校の遠洋漁業科卒業生が小樽水産学校を除く水産学校の漁撈科卒業生や、長い歴史を誇った富山県水産講習所の遠洋漁業科卒業生に比して優遇された。

第五節　小　括

千葉県では、県水産試験場が水産講習の拠点となる那古第一支場を開設したことで、急速に水産教育機関の輪郭が形成された。当初、教育の対象となった者は、漁業や水産加工業を営む者の子弟であったけれども、那古第一支場が千葉県水産講習所へと発展的に解消して以降、入学者は漁業者や水産加工業者の子弟に限定されることはなく、農業など他産業に従事していた者の子弟にも拡大していった。また入学者の学歴は、想定を上回っており、ほとんどが高等小学校卒業者となっていた。本科から研究科へ続く当時の教育活動が評価された結果といえた。

千葉県水産講習所が遠洋漁業を強く意識するようになるのは、一九〇九（明治四二）年となって実施された「千葉県水産講習所講習規則」の改定によってであった。この改定で千葉県水産講習所は、従来、県内水産業者の支持を集めていた現業科を廃止してまで、「遠洋漁業奨励法」にもとづいて漁猟職員を養成する遠洋漁業科を新設した。そもそも千葉県では、鮪や鰹を追って房総沖への出漁を試みる動きがはやくからみられており、遠洋漁業への関心は高かった。

遠洋漁業科を設置した千葉県水産講習所であったけれども、遠洋漁業科への入学資格が得られる本科は入学者不足に直面し、苦しい運営を迫られていた。そればかりか、千葉県水産講習所が水産試験場を統合したことを発端として、水産試験場の再設置と水産講習所の廃止を求める声が高まり、一九一七（大正六）年には、千葉県水産講習所が廃止されることになった。ただ千葉県水産講習所にかわって再設置された千葉県水産試験場でも、水産教育、ことに船舶職員養成の必要は認められており、短期講習による漁船乗組員の養成が活発におこなわれた。千葉県の機船保有数は、大正中頃から伸張し、昭和初期には日本有数の機船保有県となっていたためであった。こうした状況は、次第に短期講習による船舶職員養成の限界を露呈させていった。

千葉県において船舶職員養成機関の整備が焦眉の課題となっていた頃、全国的には水産学校の拡充策が模索されていた。一九一九（大正八）年の全国水産学校長会議では、遠洋漁業の発達に貢献する水産学校像について文部省から諮問され、急速な動力漁船の普及を受け止めることができる遠洋漁業科の設置と、遠洋漁業科卒業生への無試験での船舶職員資格付与が答申案としてまとめられた。

千葉県では、こうした文脈のなか、府県水産講習所では実現できない「上位」船舶職員を養成する機関として千葉県立安房水産学校を誕生させ、先の答申案を具現化した。修業年限を七年とした同校の遠洋漁業科を卒業した者には、「船舶職員法」にもとづき、無試験で漁船乙種一等運転士免状が付与された。この特典を与えられた水産教育機関は、ほかに北海道庁立小樽水産学校の練習科[99]しかなく、安房水産学校の遠洋漁業科が全国的にみても高度で特異な教育をほどこす存在であったことがわかる。

つまり、後に、「全国水産学校中にはその例がない」と評される、千葉県立安房水産学校の遠洋漁業従事者養成機能は、千葉県水産講習所の遠洋漁業科を起点として発展的に確立したことになり、かかる千葉県の事例は、これまで十分な評価を受けてこなかった府県水産講習所の役割を再考する必要性を提起するものとなった。

註

（1）一八九九年、千葉県告示第一一三号「千葉県水産試験場規程」。
（2）二野瓶徳夫『日本漁業近代史』平凡社、一九九九年、一〇六頁。

(3) 同上。
(4) 千葉県水産試験場『明治三十二年度千葉県水産試験場報告』(第一巻)、一九〇〇年。
(5) 同上、二―四頁。
(6) 同上、五―六頁。
(7) 千葉県水産試験場『百年のあゆみ』(資料編)、一九九九年、二〇頁。
(8) 千葉県水産試験場『千葉県水産試験場報告』(第六巻)、一九〇三年、五一頁。
(9) 同上。
(10) 千葉県水産試験場『千葉県水産試験場報告』(第八巻)、一九〇五年、一頁。
(11) 同上。
(12) 千葉県立安房水産高等学校『記念誌』、一九五七年、八九頁。
(13) 前掲、『千葉県水産試験場報告』(第八巻)、一頁。
(14) 同上。
(15) 同上、一七―一九頁。
(16) 同上、二二頁。
(17) 同上、二頁。
(18) 前掲、『記念誌』、八九頁。
(19) 前掲、『千葉県水産試験場報告』(第八巻)、一頁。
(20) 同上、一七―二〇頁。
(21) 同上一八―一九頁および、千葉県水産講習所『明治三十九年千葉県水産講習所報告』(第一巻)、一九〇八年、四四頁。
(22) 前掲、『千葉県水産試験場報告』(第八巻)、一四―一五頁。
(23) 前掲、『明治三十九年度千葉県水産講習所報告』(第一巻)、三頁。
(24) 千葉県立図書館所蔵、「明治三十八年第二十八回通常千葉県会議事速記録第二十号」、一〇頁。
(25) 同規程によれば千葉県水産講習所には、所長一名、技師一名、技手若干名、書記一名が配置されることとなっている。
(26) 千葉県水産講習所の設置については、「千葉県水産講習所ヲ安房郡那古町ニ設置シ明治三十九年四月一日ヨリ開始ス」とした千葉県告示第三四号による。
(27) 前掲、『明治三十九年千葉県水産講習所報告』(第一巻)、附「生徒父兄及保証人ニ対スル注意」第一項、二七頁。
(28) 千葉県水産講習所『明治四十年度千葉県水産講習所報告』(第二巻)、一九〇八年、六二—六六頁、および千葉県水産講習所『明治四十一年千葉県水産講習所事績』、印行年不明、九—一四頁。
(29) 前掲、『明治三十九年度千葉県水産講習所報告』(第一巻)、二八頁。
(30) 同上、二九頁。
(31) 長期にわたり講習活動を継続した富山県、京都府、長崎県などの各府県水産講習所は、「網漁《(ママ)》」、「釣漁」、「漁船」を「漁撈」に含めて講習した。
(32) 前掲、『明治三十九年千葉県水産講習所報告』(第一巻)、三四—三六頁。
(33) 前掲、『明治四十年度千葉県水産講習所報告』(第二巻)、五三頁。
(34) 同上。
(35) 千葉県水産講習所『明治四十一年千葉県水産講習所事蹟録』、印行年不明、五頁。
(36) 一九〇六年、千葉県令第一九号「千葉県水産講習所講習規則」現業科規程第三条。
(37) 前掲、『明治三十九年度千葉県水産講習所報告』(第一巻)、三八頁。
(38) 同上、三九頁。
(39) 同上、三八—三九頁、前掲、『明治四十年度千葉県水産講習所報告』(第二巻)、五五—五六頁、前掲、『明治四十一年千葉県水産講習所事績』、一四頁。
(40) 千葉県『千葉県史明治編』、一九六二年、四四六頁。
(41) 同年の高知県は生産量二四万五七五六貫(全国一位)で一貫あたり約三円二銭、静岡県は生産量一八万三九一〇貫(全国二位)で一貫あたり約三円九八銭であった。各年度の内閣統計局『日本帝国統計年鑑』東京統計協会より。
(42) 前掲、『明治四十一年千葉県水産講習所事績』、一六頁。
(43) 同上。
(44) 前掲、『日本漁業近代史』、一三二頁。
(45) 同上、一三一頁。

(46) 鰹節製造講習を中心に成果を残してきた現業科の廃止は、水産業従事者の短期養成の道を閉ざすことになるため、千葉県水産講習所において短期講習会を開催できるよう、新規則に短期講習にかかわる規定が制定された。新規則では、短期講習を「水産ニ関スル技術及学理ノ普及ヲ図ル為」(第二九条)に開催されるものであり、「開設ノ位置、開期、人員及講習生資格等ハ其ノ都度之ヲ告示」(第三〇条)するとされた。実際に開催された短期講習としては、「水産教育ノ普及ヲ計ル為メ」二週間にわたり開催された一九〇九年の「小学校教員講習」(修了者三二名)と、「漁船用石油発動機関使用法ヲ練習セシムル為メ」開催された一九一〇年の「石油発動機関講習」(修了生二名)の二回が確認できる。前掲、『明治四十二年千葉県水産講習所事績録』、一二―一三頁、『千葉県報』、一九一〇年五月一〇日付公告、千葉県水産講習所『千葉県水産講習所一覧』、一九一一年、六一―六二頁。

(47) 千葉県立図書館所蔵、「明治四十一年第三十一回通常千葉県会議事速記録第七号」、四―五頁。

(48) なお、水産試験場費案については、内務部長が次のように答弁している。「水産試験場費ニ移リマス此水産試験場費ハ二千円余増額ヲ致シマシタ重ナルモノハ四十一年度ニ於テ石油発動機ヲ備付ケマシタ漁船ヲ新造致シマシタ其結果トシテ是ニ要スル所ノ経常費一ヶ年分ヲ見積リマシタ為メニ増額ニナリマシタノデアリマス其外従来実業教師ト云フモノヲ水産講習所費ノ中ニ組入レテアリマシタノデスケレドモ此教師ノ性質上試験場費ノ方ヘ組入レルノガ適当ト信ジマシタ為メニ水産講習所費ヨリ水産試験場費ノ方ヘ組変ヘマシタ為メ旁々以テ増額ヲ致シマシタ次第デアリマス是等ガ重ナルモノデアリマス」。水産試験場費が増額された背景を、石油発動機を備えた試験船にかかわる経費が増えたこと、そして従来は水産講習所費のなかに組み入れられていた実業教師にかかわる経費を水産試験場費に移しかえたことをあげて説明している。

(49) 前掲、「明治四十一年第三十一回通常千葉県会議事速記録第七号」、二―三頁。

(50) 木村茂『遠洋漁業創始之義請願』、一八九一年。同書は、出版地が千葉県の館山町であることはわかっている。

(51) 同上、二―三頁。

(52) 一九〇九年、千葉県令第二八号「千葉県水産講習所講習規則」第八条。

(53) 前掲、『明治四十二年千葉県水産講習所事績録』、一頁。

(54) 前掲、『千葉県水産講習所一覧』、四五―四六頁。

(55) この頃、漁業組合の役割を拡大させようとする議論が農商務省内にあった。事実、一九一〇(明治四三)年の「漁業法」の改定で漁業組合による経済活動が解禁されている。

(56) 前傾、『明治四十二年千葉県水産講習所事績録』、五頁。
(57) 水産試験場『水産試験成績総覧』、一九三一年、三六七―八八九頁によれば、府県水産試験場においては、淡水では鮭・鱒、鯉、鯥、鮎、鰻などの養殖試験がおこなわれ、鹹水では牡蠣や真珠、鮑などの貝類養殖試験や海苔などの海藻養殖試験もおこなわれたことがわかる。
(58) 千葉県教育委員会『千葉県教育百年史』(一巻)千葉県教育百年史編さん委員会、一九七三年、一一〇六頁。
(59) 一九〇九年、千葉県令第二八号「千葉県水産講習所講習規則」、「遠洋漁業科規程」第一条。
(60) 前掲、『明治四十二年千葉県水産講習所事績録』、五―六頁。
(61) 前掲、千葉県令第二八号「千葉県水産講習所講習規則」、「遠洋漁業科規程」第一条。
(62) 前掲、『明治四十二年千葉県水産講習所事績録』、六頁。
(63) 同上、六頁。
(64) 前掲、『千葉県水産講習所一覧』、五〇―五一頁。
(65) 同上、二頁および六四頁。
(66) 一九一〇年、千葉県『千葉県報』、第二四九七号。
(67) 一九一三年、千葉県令第二七号「千葉県水産講習所規則」第一条。
(68) 同上、第二条、第三条。
(69) 入学資格も新規則の第一二条でいくつか変更された。本科は「年齢満十六年以上、身体健全、品行方正ニシテ尋常小学校卒業ノ者若ハ之ト同等以上ノ学力ヲ有スル者」、別科は「別科ハ漁撈、製造、養殖ノ内一科ニ付経歴ヲ有シ講習所ニ於テ適当ト認ムル者」、遠洋漁業科は「漁撈部本科卒業ノ者若ハ年齢十八年以上ニシテ尋常小学校卒業又ハ之ト同等以上ノ学力ヲ有シ嘗テ四ヶ月以上沖合漁業ニ従事シ将来漁猟職員タルコトヲ志望スル者」、研究科は「研究科ハ製造部又ハ養殖部ノ本科卒業生ニシテ尚履修ノ教科ヲ攻究セムトスル者」となった。また遠洋漁業科の修業年限が一年短縮されたことで、「従来ノ遠洋漁業科生ニシテ本則施行ノ際未タ其ノ課程ヲ終ラサル者ハ尚引続キ一ヵ年在学セシム」(第三五条)との規定が追加された。
(70) 千葉県水産講習所『千葉県水産講習所報告』(大正二年)、一九一八年、七頁。
(71) 本科の修業年限は、二カ年から一カ年に半減されたものの、その定員は半減ではなく、一〇名削減の二〇名とされた。一九一三年、千葉県令第二七号「千葉県水産講習所講習規則」第五条。

（72） 前掲、『千葉県水産講習所報告』（大正二年）、一六—一七頁。一方、遠洋漁業科は五名の入学生を得て在籍者が八名となった。
（73） 前掲、『記念誌』、八九頁。
（74） 同上、九〇頁。
（75） 一九一七年、千葉県告示第八一号。
（76） 農林省水産局『動力付漁船ニ関スル統計』（大正一五年三月）、一九二六年、二—三頁。
（77） 千葉県水産試験場『大正九年度千葉県水産試験場報告』、一九二一年、四八頁。
（78） 同上、四九頁。
（79） 千葉県水産試験場『大正十年度千葉県水産試験場報告』、一九二三年、五一—五三頁
（80） 千葉県水産試験場『大正十一年度千葉県水産試験場報告』、一九二四年、九一—九二頁。
（81） 前掲、『大正十年度千葉県水産試験場報告』、五一—五二頁。
（82） 大日本水産会『水産界』（第四四九号）、一九二〇年、五四頁。「千葉県の水産請願事項」と題された記事においては、「去月十七日千葉県富津町に開催せる同県下水産業者大会に於て決議せる」水産教育振興案として、既述した「県立水産学校又は水産講習所の設置を知事に請願する件」のほか、「師範学校に水産学科加設を知事に請願する件」も採択されたことが記されている。
（83） 文部省専門学務局『大正五年十一月全国実業学校長会議録』、一九一七年、六四九—六九五頁。このほか、水産社が発行する雑誌『水産』においても、水産教育機関の拡充を求める論説が度々掲載されるようになる。例えば、水産書院『水産』（第七巻第九号）、一九一九年に掲載された「緊要なる水産教育振興の必要」がある。
（84） 大日本水産会『水産界』（第四四七号）、一九一九年、四〇—四一頁。
（85） 大日本水産会『水産界』（第四六六号）、一九二一年、一—四頁。
（86） 「府県水産講習所規程」が、一九〇七年の改定（農商務省令第一一号）で遠洋漁業に関する学科を設置できるように手が加えられて以降、一九三九年まで全面的な改定（農林省令第一四号）がおこなわれないまま放置されたことが、府県水産講習所の悲運を物語っている。
（87） 水産書院『水産』（第六巻第九号）、一九一八年、八頁。

(88)　千葉県立農業水産学校水産部は、一九二二年四月に設置された安房郡立農業水産学校水産部が、千葉県の郡制度廃止にともなって県立移管された学校であった。千葉県教育百年史編さん委員会『千葉県教育百年史』(第四巻)、一九七二年、一八九一一九三頁。
(89)　千葉県による設置の公示は、一九二三年、千葉県告示第一八三号によってであった。また、文部省からの設置認可は、同年の文部省告示第三四四号で示された。
(90)　例えば、判任文官の無試験任用や、陸軍幹部候補生試験の受験資格などがある。
(91)　一九二五年、千葉県令第二三号「千葉県立安房水産学校学則」第一条。なお第三条では、生徒定員ハ二百二十名」とされ、第七条では「第一学年ヨリ第三学年マテハ共通ニシテ第四学年ヨリ生徒ノ志望ニヨリ之ヲ水産科漁撈科及遠洋漁業科ニ分ツ」ことが規定された。
(92)　一九二五年の「千葉県立安房水産学校学則」改定では、遠洋漁業科の新設に加えて「主トシテ水産ニ関スル事項ノミヲ習得セムトスル者併テ海員タラムトスル者ノ為ニ専修科ヲ置ク」(第四二条)ことが規定された。しかしながら、専修科の学科課程や修業年限は校長の権限で規定することとされたため、詳細が学校規則に盛り込まれることはなかった。
(93)　文部省『産業教育七十年史』雇用問題研究会、一四九頁。
(94)　一九二五年、千葉県令第二三号「千葉県立安房水産学校学則」第三二条。
(95)　一九三〇年、逓信省告示第一二八四号第一〇号。
(96)　同上、第九号。
(97)　一九三〇年、逓信省告示一二八五号第四号。
(98)　同上、第三号。
(99)　北海道庁立小樽水産学校に練習科が設置されたのは、千葉県立安房水産学校の遠洋漁業科が設置されたと同じ一九二五年のことであった。ただ残念ながら、両者の新設年が符合した理由は詳らかではない。国立公文書館所蔵『旧分類文書』、「学則、規則に関する許認可文書・水産学校」(請求番号：009-13 昭47文部 00976-100)。

第六章　蟹工船を「学び舎」とした富山県水産講習所

第一節　中新川郡水産講習所の成立

（一）　中新川郡水産研究会を設立した有志の活動

富山県水産講習所は、一八九六（明治二九）年六月に設立された中新川郡水産研究会をその起源とする。中新川郡水産研究会は、富山県中新川郡の郡役場がおかれていた滑川町の有志、加藤甚右衛門、石川新六、高橋直基、神保芳郎、藤田五左衛門等が主催者および役員に就き活動を開始した。(1) その活動は、県より水産製造器械を借入れ、水産物の加工法について聴講生を募り、生産技術の指導や研究をおこなうものであった。

ここでは、設立者のうち同世代である石川新六（一八七〇（明治三）年生）、高橋直基（一八六七（明治元）年生）、神保芳郎（一八六九（明治二）年生）の三名の経歴に焦点をあてることで、富山県で最初となる水産教育機関を誕生させようとした彼らの意志と、設立の背景にあった富山県産業の実相に接近する。

設立にかかわった有志で、とりわけ水産業の振興に熱心であったのが石川新六であった。石川は、酒造を家業としていた素封家の生まれであり、後に滑川町名誉町長ともなる地域の有力者であった。[2] 石川が中新川郡水産研究会の設立にかかわった理由は、彼自身、大日本水産会水産伝習所の第八回卒業生（一八九五（明治二八）年三月卒業）[3]であり、水産に関する知識や技能を修得していたことに求めることができる。卒業の翌年には中新川郡水産研究会を設立していることから、水産業の発展を追求したいという姿勢をもち続けていたのであろう。

彼の水産にかかわる業績としては、富山県水産講習所の起源となった中新川郡水産研究会の立ちあげにたずさわったほかにも、組合員三四四名をかかえる中新川郡水産組合（一九〇六（明治三九）年一〇月設立）の初代組合長に就任し、郡の水産業の振興に尽力したことがあげられる。また彼は、この翌年となる一九〇七（明治四〇）年四月設立の富山県水産組合連合会の副会長にも就任しており、富山県全体の水産業に責任を有する立場となっていった。[4] 中新川郡水産研究会の設立や、これが発展解消して誕生した中新川郡水産会の運営に深くかかわった経験が[5]、石川の水産業界での立場を固める基礎となった。

高橋直基は、売薬業で富を蓄えた高橋直之の長男として滑川町荒町に生まれた。[6] 一八九一（明治二四）年に富山県師範学校を卒業して[7]小学校に勤めていたけれども、急逝した父のあとを継ぎ売薬業を営むこととなった。高橋はそのかたわら、一九〇一（明治三四）年一一月に週刊紙『新川週報』を創刊し、報道にたずさわるようになる。彼は新聞発行の目的を次のように述べた。

創刊当時の目的は、先つ地方の悪習を改善し、其上言論の自由を皷吹して、和楽の天賦を平等にせんと欲して決起したるにあり。

由来我滑川町は、純朴なる漁農と進取的活動の売薬家とに依り、彼のマダラー節の面白さか如く、頗ふる悠長観座せる一団なりしを以て、明治盛大の世に入りしも猶ほ聖賢の道を説く学者なく、為めに人情は日を逐ふて失墜し、風俗は月を閲して墮落し、賭博淫逸は以て紳士富豪の娯楽と誤認され、其甚しきに至りては、下婢に孕まさゞれは家主の真価なしとまで公言せられて、淫風横行は遂に停止する所なきに至れり、茲に於てか吾々深く之を慨嘆し、一日も早く矯風の実を学くるの急なると、又た当時専横を極めたる官人を監視するの秋なるを知り、依りて故多田博、神保芳郎、加藤甚右ヱ門、吉田歸一、藤田栄一、宮崎紋次郎、高橋直基の数人相ひ語らひ、恰も当時活版業を営める高橋直資を説きて協議一決し、茲に於て以上八名は各々若干金を出資して、滑川銀行より公債四百円を借り受け、之を新聞紙条例に拠る保障金として政府へ納め、漸く新川週報と題して呱々の声を挙けたるは、実に明治三十四年十二月十五日の事なりき（傍線：引用者）。(8)

高橋は、故郷滑川町が近代化の流れとは無関係に旧態依然とした状況にあることを嘆きつつ、「言論の自由を鼓吹」し、「専横を極めたる官人」ならびに権力の監視を目的として新聞を創刊したと述べている。

一九〇三（明治三六）年三月には、事業の拡大を目指して、資本総額二五〇〇円の「株式会社新川新報社」を設立登記する。社長取締役に高橋（出資額二〇〇円）自らが就任するとともに、取締役に石川新六（出資額一〇〇円）、神保芳郎（出資額一〇〇円）等の四名が就任した。(9) ここでも、同年代の三人は考えを一にし、中新川郡の文化・教育水準の向上に資したいとの姿勢をみせている。

高橋は新聞社経営にたずさわるほかに、一九一二（大正元）年に結成された滑川「立憲青年会の有力な会員」(10)としてその運動を支えた。滑川で結成された立憲青年会は、「普選を主日標とする市民的政治結社」(11)のもっとも早い事例の一つに数えられている。

慶應義塾を一八九三（明治二六）年に卒業していた神保芳郎も、石川や高橋とともに行動し、滑川町において指導的役割を果たしていた。彼が率先したのは、滑川町の風紀が乱れていると憂い取り組んだ滑川町図書館の設置運動であった。一九〇〇（明治三三）年に設置された滑川町図書館は、「町内諸家秘蔵せる書籍、及び寄付金に依て得たる新刊の書籍を陳列し、以て読者公衆の便に供へ」[13]ることを目的としていた。その設立趣意には、神保をはじめ、高橋や石川の教育に対する想いが込められている。

図書館設立趣意書

是レ近衛公ノ談ニ聞ク欧米ノ諸州十戸ノ村百家ノ邑到ル所必ス一ノ図書館アリ商估ノ子弟ハ此ニ入ッテ経世理財ノ書ヲ繙キ農家ノ老幼ハ之ニ拠リテ以テ耕種栽培ノ実益ヲ学ケ猟夫ハ狩猟ノ書ニ眼ヲ曝ラシ下婢ハ割烹ノ法ヲ研究ス此レ其今日ノ文明ト馴致シ智識ヲ増進セシ所以トナリ旨アルカナ言ヤ

顧ミテ現時我地方青年社会ノ状勢ヲ観察スルニ彼義務教育ヲ卒ヘタル子弟ノ家庭ニ在ルヤ一定ノ職業ヲ得ルマテニハ少カラサル日数ヲ費シ其間ニ於テ彼等カ嘗テ収得セシ智識ヲ忘却シ剰サヘ酒食ノ悪風ニ染ミテ漸次一種ノ惰民トナルモノ多ク豈嘆スヘキ限リナラスヤ然リ而シテ其此ニ到ラシムルノ素因ハ種々アルヘシト云エトモ其最大ナルモノヲ学クレハ近世人ノ社会問題ヲ解釈スルニ当リ専ラ胃腑ノ問題ニ齷齪シテ脳髄ノ問題ヲ研究セサルヨリ来リタルハ蓋シ疑フヘカラサル一大原因ナランカ吾輩此ニ感アリ協力一小図書館ヲ本町ノ設ケ聊カ此弊風ヲ除人文ノ発達上進ヲ図ラントシ左ニ設備ノ梗概ヲ記述シ洽ク有志諸君ノ賛成ヲ得以テ開館ノ達運ニ到ランコトヲ希フ

一瞬千里信ヲ異域ノ朋友ニ寄スルアリ波濤万里四海比隣ノ如キアリ電信ニ汽船ニ文明ノ利器開化ノ機関トシテ霊活神ヲ凌キ巧智鬼ヲ欺クモノ是レ豈理学ノ賜ニ非スヤ其他政治法律ヨリ文学技芸ニ至ルマテ発達進歩シ

尚ホ駸々トシテ精ハ益精ニ微ハ愈微ニ殆ント窮マル所ナシ是レ皆古キヲ尋ネテ新ヲ知リテ後ヲ考フルノ結果ニアラスンハアラス殊ニ今ヤ内地雑居トナリ日ニ月ニ外人ニ接シ互ニ智力ヲ競争スルノ時期至レリ此時ニ当リ素養ノ不充分ナル時ハ毎ニ敗ヲ取ルノ悲境ニ立チ至ルヤ必セリ吾輩見ルアリ茲ニ同志相謀リ一図書館ヲ設立シ以テ一ハ本町教育ノ一端ヲ補ヒ一ハ青年遊惰ノ弊風ヲ矯正セント欲ス請フ賢明ノ諸君其趣意ヲ賛成シ本館ニ加盟セラレンコトヲ

明治三十三年四月

発起人

神保芳郎　高橋直基
石川新六　吉田歸一
金川久太郎　平井太吉郎
細田豊次郎　米澤竹次郎
石川彌太郎　柚本寅次郎
久保角次郎　松村庄作
鍋谷啓造（傍線：引用者）[14]

趣意書には、図書館の設置が「外人ニ接シ互ニ智力ヲ競争スルノ時期」に備えるためのもので、いまのまま民衆の「素養ノ不充分ナル時ハ毎ニ敗ヲ取ルノ悲境ニ立チ至ルヤ必セリ」との危機感にもとづいたものであったことが記されている。すなわち彼らは、欧米の文化水準に憧憬の念を抱きつつ、滑川のそれと比較することで焦慮し、青年期教育の一端を担うことを期待して図書館を設置したのであった。

地方青年社会の状況から、「義務教育」後の教育の必要性、さらには文化水準の向上を強く訴えていた彼らであったけれども、産業振興にも積極的にかかわっている。

石川、高橋、神保の三人は、中新川郡の産業振興を目的とした地方鉄道建設事業にも尽力する。[15] 政府は、一九〇九(明治四二)年に「軽便鉄道法」(法律第五七号)を、そして一九一〇(明治四三)年に「軽便鉄道補助法」(法律第一七号)を制定して、地方都市間の輸送力向上を奨励する施策を展開しており、富山県においても軽便鉄道敷設の機運が高まっていた。こうしたなかで設立されたのが、一九一一(明治四四)年九月に「産業開発ノ名ノ下ニ院線滑川駅ヲ起点トシ南方上市町ヲ経テ五百石町ニ達スル」[16] 鉄路を敷いた立山軽便鉄道株式会社であり、石川らはこの運営にもかかわった。立山軽便鉄道株式会社は、私鉄としては中越鉄道株式会社(現在の西日本旅客鉄道氷見線)とともに富山県における私鉄輸送の端緒を開いていった。[17] 一連の滑川町への貢献を評価されてか、彼らは、一九一六(大正五)年に設立された滑川商工会の名誉会員にそろって選出されている。[18]

以上のことから、富山県水産講習所の起源である中新川郡水産研究会の設立は、富山県中新川郡の文化的・経済的側面において指導的役割を果たした有志の、産業振興に対する考えを体現したものであったと見なすことができる。さらに、時間軸上に彼らがかかわった各事業を位置づけていくと、一八九六(明治二九)年に立ちあげた中新川郡水産研究会は、彼らが滑川町を文化的にも経済的にも牽引していく契機となった事業であったことがわかる。

(二) 中新川郡水産会による水産講習所の設置

中新川郡水産研究会は、「明治二十九年六月石川新六神保芳郎高橋直基主催者及役員トナリ」[19] 設立された。その活動は、富山県より「製造諸器械ヲ借入レ水産製造法ニツキ研究」をおこなうものであった。中新川郡水産研究会は、「滑川町有志ノ組織ニ止ルヲ以テ之ヲ拡張」する目的から、同年一二月には、中新川郡全郡に呼びかけ、「有志郡役所ニ集会シ遂ニ中新川郡水産会」へと発展した(20)。

中新川郡水産会は、一八九七(明治三〇)年四月になって水産巡回教師に講師を嘱託し、同年七月には中新川郡水産会水産講習所を設立した(21)。ここで、講師として招かれたのは、官立水産講習所の講習科製造科を第一回生として卒業した、富山県出身の濱元四良太郎であった。『水産講習所一覧』(自明治三一年四月至明治三二年三月)には、「自家営業(22)」とある濱元の就業先が、『水産講習所一覧』(自明治三二年四月至明治三三年三月)では「富山県中新川郡水産巡回教師(23)」となっている。

中新川郡水産会水産講習所の設置にかける有志の想いは、「水産講習所開所式挙行につき参集依頼回状」に収められた趣意文にしたためられている。

国ノ隆替ハ殖産興業ノ盛衰ニアリ我帝国ハ明治二十七八年ノ役戦勝ノ名誉ヲ博セシモ三国ノ干渉ニヨリ遺憾ニモ遼東半島ヲ還附セシ所以ノモノハ是レ殖産興業ノ発達□係□情ノモノナキヲ以テナリ
抑モ我中新川郡ハ農業稍見ルヘキモノアルモ水産ニ至リテハ見ルヘキモノナシ茲ヲ以テ□□本部会ヲ以テ水産講習所設置ノ件ヲ可決シ将ニ来ル二十九日正午ヲ□シ我□□高円ニテ開所式ヲ挙ケントス豈地方ノ為メ祝シテ賀セサル可ケンヤ
同感ノ諸氏ハ精々□□□□□□□□□□□□□□□
追テ当日ハ閉式後金波楼ニ於テ祝宴会ヲ開キ□□御賛成□□□□□会巷ハ金波楼五□□□□ノコト
□十一月二十七日
井□□之
飛川□志朗

藤田五左衛門
神保芳郎
石川新六
高橋直基[24]

趣意文は、日清戦争によって領有が認められた遼東半島を、その後三国干渉によって清国へ還付せざるを得なくなった例をあげ、殖産興業の重要性を説くことからはじまる。そして、中新川郡においては、「農業稍見ルへキモノアルモ水産ニ至リテハ見ルヘキモノ」がなく、殖産興業の一環として繊弱な水産業を振起させる水産講習所を設置することにしたと述べている。

地元有力者の期待を集めて設置された講習所[25]では、課程を修業年限一年と定め、「簡易ナル水産学及製造法」が教授された[26]。生徒募集および受講者については、「水産講習員ハ弐拾名滑川町拾弐名西水橋町八名[27]」との記録が残されている。水産講習所がおかれていた滑川町から一二名、滑川町の西隣に位置する西水橋町から八名の計二〇名の生徒が集まったようである。

一八九九(明治三二)年となり、滑川町は「町議会の決議により、当時の町財政からすれば実に多額の町費をもって[28]」建設した校舎および実習場を中新川郡水産会に貸与した。このときに建設された講習所の校舎および実習場は、富山県水産講習所に改組されたあとも使用することができた[29]。

中新川郡水産会水産講習所は、一八九七(明治三〇)年の開設から県立に移管される一九〇〇(明治三三)年までの三年間に九名の修了者[30]を出した。しかし、この時期の中新川郡水産会水産講習所の教育活動を示す史料を見出すことができていないため、学科課程や施設・設備等の教育条件などは明らかにできない。

残されている設置当初の「水産講習所費予算」（滑川市立博物館所蔵、高橋家文書）から類推するならば、その活動は中新川郡（一〇〇円）や滑川町（約一三二円）、西水橋町（約八八円）からの補助に頼ったものであった可能性がある。同予算に記されている支出項目には、「講習生徒弐拾名」の食費と「補助給与」として一二〇円が、実習「原料」と思われる費目等に三六〇円が計上されていた。そして、それぞれの費目が一二〇日分として計上されていた。その他、維持費（「器具修繕費」）や光熱費（「薪炭油」代）、人件費（「教師手当金」）の計上も確認できる。

水産講習所費予算

金拾八円　小屋借場料
金百弐拾円　講習生徒弐拾名ノ食料トシテ壱日壱名ニ付金五銭並補助給与白弐拾日分
金参百六拾円　魚□原料及ビ□□□等壱日参円日数百弐拾日分
金拾円　薪炭油
金参拾五円五拾銭　器具修繕費□ニ雑費
金参拾円　教師手当金
計金五百七拾参円五拾銭
内百円　郡補助金
弐百五拾弐円　雑収入
残金弐百弐拾壱円五拾銭
内　百参拾弐円九銭　滑川町
八拾八円六拾銭　西水橋町（傍線：引用者）(31)

第二節　富山県水産講習所の成立

（一）「富山県水産講習所規則」の制定

富山県水産講習所は、一九〇〇（明治三三）年二月、「富山県水産講習所規則」（富山県告示第四一号）の制定をもって、中新川郡水産会水産講習所の施設・設備を継承する教育・試験機関として誕生した[32]。所長には農商務省から樫谷政鶴を迎えた[33]。樫谷は、一八九一（明治二四）年四月に大日本水産会水産伝習所を第二回生として卒業した後、「北海道尋常師範学校水産科教師」の職に就いており、草創期の水産教育にかかわった経歴を有していた[34]。また水産巡回教師として中新川郡水産会水産講習所の講師を務めていた濱元四良太郎は、技手として再任用された[35]。

富山県水産講習所の設置目的は、「水産ニ関スル技能及ヒ簡易ナル学理ヲ伝習シ兼テ諸般試験事業ヲ行フ」[36]こととされ、それを修業年限一年半の本科および、修業期間二カ月から三カ月間の専修科が担った。本科は、「漁撈製造養殖等ニ必要ナル技術及ヒ簡易ナル学理ヲ併習」[37]する学科とされ、学理でなく技能の教授を重視するとした。入学資格は富山県内に本籍がある尋常小学校卒業以上の学力を有する一四歳以上の男子で、講習所で学んだ後に「本業ニ従事スヘキモノ」[38]とされた。ただ、「尋常小学校ヲ卒ヘサル者ト雖モ入学志願者ハ学力試験ノ上入学ヲ許スコトアルヘシ」との但し書きが加えられており、富山県水産講習所が門戸をなるべく開放しようとしていたことがわかる。一方、富山県内に本籍があり、卒業後水産業に従事しようとする者に対象を絞る規定が盛り込まれたことからは、県内水産業振興へのこだわりもみえる。

富山県水産講習所規則（一九〇〇（明治三三）年、富山県告示第四一号）

第一条　本所ハ水産ニ関スル技術及ヒ簡易ナル学理ヲ伝習シ兼テ諸般試験事業ヲ行フカ為メ設立スルモノトス

第二条　本所ノ学科ヲ本科及ヒ専修科トス

第三条　伝習期限ハ本科壱个年半トシ専修科ハ二个月乃至三个月トス

第四条　本科ハ漁撈製造養殖等ニ必要ナル技術及ヒ簡易ナル学理ヲ併習セシメ専修科ハ専ラ規程ノ科目ニ関スル技術ヲ専修セシムルモノトス

但補助科目トシテ数学物理化学動物植物気象地文図画等ヲ授ク

第五条　本科生徒ハ毎年三十名ヲ限リ募集ス

第十一条　本所ニ入学セントスル者ハ左ノ資格ヲ有スル者タルヘシ

一　年齢十四年以上ノ男子ニシテ富山県管内ニ本籍ヲ有スル者

一　卒業後本業ニ従事スヘキ者

一　品行端正ニシテ体格強健ナル者

一　尋常小学校卒業以上ノ学力ヲ有スル者

尋常小学校ヲ卒ヘサル者ト雖モ入学志願者ハ学力試験ノ上入学ヲ許スコトアルヘシ

第十二条　入学試験ノ学科左ノ如シ

読書　　作文　　算術

其程度ハ尋常小学校卒業ノ程度ニ依ル

富山県水産講習所が設置された背景を確認できる記録としては、講習所初となる本科卒業生一一名（出身地の内訳は中新川郡五名、下新川郡四名、氷見郡二名、射水郡一名）を送り出した一九〇一（明治三四）年一〇月二六日の卒業証書授与式において、時の富山県知事、檜垣直右が述べた告辞がある。

本邦は世界有数の水産国にして我富山県は実に日本海を控し加ふるに巨川大河国内を貫通し鹹水の富淡水の利を有すること他の府県に其の比を見さるの地勢を領せり此無尽蔵なる天与の幸福を実にし以て資力を充実すべきは当業者の最も当に勉むべきの急務なりとす故に明治三十三年四月一日を以て本所を開設し斯業の改良発達に関する学術を講究実習せしめたりしに講師克く勉め生徒相励み本日を以て其第一回卒業証書授与式を挙くるを得たり洵に欣ふべきなり自今以後此光栄を荷ふの諸氏其の習得せる事項を実地に応用し以て斯業の開発を図り本所設置の目的を達せんことを夫れ旃れを勉めよ（傍線：引用者）[39]

摘要すると檜垣は、富山県が内水面漁業ならびに海面漁業とも有望の地であり、「当業者」を育成することで水産業が発展すると期待して、富山県水産講習所が設立されたと述べている。

水産振興への高い期待から設置された富山県水産講習所は、「府県水産講習所規程」（一八九九（明治三二）年、農商務省令第二三号）に依拠した機関であったため、水産試験場を有していなかった富山県にとっては、はじめての水産試験機関でもあった。第一回卒業証書授与式に、檜垣富山県知事をはじめ、「秋永中新川郡長、藤井下新川郡長、石井魚津中学校長、加藤第四課長、掛飛□、三善技手、黒田赤間両県会議員、若鳩下新川郡書記、中瀬新湊町助役、渡邊岩瀬魚市会社長及中新川郡吏員、郡参事員、滑川町吏員、町会議員等」[40]、少なくない行政関係者が参集したことは、富山県水産講習所に対する期待の高さをあらわすものであった。

表6-1　富山県水産講習所本科学科課程(1900年から1904年)

第1期	水産学通論	水産学一般
	理科	理化学及ヒ博物大意
	地文気象	大意
	数学	加減乗除度量衡貨幣比例問題分数百分算
	図画	自在画
第2期	漁撈	網釣其他雑漁ノ構成法並ニ漁撈ノ方法
	製造	乾製，塩蔵，酢漬，燻製，食用品，製油法，製蝋等工用品
	養殖	淡水養殖法
	動物	水産応用動物
	植物	水産応用植物
	実習	—
第3期	漁撈	漁撈ノ方法漁船構造及ヒ運用法
	製造	鑵詰，食塩，水産肥料
	養殖	鹹水養殖法
	動物	水産応用動物
	実習	—

註1）第1期は「自四月至九月」，第2期は「自十月至翌年三月」，第3期は「自四月至九月」。
註2）1900年，富山県告示第41号「富山県水産講習所規則」第7条より作成。

一九〇〇(明治三三)年四月の開設から一九〇四(明治三七)年三月までの本科の学科課程は、「富山県水産講習所規則」第七条により規定されていた(表6-1参照)。修業年限一年半の本科は、四月から九月、一〇月から翌年三月、四月から九月の三学期制をとった。第一期においては、水産関係科目が「水産学通論」のみであり、「理科」や「数学」などを教授して基礎的な学力を身に付けさせようとした。第二期となり、「漁撈」、「製造」、「養殖」といった水産に直接かかわる科目のほか、「動物」や「植物」でも水産にかかわる事項が教授された。第三期は、「植物」を除き、第二期と同様の科目が設定された。

専修科については、一九〇一(明治三四)年の「水産講習所専修科規程」(富山県告示第六号)によって詳細が定められた。入学資格は本科と同様、富山県内に本籍があり、卒業後に水産業に従事する者とされた。本科と異なるのは入学年齢と入学に必要な学歴に関する規定であり、年齢が一七歳以上であれば学歴は特に必要がないとされた[41]。募集人数は、開設時期とあわせてその都度告示すると規定された。

専修科の講習科目としては、「鑵詰科」、「乾魚及塩漁科」、「鰹節及薫製科」、「明骨堆翅及膠科」、「刺網科」、「巻網科」、「配縄釣科」、「鯉鼈鰻育養科」の八種があげられており、「現業ヲ主トシ傍ラ其事項ニ関スル学理ヲ口授」する講習形態をとるとされた[42]。生徒は「同時ニ二科以上兼修」することが禁じられていたので、八種から選択した一科目について、二カ月間毎週三四時数の講習を受けることとなった[43]。ただ、専修科の修了生については、一九〇四(明治三七)年二月に四名が修了証書を授与されたことが明らかになっているのみで[44]、受講した生徒の家業などの属性や修了後の動向等は明らかにできない。

(二) 入学者不足と教育組織の改編

「諸般試験事業ヲ行フ」ことも目的としていた富山県水産講習所は、一九〇二(明治三五)年となり、試験ならびに教育条件の整備・向上のため、中新川郡水産講習所と同時期に講習を開始していた射水郡新湊町立水産講習所(前身は射水郡水産会)を吸収合併する[45]。これによって、新湊町立水産講習所附属の養魚池は、富山県水産講習所附属の養殖試験場となり、そこで鯉や鯔、鰻、鼈などの養殖試験が実施された[46]。さらにこの年、富山県は設置以来、滑川町から貸与されていた富山県水産講習所の敷地および校舎を買いあげた[47]。

富山県水産講習所は、試験ならびに教育条件の整備と並行して関係規則・規程の整備を進めた。一九〇三(明治三六)年四月には、「富山県水産講習所生徒手当支給規程」(富山県告示第七六号)を制定し、本科生に対し、学力・

表6-2　富山県水産講習所本科入学倍率

	募集人員	応募人員	入学人員	倍率	卒業者数
1900(明治33)年	20	20	20	1.00	—
1901(明治34)年	20	26	20	1.30	12
1902(明治35)年	20	16	16	0.80	10
1903(明治36)年	20	9	9	0.45	8
1904(明治37)年	20	19	19	0.95	8
1905(明治38)年	20	31	20	1.55	12

註）富山県水産講習所『富山県水産講習所一覧』，1911年，71-72頁より作成。

品行等を考査のうえ、一カ月につき一円を支給することとした。また同年六月、「富山県水産講習所規程」（富山県訓令乙号第八七号）を制定して、職員待遇や生徒募集手続きに関する詳細を明確にした。

ただ、設備面での充実がはかられた一方で、富山県水産講習所は入学者不足に悩まされるようになる（表6-2参照）。本科入学志願者数の推移をみると、一九〇〇（明治三三）年には二〇名、一九〇一（明治三四）年には二六名と、開設当初は募集枠を満たすものの、一九〇二（明治三五）年には一六名、さらに一九〇三（明治三六）年には九名と次第に低迷する。これにともなった卒業者数の低迷も避けることができなかった。

こうした困難に直面した富山県水産講習所は、一九〇四（明治三七）年四月、「富山県水産講習所規則」にかわる「富山県水産講習所講習規則」（富山県令第二二号）により、本科の修業年限を半年短縮し一年間とするとともに、専修科を廃止し短期講習科を新設した。就業期間をより短くすることで、暮らし向きの厳しい家庭の者や、長期にわたって修学することを躊躇していた者にも間口を広げようとした。その結果、一九〇四（明治三七）年は一九名が、一九〇五（明治三八）年は三一名が入学を希望した[48]。教育組織の改編によって一応の安定を取り戻したといえる。

修業年限が短縮された本科の入学資格は、尋常小学校卒業以上の学力を有する一四歳以上の男子から、修業年限四年の高等小学校を卒業している一七

表6-3　富山県水産講習所本科学科課程（1904年現在）

科目	前期（毎週時数）		後期（毎週時数）	
水産通論	水産学一般	2	—	
漁撈	漁具構成及漁撈法	6	漁具材料論漁船構造及運用法	6
製造	食用品製造法	5	食用品並化製品製造法	5
養殖	鹹水養魚法	1	淡水養魚法	1
数学	百分算	1	比例	1
理化	物理学大意	1	化学大意	2
博物	水産植物学大意	1	水産動物学大意	2
気象地文	気象学大意	1	海洋学大意	1
経済	漁業経済大意	1	漁業経済大意	1
実習		10		10
計		29		29

註）1904年，富山県令第22号「富山県水産講習所講習規則」第9条より作成。

歳以上の男子に変更された。また、従来は富山県内に本籍があることが条件となっていたけれども、新規定では住所が富山県内にあればよいとされた。

学科課程は、修業年限が一年間に短縮されたことから、前期後期の二学期制をとり、毎週二九時間の講習をおこなうと規定した。学科課程は、「実習」（毎週時数の三四・五％）、「漁撈」（毎週時数の二〇・七％）、「製造」（毎週時数の一七・二％）に大半の時数を割くようになるとともに、従来は教えられていなかった「経済」が教授されることとなった（表6-3参照）。「養殖」については、全国的にも魚類養殖にかかわる生産技術の確立が遅れていたため、多くの講習時数が割かれていない。[49]

目立った成果を残さなかった専修科にかわって誕生した短期講習科は、一九〇四（明治三七）年の「富山県水産講習所短期講習規則」（富山県令第二三号）により入学資格などの詳細が規定された。入学資格を有する者は、「本県ニ在住スル当業者若ハ其ノ子弟ニシテ年齢満十八歳以上ノ男子」[50]とされた。短期講習科は、従来の専修科と同様、常設される学科ではなく、講習内容、場所、期間等はその都度告示された。[51]実際、

表6-4　1905年短期講習科生徒募集内容

講習科目	鯛油漬製造及使用法，鯛延縄釣漁業，鯛一本釣漁業
募集人員	30名
開設期間	8月5日から50日間
開設場所	中新川郡滑川町富山県水産講習所

註）1905年，富山県告示第135号より作成。

表6-5　1906年短期講習科生徒募集内容

講習科目	鮪流網漁業	鯛釣漁業
募集人員	6名	4名
開設期間	5月1日から6月29日	5月1日から6月29日

註）1906年，富山県告示第90号より作成。

一九〇五（明治三八）年七月二八日には、「鯛油漬製造及使用法」、「鯛延縄釣漁業」、「鯛一本釣漁業」の講習科目[52]で、そして、一九〇六（明治三九）年四月二〇日には「鮪流網漁業」、「鯛釣漁業」[53]の講習科目で生徒募集の県告示が出されている（表6-4、表6-5参照）。

そもそも、府県水産講習所は、一八九九（明治三二）年制定の農商務省令第二三号「府県水産講習所規程」第四条に「地方長官必要ト認ムルトキハ府県水産講習所ノ職員ヲシテ水産ニ関スル巡回講話試験又ハ調査ヲ為サシムルコトヲ得」と規定されたように、水産に関する指導普及活動をおこなうことが役割の一つとされていた。富山県水産講習所の短期講習科も、指導普及活動の一環に位置づけられ、一九〇四（明治三七）年から一九〇六（明治三九）年の三年間に六回の短期講習会を開催し、缶詰や薫製などの製造法や、一本釣などの漁撈法を伝習した。六回の講習会では、七八名の修了者が出ている（表6-6参照）。

この時期の富山県水産講習所は、講習形態を模索しただけではなかった。自らの活動に対する水産業者の理解を得るため、「富山県水産講習所規程」（一九〇四（明治三七）年、富山県訓令甲第三六号）において水産業者に対する具体的な支援策を提示した。それは第一七条から第一九条にかけて規定された。第一七条では、「所長ハ毎年一回講習並試験及調査ノ成績ニ関スル報告書ヲ発行シ当業者ニ示スヘシ」とし、第一八条では「所長ハ其ノ施行シタル試験及調査ノ成績ニ関スル図書、

表6-6　短期講習科講習一覧

年次	期間	講習内容	開設地	修了者数	
1904(明治37)年	6月中	缶詰製造法	氷見郡氷見町	9	34
	8月中	水産通論，鮮魚貯蔵法	下新川郡生地町	25	
1905(明治38)年	9月中	鯛一本釣漁業法	本所々属漁船	4	28
	10月中	簡易航海術，燻製法	下新川郡生地町	24	
1906(明治39)年	自5月至6月	鰮油漬缶詰	氷見郡氷見町	7	16
		鮪流網漁法	本所々属漁船	6	
	6月中	鯛一本釣漁業法	本所々属漁船	3	

註）富山県水産講習所『富山県水産講習所事業報告』，1925年，18頁より作成。

雛形、製造品ノ標本ヲ陳列シテ当業者ニ示スヘシ」と規定した。すなわち、試験調査の結果や同所で改良・開発した漁具や漁網を、報告書やその他図書、雛形、模型、標本などで水産業者に広く開示するとした。これに続けて第一九条では、「所長ハ当業者ノ依頼アリタルトキハ漁具、漁船、製造其ノ他ノ設計ニ対シ便宜ヲ与フヘシ」として、漁業者や水産加工業者の依頼があればそれに対応した仕様の漁具や漁船、加工技術などの設計・開発も請け負うとした。一連の規程は、富山県水産講習所が、地域の水産業に貢献しようとする姿勢を打ち出した結果であるとみることができる。

ただ、開設初期の富山県水産講習所が、県水産業の発展にどれほど貢献したのかを評価するのは難しい。本来であれば、卒業生の就業動向がそれをみる一つの指標となるのだけれども、この時期の就業動向を示す史料は限定されている。富山県水産組合連合会『会報』(第一回)に掲載された、第一回(一九〇一(明治三四)年卒業)から第六回(一九〇六(明治三九)年卒業)までの本科卒業生六三名の就業動向をみると、富山県水産講習所や「水産学校」の「助手」として初期の水産教育の発展に貢献していることや、一一名の者が「水産会社技術員」として就業していることがわかる。しかしその反面、半数近くにのぼる三一名の就業動向が「自家営業補助」と一括りにされ詳細が明らかにならず、富山県水産講習所の性格や教育活動に正確な評価を下すことは難しくなっている(表6-7参照)。

表6-7　本科第1回から第6回卒業生の就業動向

職名	員数
本所助手	1
水産学校助手	1
水産会社技術員	11
銀行書記	1
師範学校在学	2
小学校教員	1
軍籍	6
漁業	6
水産組合書記	1
自家営業補助	31
死亡	2
計	63

註）富山県水産組合連合会『会報』，（第1号），1908年，51頁より作成。

第三節　資格付与機関としての展開

（一）遠洋漁業練習科の設置

開設早々からの入学者不足が解消し、一応の安定を迎えた富山県水産講習所が飛躍の機会を得たのは、一九〇七（明治四〇）年三月におこなわれた「富山県水産講習所講習規則」の改定（富山県令第一二号）によってであった。新たな講習規則では、富山県水産講習所に本科、遠洋漁業練習科、研究科、別科の四科をおくことが規定された。本科入学資格として従来存在した、住所に関する規定は削除され、県外からの入学者を受け入れることに方針転換がはかられた。修業年限を一年として新設された遠洋漁業練習科と研究科は、修業年限一年の本科の上位に位置する学科として接続関係をもたせた。これにより生徒は、富山県水産講習所において、継続して二年間、水産に関する教育を受けることが可能となった。

この規則改定でもっとも注目すべきは、富山県水産講習所が遠洋漁業従事者養成機関へと変化した事実である。「遠洋漁船ニ乗組マシメ漁業、航海、運用其ノ他遠洋漁業ニ必要ナル技術ヲ練習」[54]する遠洋漁業練習科の設置が、それを端的にあらわしただけではなかった。遠洋漁業練習科の設置は、本科の講習内容をも「遠洋漁業ヲ主ト」[55]するものへと変容させた。そして、本科を経て遠洋漁業練習科にいたる二年間で、遠洋漁業に従事することが可能な知識と技能を有した人材の養成を目指す体制がつくられようとした。

別科の講習内容にも注目したい。別科は、人材の短期速成養成という従来の短期講習科の性格を継承する一方、「漁撈船舶職員試験ヲ受クルニ相当ノ経歴ヲ有スル者ノ為ニ適切ナル学科ヲ授ク」[56]ことも自らの任務として規定し、船舶職員の養成を新機軸として打ち出した。

富山県水産講習所講習規則(一九〇七(明治四〇)年、富山県令第一二号)

第一条　本所ハ水産ニ関スル学理及技術ノ講習ヲ為ス

第二条　本所ハ水産ニ関スル事項ニ付巡回講話、試験又ハ調査ヲ為スモノトス

第三条　本所ニ本科、遠洋漁業練習科、研究科及別科ヲ置ク

第四条　本科ハ遠洋漁業ヲ主トシ一般漁撈、製造、養殖ニ関スル簡易ナル学科及技術ヲ授ケ修業年限ヲ一个年トス

但シ漁撈、製造、養殖ノ三科中一科ニ関スル学科及技術ヲ専修セシムルコトヲ得

第五条　遠洋漁業練習科ハ修業年限ヲ一个年トシ専ラ遠洋漁業ニ必要ナル技術ヲ実地練習セシム

但シ修業年限ハ時宜ニ依リ伸縮スルコトアルヘシ

第六条　研究科ハ修業年限ヲ一个年以内トシ本科卒業後尚研究ヲ志望スル者ノ為ニ之ヲ置ク
第七条　別科ハ修業時期ヲ六个月以内トシ漁撈、製造、養殖ノ三科中一科若ハ其ノ種目ヲ限リ現業ヲ主トシテ習得セシメ又漁撈船舶職員試験ヲ受クルニ相当ノ経歴ヲ有スル者ノ為ニ適切ナル学科ヲ授クルコトアルヘシ
第九条　本所生徒ノ定員ハ本科ヲ二十名以内、遠洋漁業練習科ヲ十名以内トシ研究科及別科ハ随時之ヲ定ム
（傍線：引用者）

富山県水産講習所における遠洋漁業練習科の設置は、先進的な試みといえた。それは、「府県水産講習所規程」において、「遠洋漁業科ヲ設クル場合ニ於テハ航海ニ関スル補助科目ヲ加フヘシ」[57]との条文が追加された時期との関係から判断することができる。すなわち、富山県水産講習所に遠洋漁業練習科が設置されたのは、かかる一文によって広く府県水産講習所に遠洋漁業に関する学科の設置を可能とさせた一九〇七（明治四〇）年五月の「府県水産講習所規程」改定（農商務省令第一一号）に二カ月先んじていたのであった。

富山県水産講習所の遠洋漁業に関する学科の設置は、他県との比較のうえでも先進的な取組みであったことがわかる。府県水産講習所における遠洋漁業科の設置は、和歌山県水産講習所で一九〇八（明治四一）年二月[58]、長崎県水産講習所で一九〇八（明治四一）年九月[59]、千葉県水産講習所で一九〇九（明治四二）年三月[60]、宮城県水産講習所で一九二一（大正一〇）年三月[61]であり、富山県の事例は、これらのなかで最初に遠洋漁業に関する学科を設置した府県水産講習所となった。

なお、一九〇七（明治四〇）年の規則改定により、本科の入学資格は、修業年限四年の高等小学校を卒業した一六歳以上の者となり、富山県内に本籍や住所がなくとも入学を許可されるようになった[62]。全国にも遠洋漁業を教

育活動の中軸に位置づけた初等後教育機関がほとんどないなかで、全国から人材を集める意図があったといえる。換言すると、遠洋漁業練習科の設置と時を同じくして、富山県水産講習所が、「富山県の水産教育機関」から「日本の水産教育機関」へと昇華しようとしていたとみることができる。

（二） 資格付与機能の確立

富山県水産講習所が、職業資格の付与機能を有するようになるのは、遠洋漁業練習科設置の翌年、一九〇八（明治四一）年の「富山県水産講習所講習規則」改定（富山県令第一九号）以降であった。講習規則の改定により遠洋漁業練習科は、遠洋漁業科へと名称変更すると同時に、修業期間を二年延長して三年とした(63)。この際、遠洋漁業科との接続関係にあった本科の入学資格は、修業年限四年の高等小学校を卒業した一六歳以上の者から、修業年限二年の高等小学校を卒業した一四歳以上の者へと変更された(64)。

遠洋漁業科は、本科卒業生を無試験で入学させるなど(65)、本科との強固な連続性を有しながらも、「本科ト同等以上ト認ムル府県水産講習所又ハ水産学校ヲ卒業シ特ニ素行及成績ニ関シ当該所長又ハ学校長ノ証明アル者ハ体格検査ノ上入学ヲ許可スルコトアルヘシ(66)」として、県外の府県水産講習所や水産学校との接続も視野に入れるようになった。遠洋漁業科の設置を機に、水産学校卒業者の進学先として府県水産講習所が位置づいたことは、当時の水産学校と府県水産講習所の位置関係を推し量るうえで興味深い。

一九〇八（明治四一）年の規則改定では、遠洋漁業練習科の名称を遠洋漁業科へと変更するとともに、同科の設置目的が明文化された。すなわち、遠洋漁業科は「遠洋漁業奨励法ニ依ル漁猟職員ヲ養成(67)」する学科であるとされ、ここに「遠洋漁業奨励法」にもとづいて「漁猟職員」を養成する資格付与機関が富山県に誕生した。資格を付与する教育の特徴としては、「初年ニ於テ漁撈、航海、運用其ノ他必要ナル学科及技術ヲ授ケ次年ヨリ二箇年間遠洋漁船ニ乗組ミ之ヲ実地ニ練習」[68]を課すとされたように、実地での技能習得を極めて重視したものであった。

遠洋漁業科は、改称した年の九月に「遠洋漁業奨励法施行細則第三十二条第二項ニ依リ農商務大臣ノ認定」を受け、「卒業生ハ無試験ニテ丙種漁猟長免状ノ下附ヲ受」けることができるようになった[69]。ただし、「満二十歳未満ノモノハ其ノ年齢ニ達スル迄漁猟手免状」[70]しか交付されず、遠洋漁業科卒業後、丙種漁猟長として遠洋漁船に乗り組むには二〇歳になるのを待つ必要があった。これは、一九〇九(明治四二)年の農商務省令第二九号「遠洋漁業奨励法施行細則」第二三条において、「漁猟長試験ヲ受ケムトスル者ニ在リテハ年齢満二十年以上、漁猟手試験ヲ受ケムトスル者ニ在リテハ年齢満十八年以上タルコトヲ要ス」と規定されていたためであった。

遠洋漁業科第四回卒業生(一九一三(大正二)年卒業)の九名は、年齢が二〇歳未満であった者が多数を占めたことから、卒業の年に丙種漁猟長免状を交付されたのはわずか二名にとどまった[71]。卒業時に二〇歳未満であったため、漁猟手として遠洋漁船に乗船せざるを得なかった者のなかには、二〇歳となり丙種漁猟長免状を農商務大臣から交付されると同時に、それまでの乗船履歴を活用して船舶職員「試験に合格して漁船甲種二等運転士免状を下付され(中略：引用者)運転士[72]」として活躍する者もいた。

一九一八(大正七)年の「遠洋漁業奨励法」(法律第一一号)改定で漁猟職員資格が廃止されて以降、富山県水産講習所は、船舶職員のみを養成する教育機関へと変化していくことになるのだけれども、この時期に同講習所が漁猟職員を養成した事実は、近代日本において、初等教育後の水産教育機関が漁業に由来した公的職業資格保持者を養成しえたことを意味するものとして軽視できない。

漁猟職員や船舶職員を養成した、本科ならびに遠洋漁業科の学科課程は(表6-8、表6-9)のようになっていた。本科では、漁具の使用法や各種漁撈法について講習される「漁撈法」と、遠洋での操業に必要不可欠な漁獲物処

表6-8　本科学科課程

科目	前期(毎週時数)		後期(毎週時数)	
漁撈法	漁具ノ構成及漁撈ノ方法	6	漁具ノ構成及漁撈ノ方法	6
製造法	食用品製造法	6	化製品製造法及漁獲物処理法	6
養殖法	鹹水養殖法	3	淡水養殖法	3
気象学	海上気象学ノ大意	2	海上気象学ノ大意	2
法規	遠洋漁業ニ関スル法規及海洋法規	1	海洋法規ノ大意	1
動植物学	水産動植物学ノ大意	4	水産動植物学ノ大意	4
理化学	理化学ノ大意	4	理化学ノ大意	4
数学	四則，分数，比例	2	四則，分数，比例	2
実習		不定		不定
計(不定除)		28		28

註）1908年，富山県令第19号「富山県水産講習所講習規則」第8条より作成。

表6-9　遠洋漁業科第1学年学科課程

科目	前期(毎週時数)		後期(毎週時数)	
水産原論	水産原論	1	水産原論	1
漁撈法	遠洋漁撈法	4	遠洋漁撈法	4
製造法	漁獲物処理法	2	漁獲物処理法	2
航海術	量地航法	6	測天航法	6
運用術	船体漁具推測具等ノ名称及取扱法縦帆航法	4	縦帆航法及海上衝突予防法	4
造船学	造船学ノ大意	2	造船学ノ大意	2
気象学	海上気象学ノ大意	2	海上気象学ノ大意	2
法規	遠洋漁業ニ関スル法規	2	海洋法規ノ大意	2
動植物学	応用水産動植物学	2	応用水産動植物学	2
理化学	応用理化学	2	応用理化学	2
救急療法	救急療法	不定	救急療法	不定
実習		不定		不定
計(不定除)		27		27

註）1908年，富山県令第19号「富山県水産講習所講習規則」第33条より作成。

理法などを講習した「製造法」が中心となっており、それぞれ毎週六時間を割いている。遠洋漁業に必要な知識として、「遠洋漁業ニ関スル法規」も教えられており、本科は遠洋漁業科への接続を前提とした教育活動を展開した。

遠洋漁業科では、第一学年のみ所内で講習がおこなわれた。その学科課程は、漁船運行能力の習得に主眼がおかれたものとなっている。講習の中心は、測天航法などが講習された「航海術」や、海上衝突予防法などが講習された船舶「運用術」であった。いずれもが船舶職員として必要不可欠な知識・技能であり、一年間を通して第二学年以降の実習に耐えうる知識・技能を習得させせようとした。

富山県水産講習所『大正十一年度業務功程』には、学科課程表において講習時数が不定とされた「実習」の実態が記録されている。そこには、実習船に乗り組んでの操船実習や、「富山湾海洋観測実習」、「伏木港停泊本所呉羽丸ニ出張シ蟹缶詰手入実習」等がおこなわれていたことが記されている(73)。

遠洋漁業科の第二学年および第三学年時の教育内容は、一九〇八(明治四一)年の講習規則第三五条から第三七条にかけて規定された。第三五条では、「第二年級ノ生徒ハ本所所属ノ練習船ニ乗組ミ実習ニ従事シ第三年級ノ生徒ハ所属以外ノ遠洋漁船ニ於テ練習ニ従事スル」とされ、さらに第三七条で「所長ノ許可ヲ受ケタル者又ハ所長ノ必要ト認ムル場合ハ第二年級ト雖所属以外ノ遠洋漁船ニ於テ実習ニ従事」することができると規定された。また、第三年級については、第三六条で「乗組ムヘキ遠洋漁船ハ自己ノ目的ニ依リ之ヲ選定」することが規定された。これに依拠して、遠洋漁業科においては、修業年限三年間のうち二年間を講習所を離れて実際の遠洋漁業に従事させる教育活動を展開した。

富山県水産講習所『富山県水産講習所事業報告』(大正一三年度)には、当時の第二学年および第三学年時の実地実習の実態が記録されている。第二学年の生徒一二名は、四月から一〇月まで講習所所属の遠洋漁業練習船呉羽

表6-10　遠洋漁業科第2学年実地実習一覧（自10月至3月）

氏名	実習事項	実習地
堀田富次郎	鮮魚冷蔵運搬	下関市林兼商店第廿六播州丸
安田豊造	鮮魚冷蔵運搬	下関市日鮮組刈藻丸
竹山孝太郎	鰤大敷網漁業	県内楽漁業株式会社（自十月至一月）
	工船蟹漁業	愛媛県八木商店樺太丸（自二月至三月）
江野本知則	鰤大敷網漁業	県内楽漁業株式会社（自十月至一月）
	漁具製作	在本所
谷村正直	鮪延縄漁業其他	神奈川県水産試験場江之島丸並相模丸
竹島義治	トロール漁業	下関市共同漁業株式会社千早丸
山﨑四郎	各種漁業	朝鮮総督府水産試験場鵬丸
藤林清三	蟹魚冷蔵運搬	下関市林兼商店第廿七播州丸
細野信一	鰤大敷網漁業	県内楽漁業株式会社（自十月至一月）
	工船蟹漁業	愛媛県八木商店樺太丸（自二月至三月）
市川徹三	鮮魚冷蔵運搬	下関市林兼商店第十七播州丸
吉田三郎	鰤大敷網漁業	県内楽漁業株式会社
	工船蟹漁業	愛媛県八木商店樺太丸
高地久雄	鮮魚販売業	神戸市小畑魚市場

註）富山県水産講習所『富山県水産講習所事業報告』（大正13年度），1926年，7-8頁より作成。

丸に乗り組み、「蟹（船内缶詰加工）鱈漁業」[74]に従事し、続けて、一〇月から翌年三月まで各自全国の漁業資本所有の遠洋漁船や、公官庁所属の調査試験船に乗船した（表6-10参照）。第三学年では、一一名の生徒全員が、四月から翌年三月までの一年間、水産業者所有の遠洋漁船に乗り組み、工船蟹漁業や鰤大敷網漁業、トロール漁業に従事した（表6-11参照）。実習先一覧では、共同漁業や八木商店など、当時の大手水産資本の名前も確認できる。実習先は全国に分散しており、『富山県水産講習所事業報告』（大正一二年度）からは、遠く「勘察加西海岸日魯漁業オルスコイ工場」[75]に赴く者がいたこともわかっている。

実習事項は、大別するとトロール漁業と工船漁業に分けられた。トロール漁船での実習を望んだ生徒がいたことは、ト

表 6-11　遠洋漁業科第3学年実地実習一覧(自4月至3月)および就業動向

氏名	実習事項	実習地	卒業直後の進路
宇野善九朗	工船蟹漁業	本所呉羽丸	本所呉羽丸(漁撈長)
竹島良一	各種漁業	茨城県水産試験場茨城丸	茨城県水産試験場茨城丸乗組
高野繁治	蟹鮮魚冷蔵運搬業	東京市葛原冷蔵株式会社豊光丸	函館市埜邑商店門司丸(工船蟹漁業)
荒井久	トロール漁業	下関市共同漁業株式会社弁天丸	東京市日本海運株式会社福海丸
中田政義	トロール漁業	下関市共同漁業株式会社高雄丸	下関市共同漁業株式会社高雄丸(トロール漁業)
澤田外平	工船蟹漁業	愛媛県八木商店樺太丸	愛媛県八木商店樺太丸(工船蟹漁業)
脇澤義一	工船蟹漁業	新潟県水産試験場北辰丸	自家漁業
	鰤大敷網漁業並漁具製作	県内氷見浦鰤大敷網事務所並本所	
小林良二	工船蟹漁業	愛媛県八木商店樺太丸	愛媛県八木商店樺太丸(工船蟹漁業)
影邊喜作	鮮魚冷蔵運搬業	東京市葛原冷蔵株式会社豊光丸	新潟県水産試験場北辰丸乗組
深山間作	各種漁業	神奈川県水産試験場相模丸	神奈川県水産試験場
清水謙三	工船蟹漁業	東京市大成漁業株式会社龍裕丸	下関市角輪組第三十七号各輪丸乗組(鮮魚運搬)
	鮮魚運搬業	下関市角輪組第三十七号各輪丸	

註）富山県水産講習所『富山県水産講習所事業報告』(大正13年度)，1926年，8-14頁より作成。

ロール漁業の勃興を背景としたものであり、生徒が時宜にかなった選択をした結果であろう。これに対して、工船蟹漁業に従事することを選んだ生徒がいたことは、富山県水産講習所が蟹工船事業を営利事業に導いた、その分野のパイオニアであったこととの関係がある。工船蟹漁業の確立に果たした富山県水産講習所の役割については、卒業生の動向とも関係するので後の項において詳述する。

なお、遠洋漁業科生徒に対しては、「富山県水産講習所生徒学資補助規程」(一九〇八(明治四一)年制定、富山県告示第一八〇号)第一条により、入学の際に被服費として一三円を、そして第二学年以上の生徒には食費として毎月六円が支給されることとなった。このほか、本科生徒と遠洋漁業科の第一学年生徒にも、「実習ノ為乗船若ハ旅行ヲ命シタル場合」(76)に実習手当てとして一日につき二〇銭が支給された。

この手厚い施策は、「明治四十三年通常県会」の勧業費予算審議(一一月二八日)で、藤田久信県議会議員から次のような疑問符がつけられるほどであった。

……(ママ)それから此水産講習所の生徒の補助でございます水産の事を段々廓清し来りまして大に盛になつて居るのは慶ぶべき事でございますが、講習所の生徒は、尚ほ補助金を出さなければ講習するものが無いのでございませうか、進んで講習所に入るものが無いのでございませうか、又此遠洋漁業船練習船に乗ります生徒の補助費は余り多大に失して居りますまいか、其補助費を茲に計上せられました傘の根元を御聴して見たいと思ふのでありますそれと共に今後何年を経ますれは、此生徒の補助費を要しないといふ御考になつて居りませうか何時々々の後までも補助をせねは生徒は入学せぬといふ御見込でございませうか一応承つて見たいと思ひます……(ママ)（以下略、傍線：引用者）[77]。

藤田からの、「講習所の生徒は、尚ほ補助金を出さなければ講習するものが無いのでございませうか」、「遠洋漁業船練習船に乗ります生徒の補助費は余り多大に失して居りますまいか」とする疑問への答弁は明らかにできない。しかし、被服費や月々の食費までも支給して遠洋漁業科への進学をうながした優遇規定からは、富山県の遠洋漁業科に対する理解と期待があらわれているとみて差し支えないであろう。

「富山県水産講習所生徒学資補助規程」による補助が功を奏したのか、遠洋漁業に対する憧れからなのかは定かではないけれども、遠洋漁業科への入学希望者は、一〇名の定員に対して一九〇八（明治四一）年には一一名、一九〇九（明治四二）年には二一名、一九一〇（明治四三）年には二七名に達するまで増加し、かなりの狭き門となっていった[78]。遠洋漁業科の入学倍率が二倍を超える状況は一九一五（大正四）年まで続いた。一九一一（明治四四）年以降の応募人数は、一九一一（明治四四）年二三人、一九一二（大正元）年二〇名、一九一三（大正二）年二一名、一九一四（大正三）年二一名、一九一五（大正四）年三一名となっていた[79]。

（三）　遠洋漁業科の設置背景と教育条件整備

富山県水産講習所が他県に先がけて遠洋漁業科を設置し、遠洋漁業に人材を送り出そうとした理由については、富山県水産講習所『富山県水産講習所一覧』（明治四十四年度）に記された一文が手がかりとなる。富山県漁業に伏在していた問題との関係で説明しているので、一部を抜き出した。

本県ハ定置網漁業ノ数頗ル多ク而カモ沿岸線短カクシテ多数漁具ノ成立ヲ望ムベカラズ故ニ一面ニ於テハ之レガ整理ヲ為スト同時ニ一面ニ於テハ遠洋漁業移住漁業並ニ出稼漁業ヲシテ発展セシムルノ必要アリ然レモ遠洋漁業ヲナスニ当リテハ相当ノ人材ヲ要シ移住漁業出稼漁業ヲ為サント欲セバ漁場ノ状況其他ニ付充分ナル調査ヲ為スヲ要ス茲ニ於テ明治四十年三月本所ノ組織ヲ変更シ本科ノ外新ニ遠洋漁業科ヲ置キ以テ漁猟職員ノ養成ニ力《ママ》メ此等生徒ノ練習用トシテ遠洋漁船ノ建造ヲ計画シ之レニ依リテ韓海及ビオコック海方面ニ漁場ノ調査探検並ニ漁業試験ヲナシ以テ以上ノ要求ニ応ジ県下漁業ノ健全ナル発達ヲ謀ラントセリ（以下略、傍線：引用者）[80]。

同文は、富山県においては限られた漁場に対して漁業者が多く、飽和状態にあるとする。そして今後、富山県の漁業が発展するためには、遠洋漁業の開発や移住・出稼漁業を進めることが不可欠となっていると説明した。さらに富山県水産講習所が遠洋漁業科を設置したことは、こうした状況をふまえてのことであり、漁猟職員の養成および「韓海及ビオコック海方面」での漁場開拓を実施したこともその一環であったことが記されている。

富山県水産講習所においては、かかる認識に立った人材養成による遠洋漁業開発に加えて、試験調査事業でも遠洋漁業開発に積極的に取り組んだ。代表事例が、工船蟹漁業の開発であった。そもそも漁獲物を船内で缶詰等に加工する必要性、すなわち工船をもちいた操業の必要性は、蟹漁場の北上にともなって、占守島や幌筵島などにおかれていた缶詰工場とその工場に原料となる蟹を供給する優良漁場とが遠隔化したことで発生した(81)。漁獲物の鮮度保持、さらには歩留まりの改善が必要となっていたのである。

この二点の解決を目指した船内蟹缶詰製造試験は、一九一四(大正三)年に官立水産講習所の試験・練習船雲鷹丸によって先鞭が付けられた。このときの製造試験は成功したものの、蟹の洗浄に海上で貴重な淡水を使用したため、大量生産が困難で採算上事業化を試みる動きは皆無であった。

それから六年の後、富山県水産講習所の練習船呉羽丸が、カムチャツカ西海岸沖合において漁撈試験の傍ら、洗浄水に海水を利用して蟹缶詰を製造することに成功した。呉羽丸による試験結果を受け、「大正十年度函館の和島貞二が汽船喜多丸(三八九トン)、帆船喜久丸(三〇〇トン)の二隻をもって、母船式カニ工船漁業に着手(82)」したことを端緒として、わが国の工船蟹漁業は営利事業として確立した。そして国策漁業の代表格として、三井物産や三菱商事などの漁業外資本も含めた大規模資本による開発が鋭意推し進められた。

かかる「功績」を残すことになる富山県水産講習所であったが、遠洋漁業試験や生徒の実習にもちいられた呉羽丸の維持・管理に多額の予算措置を講ずる必要があった。富山県水産講習所の累年経費を概観してみると、遠洋漁業科が設置された一九〇七(明治四〇)年以降、予算規模が従来比で二倍から三倍へと拡大した(表6-12参照)。

遠洋漁業科の新設にあわせて、初代練習船高志丸(二檣スクーナー型帆船、総トン数九四・七トン、建造費「一万八千余円(83)」)を建造したことや、高志丸の運航要員として、船長ならびに漁猟長を雇用しなければならなくなったことなどが、予算規模の増加要因となった(表6-13参照)(84)。ただ、遠洋漁業に関する漁獲調査や漁場開発を実施することは、日露戦争後の国策に位置づけられており、富山県水産講習所は国庫から安定的に遠洋漁業奨励金や試験場国庫補助金の交付を受けることが可能になっており、予算の一割程度はこれらでまかなわれていた。

なお、工船蟹漁業の事業化に道筋をつけた二代目練習船呉羽丸は、建造費八万七六九〇円をかけ一九二〇（大正九）年に東京月島造船所で建造された三檣スクーナー型帆船（総トン数一七六トン）であった。(85)

表6-12　富山県水産講習所累年経費

	県費		国庫補助	合計
	経常費	臨時費		
1900（明治33）年	3,500	—	○　700	4,200
1901（明治34）年	3,701	—	○　1,100	4,801
1902（明治35）年	5,264	3,000	○　1,100	9,364
1903（明治36）年	5,058	—	○　1,100	6,158
1904（明治37）年	4,352	—	○　1,100	5,452
1905（明治38）年	4,942	96	○　1,200	6,238
1906（明治39）年	7,155	60	○　1,200	8,415
1907（明治40）年	14,989	—	○　1,200 ●　1,500	17,689
1908（明治41）年	21,309	263	○　1,200 ◆　1,000	23,772
1909（明治42）年	20,782	3,208	○　1,200 ◆　400	25,590
1910（明治43）年	17,510	—	○　1,200 ◆　500	19,210

註1）単位は円。1円以下は切り捨て。
註2）○は，「府県農事試験場国庫補助法」にもとづく補助。●は，「造船補助」と資料に記載されているものの，補助の根拠とする法令については記載がない。◆は「遠洋漁業奨励法」にもとづく補助。
註3）富山県水産講習所『富山県水産講習所一覧』（明治44年），1911年，89-90頁より作成。

表6-13　富山県水産講習所教職員一覧（1913年3月現在）

職名	氏名	担当科目
所長技師	小石季一	法規
技手	杉浦保吉	漁撈，運用
	立川卓逸	製造，理化，植物
	松野助吉	養殖，動物
	高木繁春	航海，気象，造船
助手	大橋新五郎	海技実習
	外村善次郎	漁撈並ニ製造実習
	土肥政吉	製造実習
高志丸船長	藤原徳藏	運用，航海，実習
高志丸漁猟長	興儀喜宣	漁撈，運用，航海，実習
所医	高島地作	救急療法
県出納吏書記	西坂初次郎	—

註）富山県水産講習所『富山県水産講習所報告』（大正1年度），1913年，35頁より作成。

（四）漁業資本の展開を支えた遠洋漁業科卒業生

初代所長である樫谷政鶴自らが、第一回本科生確保のため富山県内各地を巡回[86]する必要があったように、富山県水産講習所が設置された当時は、水産業の振興を目的とする教育の必要性は十分に理解されてはいなかった。当初、本科の入学者が思うように集まらなかったことにもそれはあらわれている。

しかし、一九〇七（明治四〇）年以降の本科は、遠洋漁業科と研究科が設置されたことで、両学科の基礎課程としての役割を果たすようになっていた。記録のある一九二二（大正一一）年度から一九三七（昭和一二）年度までの本科卒業生三〇八名のうち、遠洋漁業科ならびに研究科に進学しなかった者はわずか三名（一九二六年度卒業生一名が「自家水産製造業従事」、一九三〇年度卒業生二名が「本県商工課増殖係奉職」と「家業従事」[87]）であり、ほぼ全員がいずれかの学科に「進学」した。

その結果、本科にかわってもっとも多くの卒業生を社会に送り出し、さらに富山県水産講習所の教育実績を積みあげることに貢献したのが遠洋漁業科であった。遠洋漁業科は、一九一三（大正二）年に船腹数一三九隻、漁獲高四七三万八四五一円の記録[88]を残して最高潮に達したトロール漁業へも生徒を送り出している。一九一四（大正三)年六月一日現在の集計では、「トロール船乗組」が一二名で、累積卒業生数の五二・二%を占めた。この一二名を含め、船舶に乗り組む者は計一六名に達し、遠洋漁業科が遠洋漁業従事者(船舶職員)養成機関として機能しはじめていたことが確認できる(表6-14参照)。

一九二二(大正一一)年度以降に関しては、遠洋漁業科生が卒業直後に就いた職を年度ごとに集計すると、時期により動向に顕著な変化がみられる(表6-15参照)。一九二八(昭和三)年度から一九三三(昭和八)年度までは、各年度の富山県水産講習所『富山県水産講習所事業報告』に卒業生が乗り組んだ漁船の操業漁猟種別が記載されておらず詳細は不明となっているものの、この期間を除いたとしても、遠洋漁業科の就業動向からは次のことが指摘できる。

表6-14　遠洋漁業科卒業生の就業動向(1914年現在)

富山県水産講習所練習船高志丸事務長	1
農商務省速鳥丸乗組	1
農商務省雲鷹丸乗組	1
トロール船乗組	12
運転手見習	1
関東州水産試験場職員	2
兵役	1
自家営業	4
計	23

註）富山県水産講習所『富山県水産講習所報告』(大正2年度)，1914年，20-21頁より作成。

一つは、トロール漁船乗組員の需要が途切れることがなく、毎年一、二名の卒業生がトロール漁業に従事したことである。第一次世界大戦の勃発による船腹の高騰や、資源管理ならびに取締りの強化で衰えていたトロール漁業が、大戦終結の一九一八(大正七)年を境にやや勢いを取り戻していたことが影響している。

なお、漁場の外延化は、漁獲物の鮮度を保持する必要性を生じさせ、新たに鮮魚運搬業を事業化させた。一九二三(大正一二)年から一九二五(大正一四)年までの卒業生からも「鮮魚冷蔵運搬船」に乗り組む者がみられるのはそのためであろう。なかには、経営が安定しなかったトロール漁業に見切りをつけ、トロール漁船から鮮魚運搬船の船員に職をかえた者もいた。トロール漁船から鮮魚運搬船に

表 6-15　遠洋漁業科生徒卒業直後の就業先

卒業年度	遠洋漁業科各年度卒業生数	内訳																	
		トロール船乗組員	蟹工船乗組員	鮭鱒工船乗組員	手繰網船乗組員	捕鯨船乗組員	鮮魚冷蔵運搬船乗組員	その他漁猟船乗組員・運転士見習	商船乗組員	農商務省保有船乗組員	府県水産試験場・講習所保有船乗組員	農商務省職員	府県水産試験場・講習所職員	水産会社々員	その他会社々員	自家漁業	学校教員	兵役	不明
1922(大正11)	8	2	3	0	0	0	0	0	0	1	1	0	1	0	0	0	0	0	0
1923(大正12)	12	1	6	0	0	0	2	0	0	0	0	1	1	0	0	1	0	0	0
1924(大正13)	11	1	3	0	0	0	1	0	1	0	3	0	1	0	0	1	0	0	0
1925(大正14)	12	1	3	0	0	0	1	1	0	0	3	0	0	2	0	0	0	0	1
1926(昭和1)	14	2	8	1	0	0	0	1	0	0	2	0	0	0	0	0	0	0	0
1927(昭和2)	9	3	0	0	0	0	0	1	0	0	4	0	1	0	0	0	0	0	0
1928(昭和3)	13	0	0	0	1	0	0	3	0	0	5	0	0	2	0	1	0	1	0
1929(昭和4)	11	0	0	0	0	0	0	7	0	0	1	0	0	1	0	1	0	0	1
1930(昭和5)	9	0	0	0	0	0	0	4	0	1	1	0	0	1	0	1	0	0	1
1931(昭和6)	12	0	0	0	0	0	0	5	0	0	1	0	0	4	0	0	0	0	2
1932(昭和7)	12	0	0	0	0	0	0	7	0	0	1	0	0	4	0	0	0	0	0
1933(昭和8)	8	0	1	0	0	0	0	5	0	0	1	0	1	0	0	0	0	0	0
1934(昭和9)	9	2	0	0	3	1	0	0	0	1	0	0	0	2	0	0	0	0	0
1935(昭和10)	10	2	0	0	2	1	0	0	0	0	0	0	0	3	0	0	1	1	0
1936(昭和11)	13	2	0	0	5	1	0	0	0	0	0	0	0	5	0	0	0	0	0
1937(昭和12)	9	2	0	0	4	2	0	0	0	0	0	0	1	0	0	0	0	0	0
1938(昭和13)	8	2	0	0	4	0	0	0	0	0	2	0	0	0	0	0	0	0	0
1939(昭和14)	12	4	0	0	2	0	0	0	0	1	0	0	0	4	0	1	0	0	0
1940(昭和15)	6	2	0	0	0	0	0	1	0	0	0	0	0	2	1	0	0	0	0
計	198	26	24	1	21	5	4	35	1	4	25	1	6	30	1	6	1	2	5

註 1）1927 年度，1928 年度，1931 年度，1932 年度の「府県水産試験場・講習所保有船乗組」には，各年度 1 名ずつ北海道庁保有の漁業取締船乗組を含む。同じく，1933 年度，1938 年度の「府県水産試験場・講習所保有船乗組」には，各年度 1 名ずつ関東州の水産試験場保有船乗組を含む。また，1933 年度の「府県水産試験場・講習所職員」は，「北海道庁水産課」職員。

註 2）富山県水産講習所『大正十一年度業務功程』，印行年不明，8-9 頁，『富山県水産講習所事業報告』(大正 12 年度)，1925 年，9-10 頁，『富山県水産講習所事業報告』(大正 13 年度)，印行年不明，14-15 頁，『富山県水産講習所事業報告』(大正 14 年度)，1927 年，11-12 頁，『富山県水産講習所事業報告』(大正 15 年度，昭和 1 年度)，1927 年，11-12 頁，『富山県水産講習所事業報告』(昭和 2 年度)，1929 年，7-8 頁，『富山県水産講習所事業報告』(昭和 3 年度)，印行年不明，7-8 頁，『富山県水産講習所事業報告』(昭和 4 年度)，印行年不明，7-8 頁，『富山県水産講習所事業報告』(昭和 5 年度)，印行年不明，7-8 頁，『富山県水産講習所事業報告』(昭和 6 年度)，印行年不明，7-8 頁，『富山県水産講習所事業報告』(昭和 7 年度)，印行年不明，7-8 頁，『富山県水産講習所事業報告』(昭和 8 年度)，印行年不明，6-7 頁，『富山県水産講習所事業報告』(昭和 9 年度)，1935 年，5-6 頁，『富山県水産講習所事業報告』(昭和 10 年度)，印行年不明，5-6 頁，『富山県水産講習所事業報告』(昭和 11 年度)，1937 年，5-6 頁，『富山県水産講習所事業報告』(昭和 12 年度)，印行年不明，2-3 頁，『富山県水産講習所事業報告』(昭和 13 年度)，印行年不明，2-3 頁，『富山県水産講習所事業報告』(昭和 14 年度)，1941 年，3 頁，『富山県水産講習所事業報告』(昭和 15 年度)，1942 年，3 頁より作成。

乗りかえた遠洋漁業科卒業生の一人、八十島毅は、同窓会誌『講友』に「トロールに未練が残る、機会あらば何物を措いても出来るならば百凡物を犠牲にしてもトロール船に乗組み船長として意の儘に網が曳いて見たい」と記し、トロール漁業への哀愁を帯びた心情を吐露した[89]。

もう一つ指摘できることは、蟹工船に乗り組む者や手繰網漁船に乗り組む者、捕鯨船に乗り組む者は、時期により増減するということである。

蟹工船に乗り組む者が集中するのは、大正期から昭和はじめ頃までとなっている。工船蟹漁業は、露領漁業を代表する漁業であり、卒業生の多くが、小林多喜二の『蟹工船』でモデルとなった博愛丸[90]とも漁獲高を競った樺太丸や遼東丸、豊国丸、厳島丸[91]などに乗り組んだ[92]。しかし、一九二七（昭和二）年以降は、蟹工船に乗り組む者が減っていった。背景には、資源の枯渇を恐れた農林省によって「工船蟹漁業取締規則」（一九二三（大正一二）年、農林省令第五号）が制定され、蟹工船は毎年一〇隻前後しか出漁許可を受けられない状況におかれたことが要因にあげられる。

蟹工船乗組員となる者が減少するなかで、手繰網漁船乗組員となる者が増加した。手繰網漁船は、その多くが朝鮮半島や台湾の沿海を漁場として、底曳網をもちいて鯛や鮃などの漁獲を目的に操業していた[93]。一般的にその操業は、機船底曳網漁業とよばれ、「旧来の手繰網・打瀬網漁業などが、その漁船を動力化してさらに発達したもの[94]」であった。同じ底曳網をもちいたトロール漁業との差異は、比較的小型の石油発動機船によって操業がおこなわれる点に集約される。

こうしてみると、時期によって傾向があるものの、遠洋漁業科卒業生がトロール漁業、工船蟹漁業、手繰網漁業、捕鯨業を支える人材として活躍したことがわかる。一部を除き、これらの漁業が少数の大規模資本によって寡占化が進行していく漁業種であったことは、遠洋漁業科が果たした役割を推し量る手がかりとなる。

表 6-16　遠洋漁業科卒業生の就業先上位 5 社

共同漁業株式会社	51
株式会社林兼商店	23
豊洋漁業株式会社	6
日魯漁業株式会社	5
日本捕鯨株式会社	4

註 1）漁船乗組員だけではなく，地上職員を含む。
註 2）共同漁業株式会社には，1937 年以降に日本水産株式会社へ就職した 14 名を含む。
註 3）表 6-15 の註 2）と同じ。

漁業資本の代表的存在であり、汽船トロール漁業を主導した共同漁業株式会社（一九三七（昭和一二）年に日本水産株式会社）や、以西底曳網漁業に強さをみせた株式会社林兼商店、露領漁業で覇権を握った日魯漁業株式会社などにも、多くの遠洋漁業科卒業生が就職した。

もっとも多くの卒業生が就職したのは共同漁業（日本水産を含む）であり、その人数は五一名に達した。これは、一九二二（大正一一）年度から一九四〇（昭和一五）年度までの遠洋漁業科卒業生、一九八人の実に二五・八％を占める。林兼商店にも二三名が勤めており、卒業生の一一・六％が勤めたことになる。上位五社の累積割合は四四・九％に達し、遠洋漁業科卒業生のほぼ半数がこのいずれかの大手水産資本に就職したことになる（表6-16参照）。なお、日本捕鯨株式会社は、後に共同漁業が社名変更して誕生した日本水産株式会社の捕鯨部門として吸収されており、これを考慮すると、結果的に共同漁業への就職が相当の比重を占めたことになる。

それぞれの漁業資本は、函館や下関、さらには千島や台湾、朝鮮など、内地・外地を問わず事業所をおいていたことから、遠洋漁業科卒業生は各地に散らばっていくことになった。富山県に残る者は、富山県水産講習所の職員となる者か、「自家漁業」を営む者かに限られていた。こうした遠洋漁業科の就業動向からは、富山県水産講習所が、近代日本における漁業資本の活動を支える一つの柱になりえていたと評価することができる。

研究科卒業生の動向にも着目すると、工船漁業の展開を支えたのはなにも遠洋漁業科卒業生だけではなかったことがわかる。研究科では、修業期間のすべてを蟹工船での「缶詰製造」実習や、缶詰関係の会社での実習にあてていた。一例をあげると、一九二七（昭和二）年度の研究科在学生七名のうち、四名が修業期間の一年間を蟹工船での「蟹缶詰製造」実習や「各種缶詰研究」にあてている。残り三名のうち二名は、「本県畠山合名会社カムサツカ工場」において「鮭鱒缶詰製造」実習を、そして一名は「大阪市東洋製罐株式会社」において「自働製缶法」の研究をおこなった(95)。

こうした実習を経験した少なくない卒業生が、習得した缶詰製造等の水産加工に関する知識や技能を活かして、蟹・鮭・鱒の各工船に製造担当者として乗船した（表6-17参照）。その人数は、一九二二（大正一一）年度から研究科が廃止される一九三八（昭和一三）年度までの一七年間に一二名（このうち、一九二七（昭和二）年度卒業二名が『蟹

表6-17　研究科生徒卒業直後の就業先

卒業年度	研究科各年度卒業生数	内訳							
		蟹鮭鱒工船乗組員	缶詰製造会社々員	その他水産・食品会社々員	水産製造業経営	自家漁業	府県水産試験場・講習所職員	その他	不明
1922(明治11)	7	0	5	1	0	1	0	0	0
1923(大正12)	4	0	3	1	0	0	0	0	0
1924(大正13)	10	0	6	2	0	1	1	0	0
1925(大正14)	0	0	0	0	0	0	0	0	0
1926(昭和1)	6	2	1	1	1	0	0	1	0
1927(昭和2)	7	3	2	1	0	0	0	0	1
1928(昭和3)	3	2	1	0	0	0	0	0	0
1929(昭和4)	6	0	3	1	0	0	0	2	0
1930(昭和5)	10	0	2	5	0	0	0	1	2
1931(昭和6)	4	0	0	1	0	0	0	3	0
1932(昭和7)	6	3	2	0	0	0	0	1	0
1933(昭和8)	7	1	4	2	0	0	0	0	0
1934(昭和9)	3	1	0	2	0	0	0	0	0
1935(昭和10)	9	0	7	1	0	0	0	1	0
1936(昭和11)	6	0	3	1	1	0	0	1	0
1937(昭和12)	8	0	4	3	0	0	0	1	0
1938(昭和13)	10	0	6	4	0	0	0	0	0
計	106	12	49	26	2	2	1	11	3

註）表6-15の註2)と同じ。

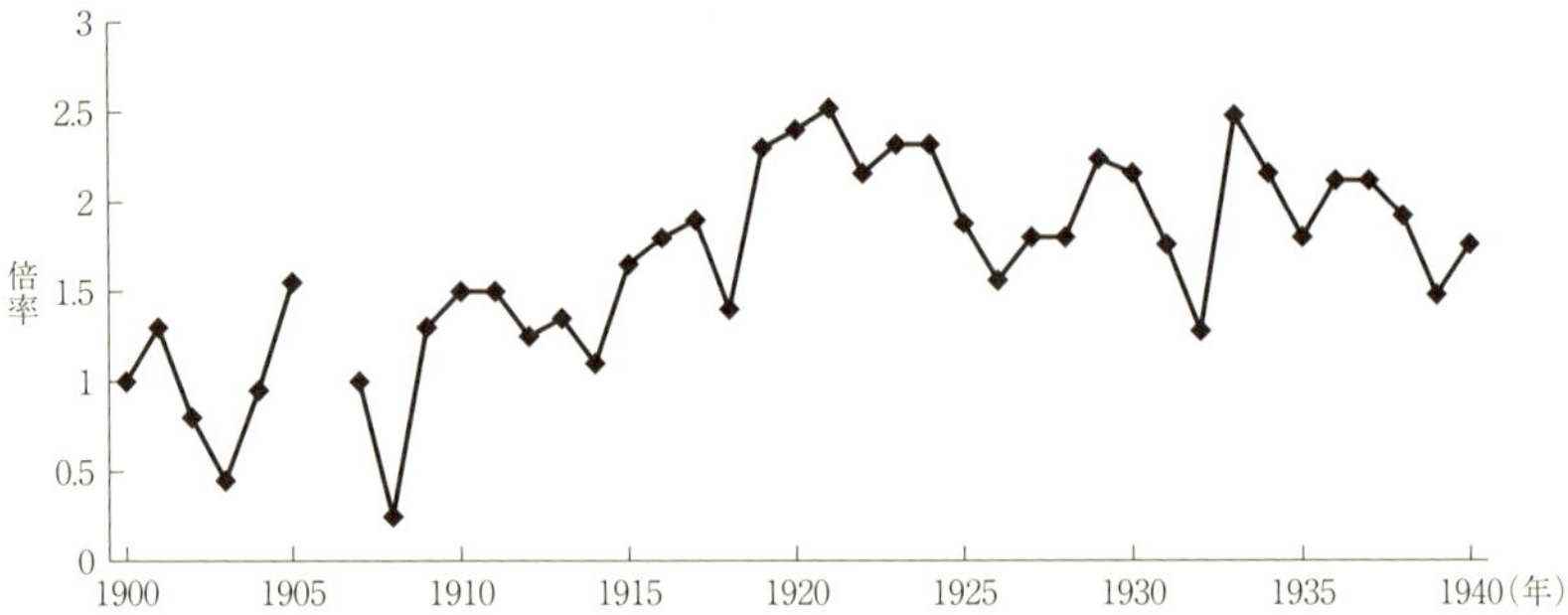

図 6-1　富山県水産講習所本科入学試験倍率

註）富山県水産講習所『富山県水産講習所事業報告』(昭和 14 年度), 1941 年, 4 頁より作成。

工船』のモデルとなった博愛丸に乗り組んでいる[96]であった。缶詰製造工場などに勤める者が四九名にのぼっていることと比較すると、工船に乗り組んだ者は必ずしも多くない。しかし、遠洋漁業科と研究科とが相まって一大国策産業であった工船漁業を支える人材を養成したことには違いない。二代目練習船呉羽丸が、蟹缶詰の船内加工技術を確立し、その後、蟹工船事業を支える人材をも送り出したことは、富山県水産講習所の露領漁業開発に果たした役割の大きさを物語っている。

以上のような人材養成実績を顕示できたこともあり、富山県水産講習所は高い入学試験倍率（本科）を維持し続けた[97]。水産学校が全国的に普及する昭和期でさえ、富山県水産講習所は常時二倍前後の倍率を保つことができた。一九〇〇（明治三三）年の開設から一九四〇（昭和一五）年までの本科平均倍率は、一・六六倍となる（図6-1参照）[98]。

とりわけ、遠洋漁業科卒業生の多くが蟹工船に乗り組んだ大正後期から昭和初期にかけては本科入学試験倍率が急上昇した。一九二一（大正一〇）年から一九二五（大正一四）年の五年間に限っては、その平均倍率は二・二四倍に達した。なお、一九〇六（明治三九）年の値が欠損しているのは、「入学時期ヲ高等小学校卒業期ト連絡セシムル為メ」に生徒募集をしなかったためである。一九〇八（明治四一）年の入学倍率が急落しているのは、「遠洋漁業科設置其他組織拡張ノ為メ規則改正ニ日数ヲ要シ四月ニ入リ募集セルモ既ニ其時期ヲ失セルニ」起因する。[99]

第四節　富山県水産講習所の帰結

（一）富山県水産講習所講友会の焦慮と学科課程の見直し

トロール漁業や工船蟹漁業で活躍する人材を送り出していた富山県水産講習所であったけれども、水産学校が普及する大正後期以降、実地での技能習得を重視する従来の講習形態からの軌道修正をはかる。それは、一九二〇（大正九）年以降のいく度かの「富山県水産講習所講習規則」改定で、徐々にではあるがしかし着実におこなわれた。

端緒は一九二〇（大正九）年の「富山県水産講習所講習規則」制定（富山県令第七七号）で開かれた。本科や遠洋漁業科、研究科の修業年限それ自体には変化がなかったものの、本科の講習科目に見直しが加えられた。文部省管轄の水産学校とは異なり、府県水産講習所においては必修とされていなかった「修身」が課程中に位置づけられた。[100]それればかりか、「英語」と「国語」が新たに新設され、毎週二時間から三時間の講習時数が割かれた。これは、水産関連科目と比較しても、けっして少なくない時数であった（表6-18参照）。ただ、この一九二〇（大正九）年の講習規則改定は転換点とまではいえるものではなかった。

はっきりとした転換点となったのは、一九二四（大正一三）年の「富山県水産講習所講習規則」（富山県令第一四号）

表6-18　1920年以降の本科学科課程（毎週時数）

	第1学期	第2学期	第3学期
修身	1	1	1
漁撈法	3	3	3
製造法	4	3	3
養殖法	2	3	3
気象学	—	1	2
漁業関係法規	—	—	2
水産動物学	2	2	2
水産植物学	—	—	2
英語	2	2	2
国語	3	2	2
化学	2	2	2
応用機械学	2	2	—
代数	2	2	2
幾何	2	2	2
実習	15以上	10以上	2以上
計（実習除）	25	25	28

註）1920年，富山県令第77号「富山県水産講習所講習規則」第9条より作成。

であった。この規則改定により、遠洋漁業科の修業年限が一年短縮されるかわりに、本科就業年限が一年延長され二年となった(101)。本科の第一学年では、水産関係科目に割かれる時数は、わずかに「水産通論」、「水産動物」の毎週各三時数の計六時数となった。他方、「国語、漢文」、「英語」、「算術」、「代数」、「幾何」のそれぞれは講習の中心となり、実習を除く全講習時数の六九・六%を占めるまでになった。こうした傾向は第二学年でもみられ、実習を除く水産関係科目の講習時数は、全時数の半数程度にとどまった(102)〔表6-19参照〕。

本科の修業年限を延長するためには、一学年分増加する生徒を収容する校舎や寄宿舎の整備が必要であった。一九二四（大正一三）年の講習規則の改定で、本科の修業年限を延長することが可能となった背景には、一九二二（大正一一）年三月に本格化(103)した富山県水産講習所の移転計画があった。当時、富山県水産講習所の「建物は三十二年に創立せられし以来、今日に至るまで実に二十三年の星霜を重ね(104)」老朽化が著しく、改築の必要性がさけばれていた。

同窓会組織である富山県水産講習所講友会はこの機を逃さず、富山県知事に宛て、「水産講習所内容充実ニ関

表6-19　1924年以降の本科学科課程(毎週時数)

	第1学年			第2学年		
	1学期	2学期	3学期	漁撈科	製造科	養殖科
修身	1			1	1	1
国語，漢文	5			3	3	3
英語	4			3	3	3
算術	4	—	—	—	—	—
代数	2	3	3	2	2	2
幾何	—	3	3	2	2	2
水産動物	3			—	—	1
水産植物	—			—	—	1
物理	—			—	—	—
化学	—			—	3	3
気象学	—			1	1	1
海洋学	—			1		1
法制経済	—			1	1	1
簿記	1			—	—	—
応用機械学	—			1	1	—
水産通論	3			—	—	—
漁撈法	—			3	—	—
製造法	—			—	4	—
養殖法	—			—	—	4
航海術	—			3	—	—
運用法	—			1	—	—
造船術	—			1	—	—
実習	不定時			5以上	7以上	5以上
計(実習除)	23			23	21	23

註）1924年，富山県令第14号「富山県水産講習所講習規則」第9条より作成。

スル陳情」をおこなう。富山県水産講習所講友会『講友』(第七号、一九二四(大正一三)年七月)に掲載された陳情書を一部抜粋する。

水産講習所内容充実ニ関スル陳情

謹テ再拝書ヲ知事閣下ニ呈ス(中略：引用者)。

抑モ我富山県水産講習所ハ明治三拾三年二月当時中新川郡水産会所属ノモノヲ県ニ移管セラレシモノニシテ爾来年ヲ閲スルコト二拾有三年此ノ間卒業生ヲ出スコト本科二百七拾余名遠洋科八拾五名研究科三拾九名ノ多キニ達シ現在学生五拾余名アリテ北陸ハ勿論本邦内ニ於テ水産教育界ノ一重鎮ト認メラルルハ生等ノ誇トスル処ナリ然リト雖モ窃ニ顧ルニ本所本科ノ修業年限ハ一ヶ年ニ過キズ(ママ)遠洋科ニ於テ年限三年ト称スルモ其ノ内ニ在リテ学科ヲ修ムルハ一ヶ年ニシテ其ノ余ハ乗船実務ニ就ク故ニ其ノ学習スル所ヲ他府県ノ水産講習所水産学校ニ比スレハ其ノ逕庭大ナルモノアリ為ニ学力ノ点ニ就キ遺憾ナルモノ甚シキモノアリテ生等社会ニ立チ実務ニ就クニ及テ学習ノ浅キヲ常ニ痛切ニ感スル処ナリ故ニ今生等ハ誠実勤勉労力ヲ惜マス職ニ当リ以テ学力ノ遺憾ヲ補ヒ僅カニ本所ノ名声ヲ維持スルニ過キザルナリ。

翻テ輓近我水産界ヲ見ルニ化学ノ力ヲ応用シ複雑ナル機械器具ヲ利用スルモノ漸ク多ク従テ水産ヲ業トスルモノモ之ヲ駆使スルニ学力ノ充実向上ヲ計リ斯業ノ進歩発達ニ応スル風潮ヲ生スルニ至リ旧来ノ如キ体力労力ノ提供ヲ惜マザルノミヲ以テ斯業ニ臨ミ難キ情勢ニアリ。

茲ニ於テ学習期間甚タ短キ本講習所ハ其ノ欠陥ヲ益深カラシメントス故ニ此ノ窮境ヲ救フ本所ノ施設トシテ刻下最モ急務トスル処ハ生徒ノ学力向上ヲ計ルニアリ然ラズンバ二拾年来努力ニ努力ヲ重ネ築製セシ我ガ水産講習所ノ名声ハ漸次衰退シ其ノ卒業生モ他ノ水産学校出身者ノ驥尾ニモ附スルコト能ハザル苦境ニ陥ルベ

シ。（中略：引用者）

斯クノ如ク観来レハ本所ノ欠陥頽衰ノ傾尠シトセズ其ノ前途ニ於テ寒心ニ堪ヘザルモノ最モ多シ依テ生等甚シク之ヲ慮ヒ水産講習所ノ内容充実ヲ計リ此ノ頽勢ヲ輓回セント左記各項ノ案ヲ得タリ

一、本科修業年限ハ二ヶ年ニ延長シ第二年目ヨリ漁撈養殖製造ノ三科ニ区分シ以テ生徒ノ学力増進向上ヲ計ルコト

右ト共ニ現在遠洋科三年ヲ二ヶ年トシテ内一ヶ年ヲ本所ニテ学科ヲ授ク（中略：引用者）

五、呉羽丸ニ補助機関ヲ備付同船ノ操業能率ヲ増進シ又生徒ヲシテ大型汽船ノ操縦ニ熟達セシメ並ニ呉羽丸ノ遭難防止ノ方法トスルコト

六、前記施設事項ニ応スル為水産講習所庁舎ノ拡張ヲ計ルコト（以下略、傍線：引用者）[105]

講友会は知事への陳情に際し、多くの卒業生を送り出してきた富山県水産講習所が、「北陸ハ勿論本邦内ニ於テ水産教育界ノ一重鎮」としてその地位を確立したことは誇りであるけれども、水産学校と比較して富山県水産講習所の修業年限が短く、実力については定評があるものの「学力ノ浅キヲ常ニ痛感」する状況になっていると危機感を表明した。また水産界の近代化に対応するためにも「学力ノ充実向上ヲ計リ斯業ノ進歩発達ニ応」じていかなければならなくなっているとした。そしてそうでなければ、「我ガ水産講習所ノ名声ハ漸次衰退シ其ノ卒業生モ他ノ水産学校出身者ノ驥尾ニモ附スルコト能ハザル苦境ニ陥ル」と、鬱積した焦慮を県当局にぶつけた。

富山県水産講習所が水産学校を意識せざるを得ない状況にあったことは、各年度の文部省実業教育学務局『全国公立私立実業学校ニ関スル緒調査』から確認できる。すなわち、水産学校では、「本科」修業年限を三年とする学校が一般的であり、富山県水産講習所のように本科を一年とする水産学校は極めて少数であった。一九二〇

（大正九）年一〇月一日現在、甲種・乙種あわせて一一校あった水産学校のうち、「本科」修業年限を四年とした学校は二校、三年とした学校は八校、一年とした学校は一校であった。[107] 唯一、「本科」修業年限を一年としていた「志摩郡立水産」学校でも、修業年限二年の「予科」を設けていた。[106]

富山県水産講習所も、本科一年に加えて、遠洋漁業科で三年間教育をほどこしていたわけであるから、計四年の課程を有していたとみることができる。しかし、富山県水産講習所が「上位」学科である遠洋漁業科や研究科を設置して、本科からの接続を可能としていたとはいえ、遠洋漁業科と研究科が実地実習を主軸とする教育課程を採用する以上、「学力ノ点ニ就キ遺憾」を表明する同窓会の懸念を払拭することはできなかった。さらに同窓会の不安をあおったのが、水産学校でみられるようになる修業年限延長の動きであった。

例えば、府県水産講習所がもととなった千葉県立安房水産学校が、一九二三（大正一二）年四月、千葉県令第二三号「千葉県立安房水産学校学則」（第二条）により修業年限を五年としたのをはじめ、北海道庁立小樽水産学校も一九二四（大正一三）年二月に、北海道庁令第一〇号「北海道庁立小樽水産学校学則」（第二条）により、修業年限を四年から五年に延長した。その後、この二校の修業年限延長に追随する動きが活発となっていった。[108]

修業年限延長の動きには、「専門学校入学者検定規程」の取扱いが、一九二四（大正一三）年の文部省告示第一〇九号によって変更されたことが関係している。すなわち、「尋常小学校卒業程度ヲ以テ入学資格トスル修業年限五年」[109]の水産学校卒業生は、専門学校への入学に関して中学校と同等の扱いを受けることができるようになったことが、一連の修業年限延長の動きにつながっていた。

こうしたことから、富山県水産講習所が本科修業年限を一年としたままでは、「誠実勤勉労力ヲ惜マス職ニ当リ以テ学力ノ遺憾ヲ補ヒ僅カニ本所ノ名声ヲ維持スル」ことすら困難となり、水産学校卒業生の「驥尾」に追いつくことができなくなるのも時間の問題となっていた。

校舎建築予算は、一九二二(大正一一)年の県会では「削除の悲運[110]」にあっていたけれども、同窓会による既述の陳情が実り、一九二三(大正一二)年一二月の県会で予算案が「大正十四年度より同十七年度に至る継続事業として議決[111]」された。一九二四(大正一三)年三月には、本科修業年限を「二ヶ年ニ延長シ第一年目ヨリ漁撈養殖製造ノ三科ニ区分シ以テ生徒ノ学力増進向上ヲ計ル」ことを望んでいた陳情書にそって「富山県水産講習所講習規則」が改定された[112]。

(二) 講友会誌『講友』にみる「学制改革運動」と水産学校への改組

富山県水産講習所が本科修業年限を一年延長しても、水産学校に肩をならべることは適わなかった。富山県水産講習所が、水産学校との格差を思い知らされたのは、「陸軍現役将校学校配属令」(一九二五(大正一四)年、勅令一三五号)による現役将校の配属が実現しなかったことによってであった。「専門学校入学者検定規程」(一九〇三(明治三六)年、文部省令第一四号)の第八条第一項により、一九二四(大正一三)年以降、「中学校若ハ修業年限四年ノ高等女学校卒業ト同等以上ノ学力ヲ有スルモノト指定[113]」された水産学校は、当然「陸軍現役将校学校配属令」でも師範学校、中学校とならんで将校の配属を受けることができる教育機関として認められていた[114]。

現役将校が配属されなかったことで、富山県水産講習所は、「陸軍補充令」(一九二七(昭和二)年、勅令三三一号)の規定にもとづき、陸軍幹部候補生志願資格を卒業生に付与することができなかった。そればかりか、専検指定を受けることができなかったことで卒業生は、「技手」や「属」(三級事務官)といった判任文官への無試験任用の途をも閉ざされていた。

これにもまして、卒業生の矜持を打ち砕いたのは、母校本科が一九三八(昭和一三)年の陸軍省文部省令第一号

「兵役法施行令第二十四条第二項ノ規定ニ依ル認定ニ関スル件」で、水産学校どころか青年学校にも劣る課程とされたことであった[115]。

「不利益」打開のため、講友会は運動を開始した。一九二五(大正一四)年の「文部大臣所轄外ノ学校ニ陸軍現役将校ヲ配属スルノ件」(勅令第二四六号)を頼りに、陸軍省と文部省に将校配属を上申したのであった[116]。しかし、本科修業年限を二年としたままでは、「軍事教練課程の昇格(現役将校配属)」[117]は実現困難であると判断した講友会は、「富山県水産講習所講習規則」の改定が必要として県当局に働きかけをおこなった。

ところがこのとき、富山県の講習規則を改定するには、そもそもの「府県水産講習所規程」の改定をも同時に達成しなければならなかった。なぜなら、同規程は一八九九(明治三二)年の制定以後、府県水産講習所本科修業年限を一貫して「二年以内」と規定してきたため、すでにこの規程いっぱいに本科修業年限を延長していた富山県水産講習所は、「内容充実教学刷新[118]」を目指す修業年限の延長が不可能となっていた。

講友会は、本科修業年限の一年延長を、現役将校配属に向けた第一歩に位置づけていたこともあり、農林省に「府県水産講習所規程」改定を働きかけた[119]。一九三七(昭和一二)年の第六回講友会大会において組織されることが決定した富山県水産講習所卒業生団体連盟(結成は一九三八(昭和一三)年四月一日[120])がその運動の先頭に立ち、「陳情書を作製し卒業生各位の調印を得てこれを水産局長に提出すべく手配[121]」した。

結果として、一九三九(昭和一四)年三月三日、念願かない「府県水産講習所規程」は農林省令第一四号によって改定され、本科修業年限三年の府県水産講習所が法令上設置可能となった。こうして「富山県水産講習所講習規則」の改定が可能となり、一九三九(昭和一四)年四月四日、富山県令第一九号により新規則が制定された[122]。

本科修業年限の三年間への延長と、「教練」(科目名「体操」)を教育課程に位置づけたことで、将校配属という当初の目的を達成するかにみえた。にもかかわらず、陸軍省からは、「配属令の性質上徴兵延期及幹部候補生志願資格並に普通文官任用資格を有せざる学校に対しては現役将校を配属し難き」[123]旨の返答しか得られず、現役将校の配属は実現しなかった。

このため、富山県水産講習所卒業生団体連盟は水産学校への「学制改革運動」に大きく舵を切った。その折り、中新川郡相ノ木村出身の田中繁次郎が県に対し五〇万円の寄付を申し出たことで、一九四一（昭和一六）年度県予算案に水産学校ならびに水産試験場の臨時設備費が上程され[124]、一九四一（昭和一六）年四月、遠回りとなったけれども、ついに講友会念願の富山県立水産学校が開校した。これにともない、府県水産講習所として四〇年以上存続した富山県水産講習所はその歴史に幕を降ろした。富山県水産学校には、修業年限五年の本科と修業年限一年の遠洋漁業科、ならびに専修科がおかれ、専検指定を受けた甲種程度の実業学校として活動を開始した[125]。

第五節　小　括

富山県の事例は、地方社会における教育要求の高揚が、水産教育の成立につながった過程を知る手がかりとなった。富山県水産講習所は、有志によって築かれた基礎部分に、行政の支援が加えられたことで成立した。基礎部分にあたるのは、水産伝習所を卒業した石川新六ら、当時の政治・経済の両面で指導的役割を担った者たちが設置した中新川郡水産会水産講習所であった。彼らが教育の必要性を強く認識した背景には、三国干渉を教訓とし殖産の必要を痛感していたこと、さらには中新川郡水産業の発達が狭隘な富山湾に阻害され進展をみていなかったことなどが指摘できた。これに支援の手をさし延べたのが、町費をもって校舎を建築した滑川町であり、趣旨に賛同して県立に移管させた富山県であった。

移管により再出発した富山県水産講習所は、開設当初、比較的短期の教育による漁業者や水産加工業者の養成で水産業の振興を目指した。そのこだわりは、入学資格に富山県に本籍があり、卒業後に水産業に従事することが明記されたことからもわかる。

ただ、設置当初の富山県水産講習所は、一時的とはいえ入学者不足に悩まされた。これに対して富山県水産講習所は、本科の修業年限を短縮するとともに、地域との連携を重視することで対処しようとした。具体的には、十分な教育成果を残していなかった専修科を短期講習科へと衣がえしたほか、水産試験事業の成果を積極的に地元漁業者や水産加工業者に公開する姿勢を打ち出した。

活動が軌道に乗った富山県水産講習所は、遠洋漁業科を新設した。遠洋漁業科では、一年の本科教育課程のうえに、実地実習を主軸とした三年間の教育をほどこし、漁猟職員資格(丙種漁猟長資格)や船舶職員資格を保持する人材を養成した。遠洋漁業科の卒業生は、トロール漁業の興隆期にはトロール漁船に、そして大正後期からの工船漁業確立期には蟹工船に、さらに機船の普及期には手繰網漁船にと、柔軟に就業先を変化させた。これが可能であったのも、富山県水産講習所の長期にわたる有資格者の養成経験と実績が広く認められていたからであった。

露領漁業の代表格である工船蟹漁業に対しては、遠洋漁業科のみならず研究科も船上で缶詰加工の任にあたる人材を送り出すことで貢献した。富山県水産講習所が呉羽丸をもちいて実施した試験事業が、工船蟹漁業を事業化に導いたことは知られていたけれども、各種人材供給の面でも工船蟹漁業を支えていたという新たな知見は、水産教育機関としての府県水産講習所に対する評価を再検証する必要性を提起するだろう。

富山県水産講習所と漁業資本とのかかわりは、遠洋漁業科卒業生の就職動向から判断すると、よりわかりやすい。すなわち、それぞれが強みとする漁業分野で独占資本となっていた共同漁業株式会社や日魯漁業株式会社などの漁業資本に、半数にのぼる卒業生が雇用されていった事実は、独占資本による開発が進む遠洋漁業開発を人材供給で支えたことを証明している。

ただ、大正末期からの水産学校における修業年限延長の動きや、船舶職員養成機能の強化は、富山県水産講習所同窓会の焦燥感をあおった。取得が可能な船舶職員資格に水産学校と差をつけられたことや、官立水産講習所への入学資格を得られなかったこと、そして陸軍現役将校の配属拒否問題として表出した府県水産講習所であることの不利益は、同窓会組織を水産学校改組運動へと駆り立てた。こうして誕生した富山県立水産学校にも遠洋漁業科が設置され、遠洋漁業従事者養成という富山県水産教育の特質が水産講習所から受け継がれた。

つまり、富山県水産業の振興を期待した有志により基礎が築かれた富山県水産講習所は、設立当初、県内を意識した教育活動をおこなっていたけれども、「遠洋漁業奨励法」にもとづき漁猟職員を養成することで確立した遠洋漁業従事者養成機能を軸に展開したことで、日露戦争後に農商務省の遠洋漁業奨励策の一端を担い、露領漁業権益と漁業資本の拡大を即戦力となる人材養成で支える水産教育機関へと変容したことが明らかとなった。

註

（1）滑川市立博物館所蔵、高橋家文書「水産講習所開所式挙行につき参集依頼回状」、および富山県立水産高等学校『水高八十年史』、一九七九年、二頁。
（2）北国時事新聞社『富山県郡会議員寳鑑』、一九二八年、八七頁。
（3）大日本水産会水産伝習所『大日本水産会水産伝習所報告』、一八九七年、六四頁。なお同報告書には、石川の卒業後の進路として「富山県滑川染織合資会社取締役」とある。
（4）富山県水産組合連合会『会報』（第一号）、一九〇八年、八五頁。
（5）滑川市立博物館が所蔵する史料には、石川新六が中新川郡水産研究会の会計を担当していた証跡が残されている。滑川市立博物館所蔵の高橋家文書「水産講習費予算」には、「明治三十一年十二月三十一日」に高橋直基が石川新六に「金参円」を「郡水産会取替金」として支払ったことが記されている。
(6) 郷土のひかり編集委員会『郷土のひかり』(滑川の人物誌二)滑川市教育委員会、一九八三年、三九—四〇頁。
(7) 富山県滑川町役場『滑川町誌』(上巻)、一九一三年、四八四頁。
(8) 同上、四九五—四九六頁。
(9) 滑川市立博物館所蔵、高橋家文書「株式会社新川新報社株券」、ならびに「明治三十六年九月第一期事業報告書」。なお、株式会社新川新報社の大株主は、高橋直基の弟で印刷業を営んでいた高橋直資であり、彼の出資額は一〇六〇円に達していた。
(10) 富山県『富山県史』(通史編Ⅵ近代下)、一九八四年、四四頁。
(11) 松尾尊兊『大正デモクラシーの研究』青木書店、一九六六年、一一九頁。
(12) 前掲、『滑川町誌』(上巻)、四八四頁。
(13) 同上、四九九頁。
(14) 同上、四九九—五〇二頁。
(15) 富山県滑川町役場『滑川町誌』(下巻)、一九一三年、三五三頁。
(16) 滑川市立博物館所蔵、立山軽便鉄道株式会社「立山軽便鉄道株式会社設立趣意書免許状並命令書起業目論見書工事費予算書営業上ノ収支概算仮定款」、印行年不明、一頁。なお、「運輸営業」免許状は、一九一一年七月に内閣総理大臣桂太郎から交付されている。
(17) 富山県『富山県史』(通史編Ⅴ近代上)、一九八一年、七一〇—七一一頁。
(18) 滑川市立博物館所蔵、高橋家文書「滑川商工月報」(第一号)。
(19) 前掲、『会報』(第一号)、四七頁。
(20) 同上。
(21) 富山県水産講習所『富山県水産講習所一覧』(明治四四年度)、一九一一年、一頁。
(22) 水産講習所『水産講習所一覧』(自明治三一年四月至明治三二年三月)、一八九九年、九三頁。
(23) 水産講習所『水産講習所一覧』(自明治三二年四月至明治三三年三月)、一九〇〇年、一〇三頁。
(24) 前掲、高橋家文書「水産講習所開所式挙行につき参集依頼回状」。

(25) 滑川市立博物館所蔵、高橋家文書「水産講習所開所式祝宴経費」。講習所の開所式には、「招待客」として多くの有力者が招かれており、「滑川町長渡辺甚四郎」や「西水橋町長押田喜訓」の名前も確認できる。
(26) 前掲、『富山県水産講習所一覧』（明治四四年度）、一―二頁。
(27) 滑川市立博物館所蔵、高橋家文書「水産講習所費予算など」。
(28) 前掲、『水高八十年史』、四頁。
(29) 同上。
(30) 前掲、『会報』（第一回）、四七頁。
(31) 滑川市立博物館所蔵、高橋家文書「水産講習所費予算」。
(32) 生徒募集は一九〇〇年の富山県告示第四六号によりおこなわれた。入学試験日ならびに入学日は富山県告示第九三号により示され、それぞれ四月二八日と四月三〇日とされた。
(33) 『北陸政論』、一九〇〇年四月三日付。
(34) 大日本水産会水産伝習所『大日本水産会水産伝習所報告』、一八九七年、六五頁。
(35) 水産講習所『水産講習所一覧』（明治三三年）、一九〇一年、一〇九頁。
(36) 一九〇〇年、富山県告示第四一号「富山県水産講習所規則」第一条。
(37) 一九〇〇年、富山県告示第四一号「富山県水産講習所規則」第四条。
(38) 同上、第一一条。
(39) 『北陸政論』、一九〇一年一〇月三〇日付。
(40) 同上。
(41) 一九〇一年、富山県告示第六号「水産講習所専修科規程」第四条。
(42) 同上、第一条および第二条。
(43) 同上、第一条および第六条。
(44) 前掲、『会報』（第一回）、四八頁。
(45) 前掲、『富山県水産講習所一覧』（明治四四年度）、二―三頁。
(46) 同上、八二―八三頁。一九〇〇年代初頭は、養殖技術確立に向けた基礎的知見の収集が主眼となっており、このときに実施された試験も養育環境の確認がおもなものであった。試験結果は、「鯉及鯔ハ結果頗ル良好ナリシモ鼈ハ気候寒冷ナリシ為メ十分ノ成長ヲ見ルニ至ラザリキ」とある。

(47) 前掲、『会報』(第一回)、四八頁より。

(48) 前掲、『富山県水産講習所一覧』(明治四四年度)、七一頁。

(49) 例えば、一九〇四年の養殖試験結果は、「夏季ノ候稀有ノ旱魃ニ依リ水ノ減少ト共ニ温度著シク上昇シ放養魚類ノ斃死スルモノ甚ダ多」く、事業に躓いていた。そのためか、一九〇七年には、「養魚地ヲ廃止シ同池ノ魚類ハ悉ク射水郡沿海町村水産組合同庄東水産組合ニ交付シ同地放生津潟ニ放流」することとなった。前掲、『富山県水産講習所一覧』(明治四四年度)、八二―八三頁。

(50) 一九〇四年、富山県県令第二三号「富山県水産講習所短期講習規則」第三条。

(51) 同上、第二条。

(52) 一九〇五年、富山県告示第一三五号。

(53) 一九〇六年、富山県告示第九〇号。

(54) 一九〇七年、富山県告示第六一号「富山県水産講習所遠洋漁業練習科規程」第三条。

(55) 一九〇七年、富山県令第一二号「富山県水産講習所講習規則」第四条。

(56) 同上、第七条。

(57) 一九〇七年、農商務省令第一一号「府県水産講習所規程」第三条。

(58) 一九〇八年、和歌山県令第五号「和歌山県水産講習所講習規則」第一条および、一九一三年、和歌山県令第二二号「和歌山県水産講習所講習規則」第一条。

(59) 一九〇八年、長崎県令第五九号「長崎県水産講習所規程」第二条。

(60) 一九〇九年、千葉県令第二八号「千葉県水産講習所講習規則」第二条。

(61) 宮城県水産講習所『宮城県水産講習所一覧』(大正一五年七月末日現在)、印行年不明、一頁。

(62) 一九〇七年、富山県令第一二号「富山県水産講習所講習規則」第一七条。

(63) 一九〇八年、富山県令第一九号「富山県水産講習所講習規則」第一条、第四条。

(64) 同上、第一四条。

(65) 同上、第四〇条。
(66) 同上、第四一条。
(67) 同上、第四条。
(68) 同上。
(69) 前掲、『富山県水産講習所一覧』(明治四四年度)、五頁。
(70) 同上。
(71) 富山県水産講習所同窓会『講友』(第三号)、一九一四年、九五頁。
(72) 同上。
(73) 富山県水産講習所『大正十一年度業務功程』、印行年不明、七―八頁。
(74) 富山県水産講習所『富山県水産講習所事業報告』(大正一三年度)、一九二六年、七頁。
(75) 富山県水産講習所『富山県水産講習所事業報告』(大正一二年度)、一九二五年、六頁。
(76) 一九〇八年、富山県告示第一八〇号「富山県水産講習所生徒学資補助規程」第四条。ただし、遅刻欠席が積み重なり「除名」処分(退学)を受けた生徒は、「被服費及食費ノ支給総額ヲ返納」(同規程第五条)しなければならなかった。
(77) 富山県水産組合連合会『会報』(第五号)、一九一一年、四〇―四一頁。
(78) 前掲、『富山県水産講習所一覧』(明治四四年度)、七二―七三頁。
(79) 前掲、『富山県水産講習所事業報告』(大正一二年度)、一三頁。
(80) 前掲、『富山県水産講習所一覧』(明治四四年度)、八五頁。
(81) 三宅好美・松谷三郎『工船蟹漁業の話』日本水政新報社、一九二八年、三頁。
(82) 山田時夫・広田寿三郎『富山県北洋漁業のあゆみ』富山県北洋漁業史編纂委員会、一九八九年、二三一頁。
(83) 前掲、『富山県水産講習所一覧』(明治四四年度)、八五―八六頁。
(84) 富山県水産講習所『富山県水産講習所報告』(大正一年度)、一九一三年、四二―四四頁には、「富山県水産講習所明治四十五年大正元年度経費予算」の「遠洋漁船費」に、練習船乗組員の俸給として「金千四百四十円」が計上されている。講習所全体の予算が一万七二三一円であることを勘案すると、練習船乗組員の俸給が八・四%を占めたことがわかる。
(85) 富山県水産講習所講友会『講友』(第六号)、一九二一年、七八―七九頁。

(86)『富山日報』、一九〇〇年四月三日付。
(87)富山県水産講習所『富山県水産講習所事業報告』(大正一五年度、昭和一年度)、一九二七年、一一頁および、富山県水産講習所『富山県水産講習所事業報告』(昭和五年度)、印行年不明、六—七頁。
(88)農商務省水産局『遠洋漁業奨励事業成績』、一九一八年、六頁。
(89)富山県水産講習所講友会『講友』(第五号)、一九一九年、五—八頁。
(90)史実の博愛丸は、一八九八年に英国で竣工し、一八九九年に日本郵船株式会社の貨客船として引き渡された。命名は、昭憲皇太后によるとされる。その後、博愛丸は、陸軍病院船を経て一九二六年となり蟹工船へと改装された。山田忠一『国防と水産』大澤築地書店、一九四三年、一二七—一二九頁。
(91)前掲、『工船蟹漁業の話』、三九—四二頁。
(92)前掲、『富山県水産講習所事業報告』(大正一五年度、昭和一年度)、一一—一二頁。
(93)山口和雄『日本漁業史』東京大学出版会、一九五七年、二五一—二五七頁。
(94)山口和雄編『現代日本産業発達史』(XIX 水産)交詢社出版局、一九六五年、一七五頁。
(95)富山県水産講習所『富山県水産講習所事業報告』(昭和二年度)、一九二九年、七頁。
(96)同上、八頁。
(97)ここでの入学試験倍率とは、「応募人員」数を「入学人員」数で除することで算出した数をいう。
(98)本科累計定員は、九〇〇名であり、この間の応募者総数は一五二八名であった。富山県水産講習所『富山県水産講習所事業報告』(昭和一四年度)、一九四一年、四頁。
(99)同上。
(100)一九〇七年、農商務省令第一一号「府県水産講習所規程」では、「府県水産講習所ハ数学、物理、化学、動物、植物、気象、地文、図画等ノ補助科目ヲ設クルコトヲ得」(規程第三条)と規定され、「修身」については言及されていない。これに対して、一九〇一年、文部省令第一六号「水産学校規程」では、「修身、実業ニ関スル学科目及実習」(規程第三条)を必修として明示した。
(101)一九二四年、富山県県令第一四号「富山県水産講習所講習規則」第三条、第四条。
(102)なお、遠洋漁業科の第一学年でも毎週二一時数(実習を除く)のうち、「基礎科目」として「修身」が一時数、「国語」、「英

語」が各二時数教授された。一九二四年、富山県県令第一四号「富山県水産講習所講習規則」第三五条。

(103) 一九二二年三月に移転計画が「本格化」したとする理由は、新校舎建設候補地の寄付を「県参事会」が認め、「滑川町の西方高月加茂神社の後方及南側面の田地にて坪数約二千百余坪を水産講習所敷地として受理することに決定」したのが一九二二年三月であったためである。前掲、『講友』(第六号)、七九頁。

(104) 同上。

(105) 富山県水産講習所講友会『講友』(第七号)、一九二四年、四二―四四頁。

(106) 一九二〇年一二月の「実業学校令」の改定により、甲種・乙種の区分は制度上廃止される。しかし実際は、「専検の規程によりその卒業生に上級学校入学資格が与えられる実業学校を甲種実業学校、その資格を与えられない実業学校を乙種実業学校とする通称は残った」。佐々木享編著『日本の教育課題』(第八巻　普通教育と職業教育)東京法令出版、一九九六年、一四二頁。

(107) 文部省実業学務局『全国公立私立実業学校ニ関スル諸調査』(大正九年一〇月一日現在)、一九二一年、五五―五六頁。甲種水産学校で、「本科」修業年限を四年としていたのは、「庁立小樽水産」と宮城「県立水産」の二校、修業年限を三年としていたのは、「県立能生水産」、「郡立本吉水産」(宮城)、岩手「県立水産」、「県立小浜水産」、鹿児島「県立商船水産」、沖縄「県立水産」の六校であった。唯一、「本科」修業年限を一年としていたのが「志摩郡立水産」であった。乙種水産学校として活動した「村立若松水産」(茨城)と「学校組合立岩美実業」(鳥取)の二校は、「本科」修業年限を三年としていた。

(108) 文部省実業学務局『全国公立私立実業学校ニ関スル諸調査』(大正一三年一〇月一日現在)、一九二六年、六五頁では、「正科」修業年限が五年と確認できる学校に、三重県立志摩水産学校が加わる。

(109) 一九二四年、文部省告示第一〇九号。

(110) 前掲、『講友』(第七号)、四一頁。

(111) 富山県水産講習所講友会『講友』(第八号)、一九二五年、四二頁。

(112) 陳情書には、「呉羽丸ニ補助機関ヲ備付」けることを求める項目が盛り込まれていたが、この要望も、一九二四年四月に、「公称馬力一五〇馬力デイゼル機関」が呉羽丸に据え付けられることで満たされた。富山県水産講習所講友会『講友』(第一四号)、一九四一年、七三頁。

(113) 一九二四年、文部省告示第一〇九号。

(114) 一九二五年、勅令一三五号「陸軍現役将校学校配属令」の第一条は、「官立又ハ公立ノ師範学校、中学校、実業学校、高等学校、大学予科、専門学校、高等師範学校、臨時教員養成所、実業学校教員養成所又ハ青年学校教員養成所ニ於ケル男生徒ノ教練ヲ掌ラシムル為陸軍現役将校ヲ当該学校ニ配属ス但シ戦時事変ノ際其ノ他已ムヲ得ザル場合ニ於テハ此ノ限ニ在ラズ」と規定されている。

(115) 文部省社会教育局『道場、塾及訓練所等一覧』、一九三九年、一一六頁。ただ、一九三八年の陸軍省文部省令第一号第一条第八項において、「官立又ハ公立ノ商船専門学校、商船学校及水産講習所遠洋漁業科ノ課程」は「青年学校ノ課程ト同等以上」であると認めている。このため、富山県水産講習所の遠洋漁業科は、青年学校と同程度とみなされていた可能性はあるものの、詳細は定かでない。この『道場、塾及訓練所等一覧』には、富山県水産講習所以外に、水産教育機関として、青森「県立漁民修練農場賓陽塾」、「千葉県漁村道場」、「新潟県立水産講習所」、「兵庫県水産試験場講習部」、「漁村道場宮崎県水産講習所」に関する記載がある。このなかで、「昭和十三年陸軍省文部省令第一号ニ依リ青年学校ノ課程ト同等以上ノ認定ノ有無」が「アリ」となっている機関は、「漁村道場宮崎県水産講習所」ただ一つであった。

(116) 富山県水産講習所講友会『講友』(第二二号)、一九三九年、七六頁。

(117) 同上、四二頁。

(118) 同上。

(119) 講友会が修業年限を三年に延長することにこだわったのは、「本科二ヶ年を延長し、遠洋一年及製造研究科を包含せしめて三ヶ年となす(中略:引用者)に於ては更に考慮すべしと云ふ意向なることを暗示」されたことが要因となっていた。同上、七六頁。

(120) 前掲、『水高八十年史』、二一頁。同連盟は、全国各地に散在していた講友会傘下の地方支部を集約したものとして誕生した。

(121) 前掲、『講友』(第二二号)、七七頁。

(122) 一九三九年、富山県令第一九号「富山県水産講習所講習規則」の第一条は「本所ハ水産ニ関スル学理及技術ノ講習ヲ為ス」とあり、第二条で「本所ニ本科及遠洋漁業科ヲ置ク」とした。そして第三条で「本科ハ修業年限ヲ三箇年トシ初年ニ於テ水産ニ関スル一般ノ学科ヲ授ケ次年ヨリ漁撈・製造ノ二科ニ分チ各其ノ必要ナル学科及技術ヲ授ク」とし、第四条で「遠洋漁業科ハ修業年限ヲ一ヶ年トシ遠洋漁業ヲ実地ニ練習セシム」と規定した。なおこの「富山県水産講習所講習規則」は、一九三九年の『富山県報』はこれを欠くため、前掲、『講友』(第二二号)、四二頁に掲載された条文を転載したものである。

(123)　前掲、『講友』(第二四号)、七八頁。

(124)　同上、七頁。

(125)　一九四一年、文部省告示第三七六号。

終　章　遠洋漁業型水産教育の確立

本書では、近代日本の水産教育の制度化過程における農商務省管轄下の官立および府県水産講習所の位置と役割に注目し、これらの形成過程を、日清・日露の両大戦後の漁業権益の拡大と農商務省の遠洋漁業奨励策の展開、そして奨励策の一環として創出された漁猟職員資格制度との関係に留意しながら体系的に分析してきた。各章のまとめは、すでにそれぞれの小括にておこなったので、ここではあらためて繰り返さない。本章では、分析の結果について三つの点から論じることで、日本の水産教育がもつ歴史的に刻印された構造的特質を明らかにして結びとしたい。

第一に、先行研究において水産教育機関として評価がなされてこなかったばかりか、ほとんど研究の対象にもなっていなかった農商務省管轄の府県水産講習所が、文部省管轄下の水産教育に従属しそれを補完するといった消極的な存在ではなく、水産教育の一翼を担って活動していた事実を明らかにした。

起源を府県水産試験場の講習活動や、有志による研究会設置に求めることができる府県水産講習所は、設立当初、その土地に根差した水産業の振興を主眼として活動した。行政側も、入学者の学資補助制度や寄宿舎の整備をおこない、府県水産講習所を勧業費をもっておこなう水産振興事業の一角に位置づけて活用しようとした。その後の展開は、日本漁業の外延的拡大を背景として遠洋漁業とのかかわりを意識し続けたという点では共通であったけれども、各府県の実態に応じた活動を継続した事例や、高級船員資格を付与できる水産学校に展開した事例、膨張を続ける漁業資本の活動を支えた事例など、それぞれの府県水産講習所によって異なる。しかし、こうした府県水産講習所像からは、従来の水産教育史研究において、「特異な機関[1]」として水産学校を補完する学校としかみられていなかった府県水産講習所の位置づけを、あらためて見直す必要性が提起できる。富山県水産講習所の遠洋漁業科が当初、水産学校卒業生を受け入れようとした事実や、農商務省の漁猟職員養成制度において府県水産講習所が水産学校より優遇されていたことからもその必要性はわかる。

また官立水産講習所は、かかる府県水産講習所の活動を遠洋漁業従事者養成のモデルケースを先行して示すことや「教員」供給の面で支えた。こうした官立水産講習所と府県水産講習所の関係からは、先行研究において顧みられることがなかった体系的に水産教育制度をとらえる研究方法が、これからの水産教育史研究に不可欠であることがわかる。

「ほとんど未開の分野に属する[2]」水産教育史研究として、本格的な研究が皆無であった府県水産講習所と、それとの関連で官立水産講習所を対象化したことは、文部省系統とそれ以外とで「正系」、「傍系」に区分して議論する従来の教育制度史研究の方法にも、小さくない課題を提起することができた。

例えば、従来の中等教育制度史研究では、中学校、高等女学校、実業学校を「中等学校」として制度的に一元化した一九四三(昭和一八)年の「中等学校令」(勅令第三六号)を、「戦後の中等教育制度の物質的な前提[3]」を構築することとなった画期としてとらえてきた[4]。この「改革」は、「国民学校高等科と青年学校の青年大衆教育体系と中等教育・高等教育機関等の指導者養成教育体系の二元化的教育システムを前提[5]」としていたため、敗戦後の「単線型中等教育制度の実現とは明確に異なるもの[6]」とされる。けれども、「中等学校令」に応じた一連の「実業補習学校の実業学校への昇格、実科高等女学校の高等女学校への昇格、その他郡市町村立中等学校の県立への移管（昇格）等」(7)こそが、敗戦後の「高等小学校（国民学校高等科）や青年学校の新制中学校への昇格運動、更には中等学校の新制高等学校への昇格運動」(8)のエネルギーとなったという意味において、教育史的意義が認められてきた。

しかしながら、こうした論は総じて、「正系」とされる文部省系統の視点から得られた結論であった。明治の後期より農商務省管轄下で全国展開してきた府県水産講習所が、文部省管轄下の水産学校へと改組されるのは、昭和の初期から「中等学校令」制定にいたる中等教育制度の改革時期にかさなる。(9)「中等学校令」制定へといたる中等教育制度の整備過程は、府県水産講習所の改組運動や改組した水産学校をも巻き込むものであった以上、「傍系」とされる教育機関をも含んだ「中等学校令」の評価が必要となる。

さらに付言するならば、水産学校に改組されるまでの府県水産講習所は、一九三八（昭和一三）年の陸軍省文部省令第一号にすら適合せず、あくまで制度上ではあるけれども、水産学校どころか青年学校にも劣る課程とみなされていた。そのため「中等学校令」の制定は、水産学校へと改組した府県水産講習所を「青年大衆教育体系」を飛び越し、一気に「指導者養成教育体系」への仲間入りをさせる役割を果たしたことになる。こうした視点からの府県水産講習所のような「傍系」の教育機関に対する評価もまた、中等教育制度史研究の課題ではないだろうか。

第二に、官立および府県水産講習所は、「遠洋漁業奨励法」により創出された漁猟職員資格の付与機能を保持するなかで、農商務省の遠洋漁業奨励策と親和性を有するようになっていった事実を明らかにした。

誕生してまもない官立水産講習所や各府県水産講習所において、率先して遠洋漁業に関する学科が設置され、遠洋漁業従事者養成がおこなわれたことは、政府が遠洋漁業奨励策を推進するための「手段」として、農商務省管轄下の水産教育機関を活用しようとしたことを物語っている。このとき、水産教育機関と遠洋漁業奨励策との媒介となったのは、「遠洋漁業奨励法」によって創出された漁猟職員資格であった。

「遠洋漁業奨励法」の制定は、外国猟船への対抗と漁業権益の拡大を目指す農商務省の遠洋漁業奨励策の集中的表現であり、制定当初、臘虎《ラッコ》・膃肭獣《オットセイ》猟や捕鯨業の作興に主眼がおかれた。そのため、「遠洋漁業奨励法」によって創出された職業資格が、「漁業」職員資格ではなく、臘虎や膃肭獣、鯨といった哺乳類の猟獲にもたずさわることを意味する「漁猟」職員資格として登場したことは自然なことであった。

漁猟職員は、いうまでもなく漁業に由来する職業資格であり、いまでいう「漁撈長」の職務と重複する部分がある。ところが漁撈長は、漁船において漁獲活動の指揮・統括を担う漁業者の中核に位置するにもかかわらず、戦後は職業資格として規定されることはなく今日にいたっている。遠洋漁業開発が推し進められるなか、漁猟職員が官立および府県水産講習所で養成された事実は、水産教育機関が一時期とはいえ、漁業固有の資格者を養成しえたことをあらわしている。

ただし、漁猟職員を養成するためのカリキュラムが、漁業固有の資格者を養成するにふさわしい編成であったかの判断は難しい。確かに、官立および府県水産講習所は、「遠洋漁撈法」や「漁獲物処理法」といった科目を新設して、漁場を遠洋に移すことで発生する問題に対応しようとした。しかしながら主要な変化は、「航海術」や「漁船運用術」といった船舶運航に関する科目の重視としてあらわれたため、漁業固有の職業資格であった漁猟職員を養成したという経験が、水産教育機関において今日まで活かされることはなかった。

水産教育機関における資格付与機能は、漁猟職員資格が廃止されて以降、もっぱら船舶職員資格とのかかわりで現代まで維持されてきた。漁猟職員の養成を目的としていた段階から、船舶関係の科目を重視するカリキュラムをとっていたこともあり、漁猟職員養成機関から船舶職員養成機関への移行にともなうカリキュラムの変化はほとんどみられなかった。

かかる近代日本における水産教育機関と職業資格との関係からは、水産教育機関が農商務省の遠洋漁業奨励策の一翼を担い、資格付与機能との一体性を保持するようになったことでその存在意義を見出され、その後も、資格付与機能を保持することで教育活動の特質を形成していったことがわかる。

資格付与機能との一体性を保持するにいたった水産教育機関の展開過程からは、近代日本において水産教育の存在意義を顕示するには、国家、もしくは漁業資本に利益をもたらす議論が必要であったことが明らかになる。大日本水産会が明治の中頃に、自らの存立意義と漁業者養成の必要性を、殖産興業ならびに富国強兵と結び付けて訴えていたことが思い出されるのみならず、戦後の水産教育機関も、「終戦直後の極度の食糧不足と、地理的条件による国家的見地から、活を水産資源に求める強力な要望となって推進された水産業振興策」[10]、すなわち遠洋漁業の復活を目標に活動したことは、この現実をあらわしている。

現在もなんら変化はない。国策とのかかわりのなかで漁業の価値向上策が語られることは珍しくない。国境防備の一翼を漁村に担わせる「水産業・漁村の多面的機能」[11]論が謳われていることや、尖閣諸島を巡る情勢が不安定化するなか漁業者による尖閣諸島周辺海域での「国境監視事業」[12]が展開されていることは、漁業が歩む歴史の一頁として記憶にとどめておきたい。

第三に、官立および府県水産講習所の教育活動の特質といえる遠洋漁業奨励策との親和性、ならびに資格付与機能との一体性は、日露戦争を契機として確立した事実を明らかにした。

官立水産講習所において、漁撈科卒業生が遠洋漁業科へとこぞって進学するようになったのも、府県水産講習所が遠洋漁業に関する学科を相次いで設置(富山県水産講習所は一九〇七(明治四〇)年、和歌山県水産講習所は一九〇八(明治四一)年、長崎県水産講習所は一九〇八(明治四一)年、千葉県水産講習所は一九〇九(明治四二)年)するようになったのも、日露戦争の終結後であった。「日露両国講和条約」でその締結が約束されていた「日露漁業協約」によって、日本に巨大な露領漁業権益が移譲されたことは、この点からも注目されなければならない。

農商務省管轄下の水産教育機関が、政府の遠洋漁業奨励策に機敏に反応し、漁猟職員を養成したことの意味は、文部省管轄下の水産教育、とりわけ水産学校との関係においてみたときはっきりする。いいかえるならば、この視点において官立および府県水産講習所の「位置と役割」はより明瞭に表出されうる。

「遠洋漁業奨励法」において府県水産講習所は、漁猟職員を養成することが可能な教育機関として、水産学校に優先して指定された。確かに、一九〇九(明治四二)年には、「遠洋漁業奨励法施行細則」が改定(農商務省令第二九号)され、水産学校も遠洋漁業に関する学科を設置すれば、漁猟職員の養成施設として指定される可能性が法令上あったものの、水産学校において資格者養成がとりわけ大きく注目されるようになるのは、一九一九(大正八)年の全国水産学校長会議であり、この会議で水産学校への遠洋漁業科の設置と、そこでの船舶職員養成の実施推進などが求められるようになった(13)。

すなわち、文部省管轄下の水産教育機関との関連においてみる農商務省管轄下の官立および府県水産講習所の「位置と役割」は、資格者としての遠洋漁業従事者の養成を近代日本において率先したという点において際立つことになる。この事実は、近代日本における水産教育の特質形成と水産教育制度の発達に決定的な役割を果たした官庁が、まぎれもなく農商務省であったことを伝えている。

ただし、質的にも量的にもわが国の水産教育を支え続ける官立水産講習所は別格として、府県水産講習所が昭和期以降、水産学校との関係でその地位を低下させていったこともまた事実であった。水産学校は、専門学校へも接続可能な教育機関としての社会的威信から、船舶職員養成でも優遇されるようになり、府県水産講習所が果たしえなかった役割を行使していった。結果的に、府県水産講習所の特質といえる水産試験機能と統合された人材養成機能が効果的に発揮され、農商務省管轄下の初等後水産教育がわが国の水産教育に影響力をもちえたのは、水産に関する知識や生産技術の蓄積が薄い明治期から大正期にかけての間であった。しかしながらこの点においても、農商務省管轄下にあった府県水産講習所は、文部省の管轄下にあって社会教育の側面をもっていた水産補習学校や、中等教育機関としての性格を強めていく水産学校における人材養成とは性格を異にしていたことがわかる。

ところで、先に言及した農商務省管轄下の水産教育における遠洋漁業志向、資格者養成志向の高まりを、日露戦争後の漁業権益拡大にのみ連関させて結論とすることは注意が必要であり、拙速であろう。

日露戦争後、総力戦で疲弊した日本に突きつけられた課題は、アジアでの権益拡大に力を入れる欧米列強に対抗するための国家財政の強化、国富の増強であった(14)。政府は、輸出産業として遠洋漁業を開発・育成することが、国威を誇示するだけでなく、経済や軍事など、国力の増強に不可欠な外貨獲得の手段になると判断し、漁業の近代化・資本化を推し進めようと、「遠洋漁業奨励法」により漁業資本を支援し続けた。日露戦争後の水産教育機関における遠洋漁業従事者養成は、漁業資本にとって負担となる漁猟職員や船舶職員の養成を、漁業資本への支援策の一環として国家が肩代わりしたことを意味すると同時に、国力の増強に欠かすことのできない取り組みであったといえる。

すなわち、日露戦争後の水産教育における遠洋漁業志向は、国家主導による漁業の近代化・資本化と、日本の国力増強・版図拡大とが並行して目指されたなかで定着しており、水産教育の営みと国家の意思とが不可分な関係にあったことを浮かびあがらせる。

本書では、明らかとなった以上三つの事実から、日本の水産教育がもつ歴史的に刻印された構造的特質は、「遠洋漁業奨励法」によって構築された漁猟職員資格制度を基礎にして、日露戦争後の漁業権益の拡大と漁船の動力化・大型化に対応する遠洋漁業従事者を養成することで確立した「遠洋漁業型水産教育」であったとする。そして、農商務省管轄下の官立ならびに府県水産講習所は、かかる遠洋漁業型水産教育の形成を主導し、さらにはほかの制度化された水産教育に浸透させる位置にあったと結論づける。

遠洋漁業型水産教育は、各地域の内発的な要請にもとづいて運営されようとしていた水産教育機関が、日清・日露の両大戦後に顕在化していく、領土・領海や勢力範囲の拡大を志向する国家政策の一環としてとられた遠洋漁業奨励策に呼応して誕生した帝国主義的教育形態とみることができた(15)。

この遠洋漁業型水産教育は、遠洋漁業を支える基幹的な人材を養成するという役割を、日本の水産教育の一側面としたというよりもむしろ、ほかの性格の水産教育が発展する芽さえも摘み、その全体を被い規定する構造的な特質を有する教育形態として誕生した。すなわち、遠洋漁業型水産教育は、たんに外国の領海や周辺海域など、遠洋において漁猟・漁獲活動に従事する人材の養成体系を形づくっただけでなく、腐敗しやすい漁獲物を遠隔地から運搬するための機構開発や、鮮度保持のための産地・船上加工を担う人材の養成といった、技術的・構造的な広がりをもたらす原動力ともなり、わが国の水産教育の内容をもっぱら遠洋漁業とのかかわりで深く規定した。

そして、近代から続く遠洋漁業型水産教育は、現代にいたってもわが国の水産教育に連綿と受け継がれ、遠洋漁業実習を中核とする実習船ならびに練習船教育(16)によって、就業動向・需給動向に左右されることなく継続される船舶職員養成を正当化する根拠となってきた。

水産科を設置する高等学校(いわゆる水産高校)が漁業固有の資格ではない船舶職員(海技士)の養成機能を遠洋漁業崩壊後も保持し続けた結果、各水産高校では独自の実習船を管理し、実際の漁業構造とは無関係にハワイ沖やインド洋での遠洋漁業実習(延縄漁業実習や鰹一本釣漁業実習)を実施することが当たり前のこととなった。ハワイ・オアフ島沖で愛媛県立宇和島水産高等学校の実習船とアメリカ海軍の原子力潜水艦が衝突し、多くの人命が奪われた二〇〇一(平成一三)年の「えひめ丸事件」をもち出すまでもない。「二〇〇カイリ体制」[17]の確立(一九七七(昭和五二)年)から四半世紀もの時間がたっていた事件当時、水産高校が保有する一〇〇トン以上の中・大型実習船は三八隻で、一隻あたりの平均総トン数は四六五・五トンに達した。[18]

結果的に、国家の主導する遠洋漁業奨励策に対応した遠洋漁業型水産教育の確立により、わが国においては、戦前戦後との間で高い再現性と連続性をもって船舶職員養成機能が水産教育機関に根付き、遠洋漁業開発への追従が水産教育の必然となった。

つまり、政府の遠洋漁業奨励策に組み込まれ、遠洋漁業型水産教育へと傾斜していったわが国の制度化された水産教育は、漁業権益と漁場の拡大を背景として外発的な「発展」をとげ、内発的な発展形態といえる沿岸漁業振興や零細漁業者支援の視点を、国家政策に追従するなかで軽視し続けてきたといえる。

註

(1)　文部省『産業教育七十年史』雇用問題研究会、一九五六年、一四九頁。
(2)　佐々木亨「日本における技術・職業教育史研究の展望と課題——学校教育の分野に限定して——」、日本教育史研究会『日本教育史研究』(第一七号)、一九九八年、七七頁。
(3)　佐々木亨『高校教育論』大月書店、一九七六年、三五頁。
(4)　これに関する議論を実業教育の視点からみると、「専検の規定や実業専門学校あるいはまれには高等学校への入学実績を通じて定着」した、甲種実業学校を「中等実業教育と称したり中等学校の一種とみなす考え方」は、「中等学校令」という「改革」により、実をともなったとみなされてきた。佐々木亨編著『日本の教育課題』(第八巻　普通教育と職業教育)東京法令出版、一九九六年、一四二頁。そして、従来の複線形の教育体系、換言すれば「差別的な教育体系」にメスを入れてまで「中等教育」の発達が目指された背景には、「一九三〇年代にはじまる経済軍事化の過程で、日本資本主義の重化学工業化」の進行と、戦時国家独占資本主義の発達があったと指摘されてきた。前掲、『高校教育論』、三〇—三四頁。

(5) 谷口琢男『日本中等教育改革史研究序説――実学主義中等教育の摂取と展開――』第一法規出版、一九八八年、三七一頁。

(6) 同上。

(7) 同上、三七二頁。

(8) 同上。

(9) 改組の背景には、府県水産講習所と水産学校との間でみられるようになった船舶職員資格の付与での格差や、府県水産講習所が専検指定を受けることができなかったために卒業生が技手や属といった判任文官への無試験任用の途を閉ざされていたこと、さらには現役将校の配属が見送られたため陸軍幹部候補生志願資格を得られなかったこと等の、府県水産講習所が受けていた具体的な不利益があった。

(10) 前掲、『産業教育七十年史』、四五八―四五九頁。

(11) 水産業・漁村の多面的機能とは、「水産物の安定供給」を「本来的機能」とする水産業および漁村の役割に、「物質循環の補完」、「生態系の保全」、「生命・財産の保全」、「交流の場の提供」、「地域社会の形成・維持」の五つからなる「多面的機能」をもたせようとする考え方である。沿岸防備の一翼を漁村に担わせようとしているのは、「生命・財産の保全」とされる部分である。「生命・財産の保全」機能の発揮事例としては、海難救助と国境監視があげられている。国境監視の事例として、水産庁『水産白書』(平成一六年度)農林統計協会、二〇〇五年、三八―三九頁に記されているのが次の文章である。

上対馬町漁協は対馬の最北端に位置し、九州本土とは約一五〇㎞離れているのに対し、韓国までは約五〇㎞の至近距離にあり、その国境という立地条件ゆえに、外国漁船による密猟被害などの問題を抱えてきました。そこで、漁協は外国漁船の違法操業から漁場を守るため、独自に漁協が設置したレーダーによる二四時間体制の監視を行うとともに、近隣漁協と連携しパトロール活動を実施しています。漁業者のこのような活動は、国境侵犯や密入国の阻止などに貢献しています。

(12) 二〇一三年度補正予算では、水産庁の外国漁船総合対策として「沖縄漁業基金事業」に一〇〇億円があてられた。目的は、「日台漁業取決めの影響を受ける沖縄県漁業者の経営安定を図るため、外国漁船による漁具被害からの救済や漁場調査等の外国漁船対策を基金により支援」することにあるとした。事業実施主体である沖縄県漁業振興基金によると、造成された一〇〇億円は三年間での消化が予定されており、「台湾漁船による大半の漁場の占有により我が国漁船の操業が脅かされている」現状において、「我が国漁業者の安全と操業秩序の維持及び操業機会の回復・拡大を支援することを目的」に、調査・監視事業が展開されている。水産庁「平成二六年度水産関係予算概算決定の概要」(平成二五年一二月)および、公益財団法人沖縄県漁業振興基金『外国漁船操業等・監視事業の実施指導要領』(平成二六年度七月一四日(改訂版))、一頁より。ただこの「国境監視事業」は、国境の監視を主目的とするものではなく、政治判断で締結された「公益財団法人交流協会と亜東関係協会との間の漁業秩序の構築に関する取決め」(いわゆる「日台民間漁業取決め」)によって漁場を失った沖縄県漁業者への補償金としての意味合いが強い。同様の事業は、水産庁の予算措置によって日韓・日中協定対策漁業振興財団も実施しており、鹿児島県や熊本県などの漁業者も、「国境」において外国漁船の操業状況の調査・監視をおこなっている。事業は、燃油費や資材費の上昇、それに資源の不安定化などで経営が苦しい経営体にとっては、貴重な収入源となっている。

(13)　大日本水産会『水産界』(第四四七号)、一九一九年、四〇―四一頁。なお、府県水産講習所の遠洋漁業科卒業生に認められていたような無試験での資格(漁猟職員資格)付与の特典は、一九三〇(昭和五)年の逓信省告示第一二八四号でようやく実効性をともなうこととなり、ここにいたって水産学校は無試験で資格(船舶職員資格)を付与できる教育機関に位置づいた。

(14)　宮地正人『日露戦後政治史の研究――帝国主義形成期の都市と農村――』東京大学出版会、一九七三年、一〇頁。

(15)　遠洋漁業型水産教育が、領土・領海や勢力範囲の拡大を志向する国家政策にのみ呼応して誕生したと理解することは慎重であるべきだろう。日清戦争や日露戦争によって日本の版図ならびに漁業権益が拡大し、利用することが可能となった海外の漁業根拠地や漁場が膨張したことは事実であるけれども、一九七七(昭和五二)年以降の「二〇〇カイリ体制」の確立までは、「公海自由の原則」が世界の基本的な考え方であり、領海以外の広大な海域では、おおむね自由操業が認められていた。そして、漁船の性能向上や新規漁法の開発、漁獲物の鮮度保持に資する関連機器の発達等に支えられ、漁業者は自らの意思でも漁場を外延的に拡大することが可能となり、遠洋漁業ならびに遠洋漁業型水産教育が発達した側面も忘れてはいけない。

(16)　今日の用語利用としては、水産に関する学科を設置する高等学校などで実施される乗船実習教育は「実習船教育」とされ、水産系や商船系の高等教育機関で実施される乗船実習教育は「練習船教育」として区分されている。ただし近代においては、この区分は明確ではなかった。

(17)　一九七七(昭和五二)年のアメリカ合衆国による二〇〇カイリ漁業専管水域の設定は、諸外国での二〇〇カイリ水域の設定を誘発し、それ以降、世界的に「二〇〇カイリ体制」が確立したとされる。海洋分割時代の到来である。この意味で同年は「二〇〇カイリ元年」ともされる。日本政府も、ソビエト連邦への対抗上、一九七七年五月に「漁業水域に関する暫定措置法」(法律第三一号)を公布しなければならなくなり、二〇〇カイリ体制下に組み込まれた。結果的に、多くの日本漁船が漁場を失い、減船や経営体の破綻が続いた。日本の遠洋漁業が崩壊への道を歩む端緒となった。

(18)　全国水産高等学校長協会「実習船要目等一覧表」(二〇〇五年四月現在)。

あとがき

持続的な漁業権益の拡大、すなわち漁場の外延的拡大が続けられる時代の遠洋漁業型水産教育は、水産教育を「発展」させる原動力となりえた。日清・日露の戦役により、わが国が東アジア地域での勢力拡大を続けていた近代はもちろんのこと、わが国の遠洋漁船団が、公海自由の原則を盾に世界の海を往来した一九五〇年代から一九六〇年代も、近代と同様、遠洋漁業型水産教育を展開した水産教育機関は存在意義を顕示することが可能であった。

ところが、旧来の公海自由の原則が捨てられ、一九七〇年代後半に二〇〇カイリ漁業専管水域（後の二〇〇カイリ排他的経済水域）が設定されて以降は様相が一変している。半世紀以上にわたり水産教育に衆望をもたらし、水産教育の推進剤となった船に関する資格付与機能を効果的に発揮できないでいる水産教育機関は、自己の存在意義をいかに高めるのかで煩悶している。

これは、遠洋漁業型水産教育の硬直性をあらわしているとともに、船舶職員資格付与機能を内部に伏在させ続けたことの弊害が生じていることをあらわしている。巨額の予算措置と特別な施設・設備を要するだけでなく、蓄積されたノウハウをも要求する船舶職員の養成機能は、簡単に取捨できないことが問題をより深刻にする。

水産高校においては、既述のとおりハワイ沖等での遠洋漁業実習が教育活動の特徴と位置づけられており、実際の漁業でもマルシップ漁船を除いてほとんど見られなくなった五〇〇トンクラスの巨大な実習船(漁船)を維持・管理している。[(1)] 未来に輝き続ける水産教育像を再定義していく過程においては、高校水産教育の柱となっている船舶職員資格付与のあり方を検討することが避けて通れない課題となることは間違いない。[(2)]

その一方、規模を縮小させている漁業とともに、いま、このときも日々の営みに活路を開くことができないでいる漁業者が大勢いる。我々の「食」を支えてくれている漁業者に、勇気と矜持をもたらすことが可能な水産教育像がいまこそ探究されなければならない。

水産教育は、自らの必要性を一人一人の漁業者に語りかけなければならない時代にきている。国家や漁業資本が漁船乗組員の養成を水産教育に望み、水産教育機関がそれに応えられる時代は、就労機会の多様化や労働環境に対する意識の高まり、さらには国際経済の単一市場化が否が応でも進むなかで過去のものとなった。漁業種類によって異なるけれども、延縄漁業や旋網漁業で用いられる沖合・遠洋漁船では、乗組員の三割から四割ほどが、マルシップ制度や外国人技能実習制度を利用して働く外国人となった。[(3)] また漁業資本は、自ら漁撈事業にたずさわることで発生するリスク(不漁や国際的な資源管理の強化など)を回避するため、安価な水産物を輸入し、それを加工するというビジネスモデルを採用するようになって久しい。

東京証券取引所の市場第一部に株式を上場している「株式会社極洋」(旧極洋捕鯨)、「マルハニチロ株式会社」(旧林兼商店、旧日魯漁業)、「日本水産株式会社」(旧共同漁業)のそれぞれの有価証券報告書からは、いわゆる民族系漁業資本(大手水産)が、限られた事例を除いて自己保有船舶による漁撈事業をほとんどおこなっていないことがわかる。[(4)] いまや大手水産の軸足は、冷凍食品やチルド商材、健康食品といった食品加工事業に移りつつある。利益率の高い医薬品にも力を入れる。こうしたことからも、水産教育が「遠洋漁業崩壊後の困難」という重い扉を開くには、国策への追従や大手水産との関係構築ではなく、各地域において漁業を支える一人一人に貢献する姿勢を打ち出していくことが必要といえる。

ただし、かかる課題を克服することは、これからの水産教育が乗り出すべき大海原を描き出す基礎作業でしかない。漁業はともすれば、「紛争の海」をゆく。尖閣諸島を巡る近年の混乱はそれを端的に示している。[5]

尖閣諸島を巡る歴史の歯車が、多くの国民にもわかる速さで動き始めたのは、二〇一〇(平成二二)年九月七日に発生した「尖閣諸島周辺領海内における我が国巡視船に対する中国漁船による衝突事件」(いわゆる中国漁船衝突事件)以後であった。[6]この事件は、後に日本政府に尖閣諸島の「国有化」を決断させた。[7]「国有化」に対して海洋進出を強める中華人民共和国(中国)は、尖閣諸島の領海内や尖閣諸島を囲む接続水域へたびたび公船(海警局海上警備船「海警」のほか、国家海洋局海洋調査船「海監」や農業部漁業局漁業監視船「漁政」)を侵入させ、[8]「固有の領土」として現状維持に努めたい日本政府を動揺させた。[9]

この尖閣諸島を巡る問題は、同諸島が「日本国とアメリカ合衆国との間の相互協力及び安全保障条約」(「日米安全保障条約」)第五条の適用対象であると「明言」するアメリカ政府を巻き込むだけでなく、中国と同様に尖閣諸島の領有権を主張する中華民国政府(台湾)をも巻き込み、混乱の度合いをますます拡大させている。[10]

争いのない「固有の領土」であるはずの尖閣諸島の領有権が大きく動揺したことで日本政府の焦りはピークに達した。日本は、東アジア地域の緊張を嫌うアメリカの意向や、二〇一三(平成二五)年一月に台湾外交部が中台連携の拒絶と日米重視の姿勢を打ち出したことを背景に、沖縄県や宮崎県、鹿児島県や熊本県など、九州・沖縄の漁業者が大切にしてきた尖閣諸島周辺海域の漁業権益を台湾に「開放」することを決断する。すなわち、「公益財団法人交流協会と亜東関係協会との間の漁業秩序の構築に関する取決め」(いわゆる「日台民間漁業取決め」)締結による、尖閣諸島を取り囲む広大な「法令適用除外水域」および「特別協力水域」での台湾漁船の入域・操業の自由化であった。[11][12][13]

ここに国家の意思によって生じた領土を巡る問題と、漁業という産業とは、現代において直接的に接点を有することが広く国民の知るところとなった。そして日本の漁業者は、鮪の好漁場を失うのと引きかえに、政府から尖閣諸島周辺海域での外国漁船・公船の動向を見張る監視事業を請け負い、国境の最前線に「尖兵」のように立つことで日々の営みを支える糧を得るようになった。

尖閣諸島を巡る問題だけではない。「国策と漁業」、「領土と漁業」、そして「国境と漁業」が有機的な関係をもつことを国民に知らせる出来事は頻出するようになっている。二〇一五(平成二七)年には、ロシアが二〇一六(平成二八)年以降、自国排他的経済水域での鮭・鱒の流網漁を禁止する法律を可決し、日本の漁船を千島列島周辺から締め出す方針を打ち出し、これまで入漁料を支払って操業していた根室市や釧路市の漁業者およそ五〇〇人が職を失う危機に直面した。これには、ロシアによるクリミア半島への侵攻とその後の併合に対する欧米の経済制裁に歩調をあわせた日本政府への牽制・報復という側面や、北方領土を含む千島列島での支配強化を目指すプーチン政権の意向などがあると一部関係者の間で指摘された。もちろん、あくまで漁業資源を巡る問題として、政治的意図を否定する指摘[14]もあるけれども、いずれにしてもこの事例は、現状変更によって漁業者が国家の意思によって生み出された「襞に埋没」した一例といえる[15]。

日本近海だけではない。南シナ海では現在、スプラトリー諸島(南沙諸島)やパラセル諸島(西沙諸島)の主権を巡って、周辺国のナショナリズムが刺激されやすい状況が続いており、排除の論理から境界をまたいだ漁場の玉突き現象が誘発されることが懸念されている[16]。台湾の漁業者が、尖閣諸島や沖ノ鳥島の排他的経済水域に入域・侵入[17]するようになったのも、後景にはナショナリズムの高まりとともに、南シナ海漁場の利用が難しくなっている実態がある。

領土と漁場を巡る問題は、これからも途切れることはないと予想される。漁業者養成の必要性や水産教育機関の整備を求める声が、国策や領土、さらには国境との関係で語られるようになっていくかどうかは、今後注意深くみていきたい。
こうした現実があるなか水産教育は、漁業者に専門的な知識や技能を教授することだけをその役割とするのではなく、今こそ、漁業者がしたたかに、国家の意思という大きな波を自在に乗りこなすための羅針盤となる必要がある。また同時に、人々に広く漁業のあり方や本質を問うことができる教育分野として昇華していかなければならない。私は、漁業に「共生の海」を保障するには、専門教育としての水産教育に加え、普通教育としての水産教育が不可欠になっていると信じて疑わない(18)。私が、希求する水産教育は、山積する課題を克服したあとにたどり着く、共生の大海原にある。

註

(1) マルシップ漁船は、日本法人が所有する漁船を、外国法人に貸渡し(＝裸用船)、その外国法人が外国人船員を乗り組ませたものを、貸渡した日本法人がチャーターバック(＝定期用船)して操業する漁船であり、遠洋マグロはえ縄漁船や海外まき網漁船などの公海や外国二〇〇カイリ水域で操業する漁業において運用されている。
(2) なお最近では、沖合・遠洋漁船の海技士不足が問題となっている。海技士免状を取得した水産高校卒業生が、待遇の良い商船に多数乗り組む一方、過酷な労働環境が指摘される漁船にはほとんど乗り組まないことが背景にある。こうした現実のなかでは、沖合・遠洋漁業が残存している地域の水産高校には、引き続き海技士養成の任を果たすことが期待される。こうした地域にある水産高校にとっては、沖合・遠洋漁業に人材を送り出すことが、地域とともに歩む水産教育の実現をはかることになる。
(3) 漁業就業者が減少するなかで、欠くことができなくなっているのが外国人労働者である。遠洋漁業には、三〇年近く前よりマルシップ制度を利用して外国人が働いている。また沖合漁業でも、この二〇年ほどで外国人技能実習制度を利用して働く外国人の姿がみられるようになった。その人数は、二〇一三年の漁業センサス調査によると、六二〇六人となっている。

遠洋・近海マグロはえ縄漁業が三八四八人と六割以上を占め、遠洋・近海カツオ一本釣り漁業が四五九人などとなっている。漁業における外国人労働の問題については、佐々木貴文・三輪千年・堀口健治「外国人労働力に支えられた日本漁業の現実と課題――技能実習制度の運用と展開に必要な視点――」、東京水産振興会『水産振興』(第五六八号)、二〇一五年四月、一―六六頁を参照。

(4) 今日でも漁撈事業を展開している事例としては、海外まき網漁業や遠洋まぐろ延縄漁業を展開する大洋エーアンドエフ株式会社(マルハニチロ株式会社の子会社)の事例や、やはり、海外まき網漁業を展開する株式会社極洋の事例がある。

(5) 沖縄県石垣市に属する尖閣諸島は、魚釣島、北小島、南小島、久場島、大正島の五島と沖ノ北岩、沖ノ南岩、飛瀬の三岩礁からなる島々の総称であり、石垣島からは北北西に約一七〇km、沖縄本島からは西に約四一〇kmの距離にある。

(6) 外務省が発表している事件の名称。

(7) 海上保安庁が発表している「中国公船等による尖閣諸島周辺の接続水域内入域及び領海侵入隻数(月別)」によると、中国漁船衝突事件発生の以前にも、中国公船等による尖閣諸島周辺の接続水域および領海内への侵入事件は発生している。例えば、二〇〇八(平成二〇)年一二月八日には、中国国家海洋局の海洋調査船「海監四六号」ならびに「海監五一号」が約九時間半にわたり領海内に侵入する事案が発生していた。ただその後は、中国漁船衝突事件が起こる二〇一〇年前半まで、接続水域内への侵入も含めて領海侵犯事件は発生していなかった。

(8) 二〇一二年九月一〇日、尖閣諸島のいわゆる「国有化」が発表される。野田佳彦内閣は、「尖閣諸島の取得・保有に関する関係閣僚会合」を開き、「引き続き、尖閣諸島における航行安全業務を適切に実施しつつ、尖閣諸島の長期にわたる平穏かつ安定的な維持・管理を図る」ため、尖閣三島(魚釣島、南小島、北小島)について可及的速やかに「所有権を取得する」ことを決定した。首相官邸「尖閣諸島の取得・保有に関する関係閣僚申し合わせ」より。なお、「尖閣諸島の取得・保有」は、海上保安庁が所管した。これは、二〇〇二年一〇月から続けられてきた総務省の所管による「借り上げ」管理方式からの転換であった。

(9) 「国有化」当時の中国公船は、海警局の「海警」、海洋局の「海監」、漁業局の「漁政」などが該当した。二〇一三年七月以降は、中国政府による組織再編・集約があり、中国海警局の「海警」による領海・接続水域への侵入が繰り返されている。

(10) 台湾は、一九七二年五月一五日の尖閣諸島を含む沖縄の施政権がアメリカより日本に返還されたことに対して、中国よりも早い一九七一年六月に公式に領有権を主張した。背景には、アメリカに留学していた台湾学生の「保釣運動」があった。

(11) 二〇一三年二月二六日に台湾外交部は、「釣魚台列島問題で、台湾が中国大陸と連携しない理由」を発表し、①両岸双方が主張する法的論拠が異なるので連携は難しいこと、②双方の争議解決構想が異なり双方が連携を進めることは難しいこと、③中国大陸はわが方の統治権を承認しておらずわが国は中国大陸と協議できないこと、④中国大陸の介入の動きが台日漁業会談に影響することからわが方が連携することは難しいこと、⑤両岸は東アジア地域のバランスと国際社会の懸念を考慮する必要があることの五つについて指摘した。

(12) 財団法人交流協会は、日本と台湾との間で生じる実務を処理するため、一九七二年に外務省と通商産業省の設立許可のもとおかれた。東京本部のほか、台北事務所および高雄事務所がある。台湾側の窓口になっているのは、亜東関係協会であり、台北本部のほか、東京・大阪の各事務所、札幌・横浜・福岡・那覇の各支所がある。

(13) 詳細は、佐々木貴文「「日台民間漁業取決め」締結とそれによる尖閣諸島周辺海域での日本および台湾漁船の漁場利用変化」、漁業経済学会『漁業経済研究』(第六〇巻第一号)、二〇一六年、四三―六二頁を参照。

(14) 一方、こうした政治的意図とは関係なく、カムチャツカ半島の沿岸漁業者から、ロシア極東の漁業関係者から、長年の日本漁船の操業が資源水準を悪化させたとの根強い批判にロシア政府が対処した時期が、クリミア情勢の変化とかさなったことが主因とする指摘もある。

(15) 漁業者が、国策や国家の意思によって形成された襞に埋没する事例は、領土や領海を巡る対立からのみ生じるのではない。沖縄県の普天間基地を名護市辺野古沖に移設する埋め立て工事を巡っても生じている。詳細は佐々木貴文「漁業からみた普天間基地移設問題――襞に埋没する名護の海人――」、青土社『現代思想』(第四四巻第二号)、二〇一六年二月、一四四―一五三頁を参照。

(16) 中国のスプラトリー諸島(南沙諸島)での埋め立てによる人工島や軍事拠点の建設を巡っては、二〇一三年にフィリピンがオランダ・ハーグの常設仲裁裁判所にその無効を主張し提訴した。常設仲裁裁判所は、二〇一六年七月一二日に、フィリピンの主張を認める判決をくだした。すなわち、中国が一九五〇年代より主張してきた「九段線」の否定(主権、管轄権、歴史的権利のいずれも法的根拠はない)、ならびにスプラトリー諸島(南沙諸島)で中国が実効支配する場所が「島」ではなく、「国連海洋法条約」にもとづく排他的経済水域の設定はできない旨の判断をくだした。一方、主張が全面的に退けられた中国は、仲裁裁判にもとづくいかなる主張や行動も受け入れないと反発し、実効支配を強化し続けている。

(17) 二〇一六年四月、沖ノ鳥島周辺の排他的経済水域内で操業していた台湾漁船「東聖吉16号」の船長を海上保安庁が無許可操業の疑いで逮捕したことで、台湾当局が軍艦艇と巡視船を急派して抗議する事件が発生した。沖ノ鳥島を島として「国連海洋法条約」にもとづき排他的経済水域を設定する日本政府と、沖ノ鳥島は岩であり排他的経済水域を設定する根拠とならないと主張する馬英九政権との領土を巡る問題が背景にある。

(18) 普通教育としての水産教育では、多くの場合その資源の再生産を自然環境にゆだねる漁業の特質をふまえた資源管理および資源利用に関する知識と技能を授けるとともに、管理と利用を円滑におこなうための自治組織としての漁業協同組合を軸とした民主的な生産活動のあり方を教授することが不可欠となる。さらに、海を巡る争いが頻発するなか、国境をまたいで移動する水産資源の特質をふまえ、国際協調の必要性も伝えなければならない。こうした点に留意しながら、普通教育としての水産教育を構想したものに、佐々木貴文「普通教育としての水産教育を構想する——中学校技術科に「魚介類養殖の技術」を位置づける——」、田中喜美編著『技術教育の諸相』学文社、二〇一六年八月、一六五—一八〇頁がある。なお、水産技術教育の研究と実践の必要性は、同書の一—二〇頁にある田中喜美「Technology Teacher's Educatorへと私を導いてくれた人びと——技術教育教員養成史の一断面——」において言及されている。

初出論文

本書は、二〇〇六年に北海道大学から博士（教育学）の学位を授与された論文「近代日本水産教育の制度化過程における農商務省管轄下の官立および府県水産講習所の位置と役割」に大幅な加筆・修正を施したものである。学位論文を提出するにあたり姉崎洋一先生、坪井由実先生、廣吉勝治先生、田中喜美先生に多大なご指導を賜った。先生方のご助言なくしては、学位論文の提出も本書の出版もありえなかった。深く御礼を申し上げたい。

なお本書は、学位論文ならびに、学位論文提出後に発表した以下の諸論文をもとに構成されており、平成二九年度の日本学術振興会・科学研究費補助金（研究成果公開促進費）の交付を受けて刊行された。以下に、もととなった諸論文の掲載時の題目、発表媒体などを記す。本書とかかわりがある論文や研究助成についても記載した。

［論文］

①佐々木貴文「戦前日本の農商務省管轄府県水産講習所の歴史的役割——富山県水産講習所の事例を中心に——」、日本教育学会『教育学研究』（第七〇巻第三号）、二〇〇三年九月、三七二—三八二頁。

②佐々木貴文「千葉県における農商務省管轄府県水産講習所の歴史的役割」、日本産業技術教育学会『日本産

業技術教育学会誌』(第四六巻第二号)、二〇〇四年七月、六一―六九頁。
③佐々木貴文「近代日本の資本制漁業発達期における長崎県水産講習所の漁業者養成」、漁業経済学会『漁業経済研究』(第五〇巻第三号)、二〇〇六年二月、二三―五一頁。
④佐々木貴文「近代日本における漁業者養成と職業資格――遠洋漁業奨励法による漁猟職員資格の創出に注目して――」、北日本漁業経済学会『北日本漁業』(第三六巻)、二〇〇七年三月、一七五―一八八頁。
⑤佐々木貴文「近代日本における「遠洋漁業型水産教育」の形成過程――官立水産講習所の遠洋漁業従事者養成に着目して――」、教育史学会『日本の教育史学』(第五一集)、二〇〇八年一〇月、一七―二九頁。
⑥佐々木貴文「大正期における露領漁業への人材供給――傍系の「学校」に注目して――」、全国地方教育史学会『地方教育史研究』(第三一巻)、二〇一〇年五月、九一―一一八頁。
⑦佐々木貴文「水産業と学歴の近代史――福井県立小浜水産学校における人材養成に注目して――」、漁業経済学会『漁業経済研究』(第五七巻第一号)、二〇一三年一月、八七―一〇五頁。
⑧佐々木貴文「明治日本の遠洋漁業開発と人材養成」、伊藤康宏・片岡千賀之・小岩信竹・中居裕編著『帝国日本の漁業と漁業政策』北斗書房、二〇一六年九月、二七九―三〇一頁。

[参考論文]
①佐々木貴文「北海道帝国大学農学部水産学科の設置による高等水産教育の模索とその実態」、大学教育学会『大学教育学会誌』(第二六巻第一号)、二〇〇五年五月、一三八―一四五頁。
②佐々木貴文「高校水産教育の戦後の歩みと現代に直面する課題」、技術教育研究会『技術教育研究』(第六六号)、二〇〇七年七月、七八―八五頁。

③佐々木貴文「水産教育」(事典項目)、日本産業教育学会編『産業教育・職業教育学ハンドブック』大学教育出版、二〇一三年、五二—五六頁。

④佐々木貴文「「日台民間漁業取決め」締結とそれによる尖閣諸島周辺海域での日本および台湾漁船の漁場利用変化」、漁業経済学会『漁業経済研究』(第六〇巻第一号)、二〇一六年一月、四三—六二頁。

⑤佐々木貴文「漁業からみた普天間基地移設問題——襞に埋没する名護の海人——」、青土社編『現代思想』、二〇一六年一月、一四四—一五三頁。

〔研究助成〕

①平成一六年度　北海道大学クラーク記念財団　博士後期課程在学生研究助成、「近代日本における農商務省管轄の水産教育機関に関する研究」(単独)

②平成一七・一八年度　科学研究費補助金(特別研究員奨励費(DC2))、「近代日本の資本制漁業成立期における「遠洋漁業型水産教育」の展開に関する歴史的研究」(単独)

③平成一九年度　科学研究費補助金(特別研究員奨励費(PD))、「官立水産講習所を中心とした水産教育実践史と漁業経済史の統一的把握に関する研究」(単独)

④平成二一・二二・二三年度　科学研究費補助金(若手研究(B))、「農商務省と文部省に分けられた近代日本における漁業者養成制度の構造的特質」(単独)

⑤平成二四・二五・二六・二七年度　科学研究費補助金(若手研究(B))、「漁業と学歴の社会史」(単独)

⑥平成二八・二九・三〇年度　科学研究費補助金(基盤研究(C))、「東シナ海における日本・中国・台湾の漁業勢力と漁場利用の実態分析」(単独)

⑦平成二九年度　科学研究費補助金（研究成果公開促進費・学術図書）、「近代日本の水産教育」（単独）

最後に、北海道大学出版会の今中智佳子氏には編集の全般にわたって大変お世話になった。記して感謝したい。

佐々木　貴文

二〇一七年九月

月別蟹工船操業位置圖
昭和二年七月末日現在

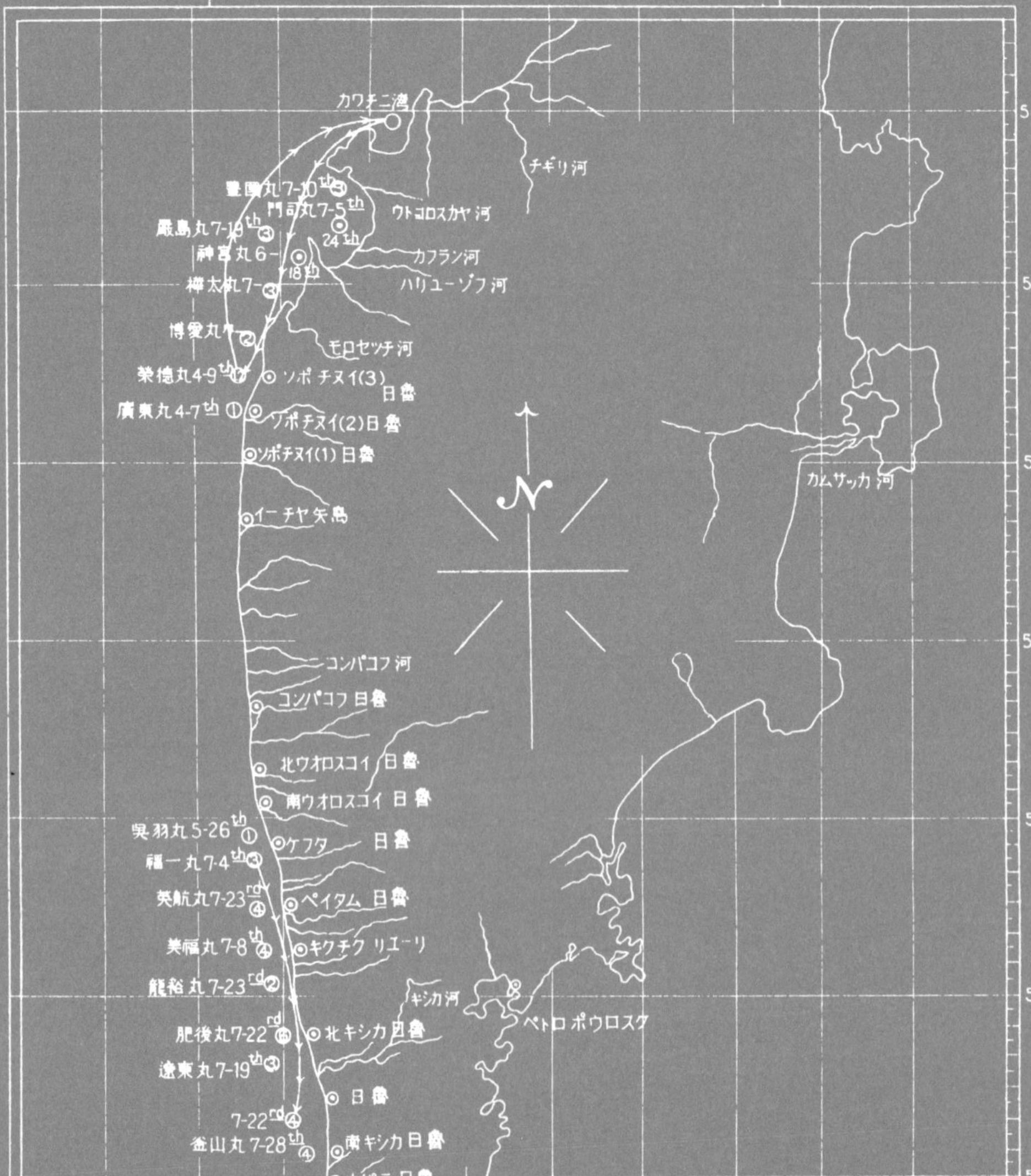

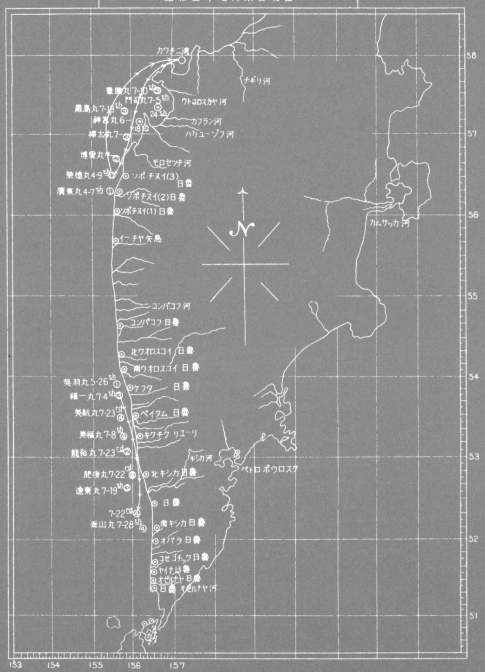

佐々木貴文(ささき たかふみ)

1979年三重県津市に生まれる。2006年北海道大学大学院教育学研究科博士後期課程修了。博士(教育学)。国内外の漁村や水産教育機関に赴きながら研究する。専門は，職業教育学，漁業経済学。2005年日本学術振興会特別研究員(DC2)，2007年日本学術振興会特別研究員(PD)，2008年北海道大学大学院水産科学研究院招へい教員，2008年函館短期大学専任講師をへて，現在，鹿児島大学水産学部准教授。主な論文に，「戦前日本の農商務省管轄府県水産講習所の歴史的役割」(日本教育学会『教育学研究』第70巻第3号，2003年)や「近代日本における「遠洋漁業型水産教育」の形成過程」(教育史学会『日本の教育史学』第51集，2008年)，「水産業と学歴の近代史」(漁業経済学会『漁業経済研究』第57巻第1号，2013年)，「「日台民間漁業取決め」締結とそれによる尖閣諸島周辺海域での日本および台湾漁船の漁場利用変化」(漁業経済学会『漁業経済研究』第60巻第1号，2016年)，「漁業からみた普天間基地移設問題」(青土社編『現代思想』第44巻第2号，2016年)などがある。2015年地域漁業学会奨励賞(中楯賞)，2017年漁業経済学会奨励賞を受賞。

近代日本の水産教育
――「国境」に立つ漁業者の養成

2018年2月28日　第1刷発行

著　者　佐々木　貴　文
発行者　櫻　井　義　秀

発行所　北海道大学出版会
札幌市北区北9条西8丁目北海道大学構内(〒060-0809)
Tel. 011(747)2308・Fax. 011(736)8605・http://www.hup.gr.jp

アイワード／石田製本

ISBN978-4-8329-6840-0

高等継続教育の現代的展開
―日本とイギリス―
姉崎洋一著
A5・288頁
定価6000円

排除型社会と生涯学習
―日英韓の基礎構造分析―
鈴木敏正編著
A5・300頁
定価5800円

地域づくり教育の誕生
―北アイルランドの実践分析―
鈴木敏正著
A5・400頁
定価6700円

地域づくりと生涯学習の計画化
山田定市編著
A5・568頁
定価9500円

繊維女性労働者の生活記録運動
―1950年代サークル運動と若者たちの自己形成―
辻智子著
A5・508頁
定価9000円

近代日本の夜間中学
三上敦史著
A5・466頁
定価8200円

日本植民地下の台湾先住民教育史
北村嘉恵著
A5・396頁
定価6400円

満蒙開拓青少年義勇軍史研究
白取道博著
A5・272頁
定価5400円

近代沖縄における教育と国民統合
近藤健一郎著
A5・358頁
定価5800円

〈定価は消費税を含まず〉

北海道大学出版会

か　行

事項索引

あ 行

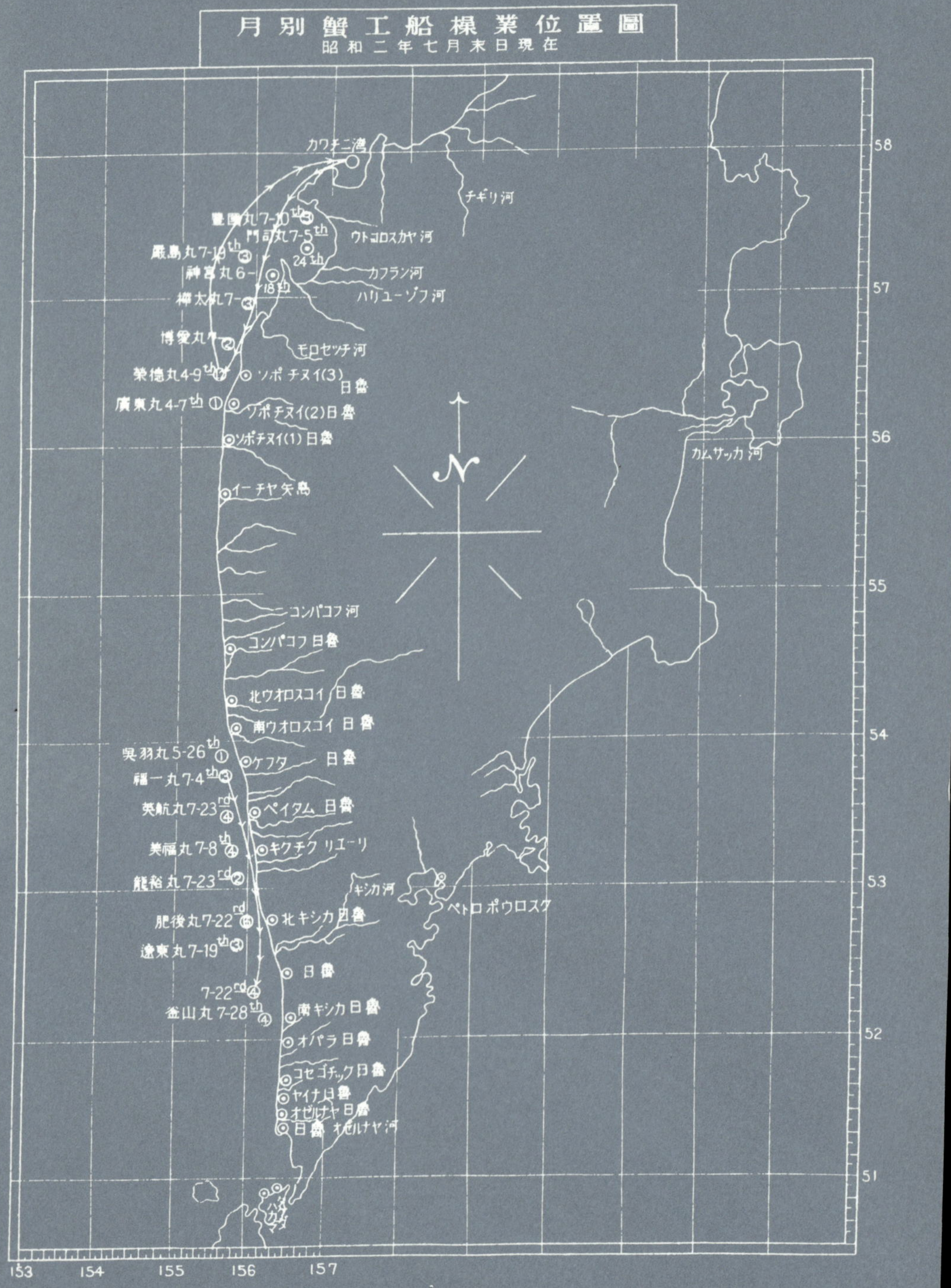

月別蟹工船操業位置圖
昭和二年七月末日現在
カワチ二湾
チギリ河
豊國丸7-10
門司丸7-5
ウトコロスカヤ河
嚴島丸7-18
神宮丸6-
カフラン河
樺太丸7-
ハリューゾフ河
博愛丸
モロセッチ河
榮徳丸4-9
ソボ チヌイ(3) 日魯
廣東丸4-7
ソボチヌイ(2) 日魯
ソボチヌイ(1) 日魯
イーチヤ 矢島
カムサッカ河
N
コンバコフ河
コンバコフ 日魯
北ウオロスコイ 日魯
南ウオロスコイ 日魯
奥羽丸5-26
ケフタ 日魯
福一丸7-4
英航丸7-23
ベイタム 日魯
美福丸7-8
キクチク リエーリ
龍裕丸7-23
キシカ河
ペトロポウロスク
肥後丸7-22
北キシカ日魯
遼東丸7-19
日魯
7-22
釜山丸7-28
南キシカ日魯
オバラ日魯
コセゴチック日魯
ヤイナ日魯
オゼルナヤ日魯
日魯
オゼルナヤ河
58
57
56
55
54
53
52
51
153
154
155
156
157

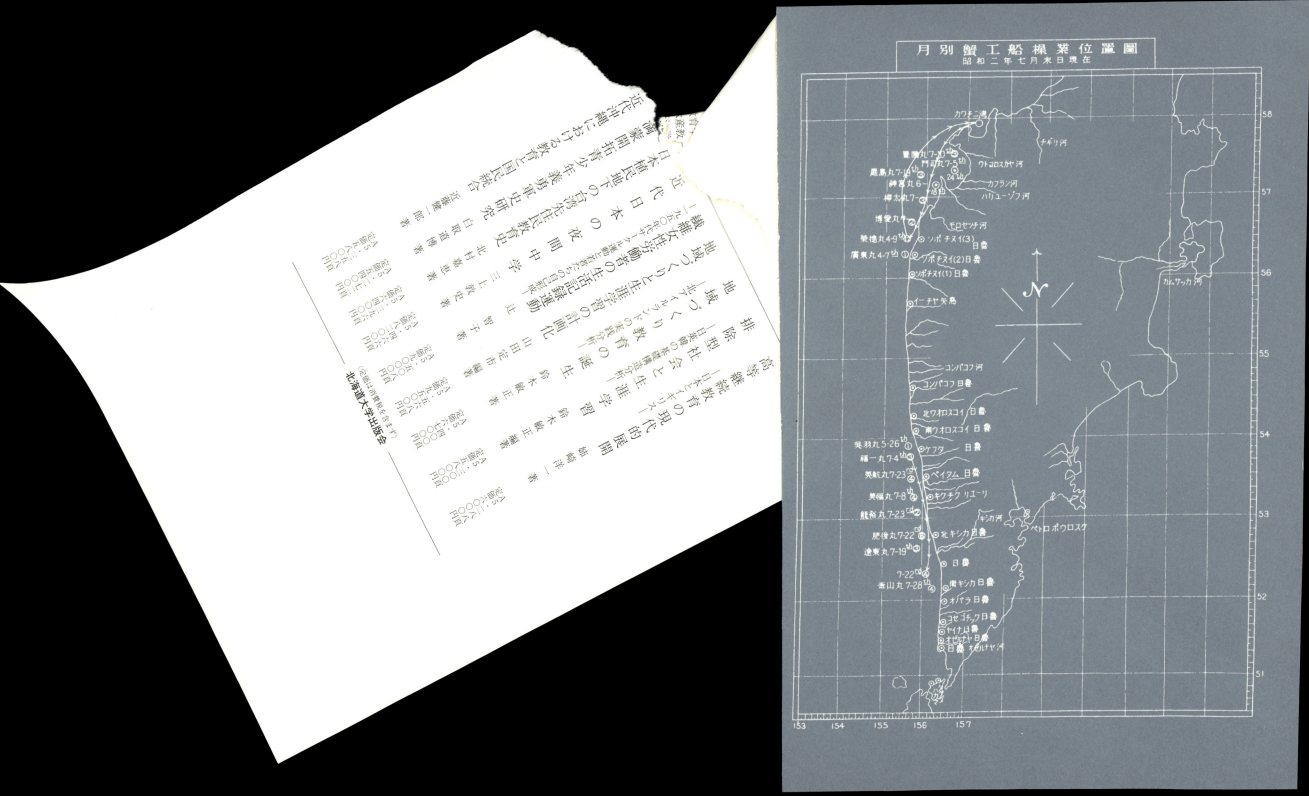

佐々木貴文(ささき　たかふみ)

1979年三重県津市に生まれる。2006年北海道大学大学院教 研究科博士後期課程修了。博士(教育学)。国内外の漁村や水 育機関に赴きながら研究する。専門は，職業教育学，漁業経済学。2005年日本学術振興会特別研究員(DC2)，2007年日本学術振興会特別研究員(PD)，2008年北海道大学大学院水産科学研究院招へい教員，2008年函館短期大学専任講師をへて，現在，鹿児島大学水産学部准教授。主な論文に，「戦前日本の農商務省管轄府県水産講習所の歴史的役割」(日本教育学会『教育学研究』第70巻第3号，2003年)や「近代日本における「遠洋漁業型水産教育」の形成過程」(教育史学会『日本の教育史学』第51集，2008年)，「水産業と学歴の近代史」(漁業経済学会『漁業経済研究』第57巻第1号，2013年)，「「日台民間漁業取決め」締結とそれによる尖閣諸島周辺海域での日本および台湾漁船の漁場利用変化」(漁業経済学会『漁業経済研究』第60巻第1号，2016年)，「漁業からみた普天間基地移設問題」(青土社編『現代思想』第44巻第2号，2016年)などがある。2015年地域漁業学会奨励賞(中楯賞)，2017年漁業経済学会奨励賞を受賞。

近代日本の水産教育
――「国境」に立つ漁業者の養成

2018年2月28日　第1刷発行

著　者　佐々木　貴　文

発行者　櫻　井　義　秀

発行所　北海道大学出版会

札幌市北区北9条西8丁目北海道大学構内(〒060-0809)

Tel. 011(747)2308・Fax. 011(736)8605・http://www.hup.gr.jp

アイワード／石田製本

ISBN978-4-8329-6840-0

事項索引

あ行

か　行

さ　行

た　行

な　行

は 行

ま　行

や　行

ら　行

わ　行

人名索引

あ　行

か　行

さ　行

た　行

な　行

は　行

ま 行

や 行

わ 行